パンルヴェ方程式

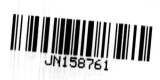

パンルヴェ方程式

岡本和夫

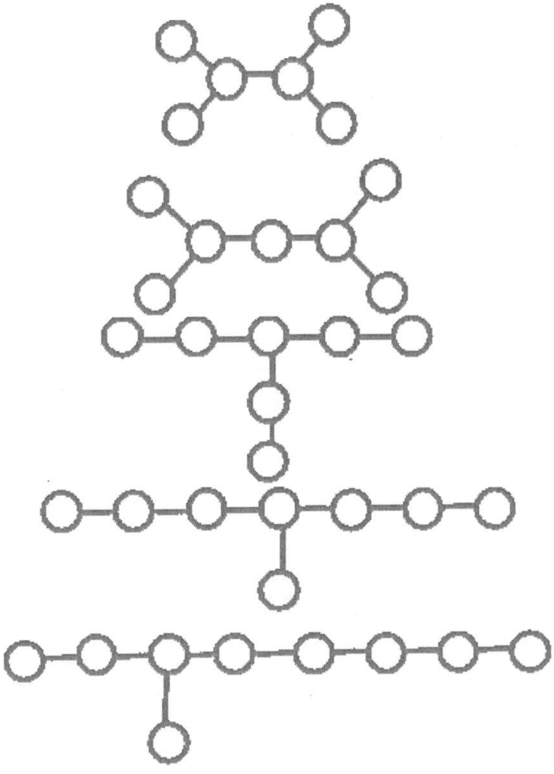

岩波書店

まえがき

パンルヴェ方程式研究の問題意識

我々の考察の対象は複素領域における微分方程式である．考える方程式は，常微分方程式も偏微分方程式も複素領域で定義された複素解析的なものに限る．したがって，指数関数 e^x，三角関数 $\sin x$，ベッセル関数 $J_\nu(x)$ 等も独立変数 x は複素平面内を動く．まず，複素領域における微分方程式を研究するときの基本的な問題意識を明らかにしよう．それは，標語的に言ってしまえば，

微分方程式で定義される新しい超越関数を発見すること

である．この問題意識は，微分方程式の新しい一般論を構築する，ということではなくて，特殊で面白いものを見つける，という発見的数学をめざすものである．むしろきわめて古典的な考え方である．なお，Γ 関数やリーマンの ζ 関数はありとあらゆる意味で大切な対象ではあるが，すぐ後で述べる代数的微分方程式を満たさないので，残念ながら我々の考察の直接の対象とはならない．

まず最初は，三角関数や指数関数等の既知関数を用いて，解を書き表すことができるか，というところから微分方程式論は出発する．ところが，このように手段をせばめてしまうと，ほとんどの微分方程式の解析はできなくなる．そこで，考え方をあらためて，微分方程式の解とは何かを考察し，有用な一般論をめざして研究を進める．

少なくとも常微分方程式に関しては，一応完成された一般論を我々はもっているとしてよいだろう．この上に何をつけ加えようというのだろうか．論理的に展開できる部分がほぼ完全なら，もう一度発見的考察を試みるか，あるいは対象を拡大するしかないではないか．

一つの流れとしては，ガウスの超幾何関数，ベッセル関数，という新しい関数を用意して，微分方程式論を展開する．この方法は波動方程式やシュレー

ディンガー方程式の解析に有効であった．まことに，古典特殊関数の名の通りである．それでも数学的な限界に到達した場合には，再び一般論の研究に向かう．微分方程式論の展開はこのような繰り返しによって進んできた．

この本では，新しい関数の開発という，発見的微分方程式論をめざす．我々は，非線型微分方程式を考察するとき，線型微分方程式の一般論はよくわかっているとして，次は非線型微分方程式の一般論，という方法を採らない．事実，新しい超越関数を見つけようというのだから，よくわかったものは本当に知っているものしかないのである．我々の問題意識は 19 世紀的なもので，古典解析学の立場にある．といっても，昔ながらの数学を繰り返しても仕方がない．現代数学で使えるものは全部使い，考えることができるものは可能な限り考えよう．

特殊関数の発見という問題意識を背景として，複素領域における非線型常微分方程式の研究は，L.Fuchs，H.Poincaré 等による，動く分岐点をもたない微分方程式の研究へと展開する．19 世紀末から 20 世紀初頭にかけての，この研究の流れは，P.Painlevé によってピークを迎える．それがパンルヴェ方程式の発見である．

パンルヴェ方程式は，1900 年すなわち 19 世紀最後の年に発見された，動く分岐点をもたない非線型常微分方程式である．その方程式の解はパンルヴェ超越関数と呼ばれる．「動く分岐点をもたない」というのは，非線型常微分方程式に対して強い制約条件になる．だからこそこの性質が，良い関数を定義する可能性のある微分方程式を特徴付ける．この概念については後で詳しく説明するが，フランス語では「分岐点が固定されている」という言い方をする．

動く特異点とは，よく使われる便利な術語ではあるが，数学的な概念としては必ずしも明解ではない．常微分方程式に対して，その方程式に固有な特異点をすべて数えあげたとして，特殊解がそれ以外の特異点をもてば，それが動く特異点である．線型常微分方程式については，係数の特異点が微分方程式に固有な特異点であり，それらが，微分方程式の定義域内に現れる一般解の特異点のすべてとなる．しかし，非線型常微分方程式に対して，その固有の特異点を一般的に定義することは困難である．ただ，具体的に微分方程式が与えられ，その固有な特異点を数えあげることができれば，その微分方程式の動く特異点について議論できる．もちろん，本書で扱う非線型常微分方程式については，方程式に固有な特異点が確定し，解の動く特異点について議論することができる．

1900 年は，P.Painlevé の論文が公表された年である．だから，正確な意味で方程式が発見された年はもう少し遡ることができる．実際，パリ科学学士院紀要の P.Painlevé の記事では，この数年前からパンルヴェ I 型方程式が扱われている．また，よく知られているように，P.Painlevé 自身の論文には計算ミスにより，現在パンルヴェのⅣ型，Ⅴ型，Ⅵ型方程式と呼ばれている部分が欠けている．これらは，彼の弟子である B.Gambier の 1910 年の論文で補われたが，遅くとも 1906 年には，いろいろな構造が既にわかっていた．ここで，6 つのパンルヴェ方程式の具体形を与えておこう．

$\mathrm{P_I}$
$$\frac{d^2\lambda}{dt^2}=6\lambda^2+t$$

$\mathrm{P_{II}}$
$$\frac{d^2\lambda}{dt^2}=2\lambda^3+t\lambda+\alpha$$

$\mathrm{P_{III'}}$
$$\frac{d^2\lambda}{dt^2}=\frac{1}{\lambda}\left(\frac{d\lambda}{dt}\right)^2-\frac{1}{t}\frac{d\lambda}{dt}+\frac{\lambda^2}{4t^2}(\gamma\lambda+\alpha)+\frac{\beta}{4t}+\frac{\delta}{4\lambda}$$

$\mathrm{P_{IV}}$
$$\frac{d^2\lambda}{dt^2}=\frac{1}{2\lambda}\left(\frac{d\lambda}{dt}\right)^2+\frac{3}{2}\lambda^3+4t\lambda^2+2(t^2-\alpha)\lambda+\frac{\beta}{\lambda}$$

$\mathrm{P_V}$
$$\frac{d^2\lambda}{dt^2}=\left(\frac{1}{2\lambda}+\frac{1}{\lambda-1}\right)\left(\frac{d\lambda}{dt}\right)^2-\frac{1}{t}\frac{d\lambda}{dt}+\frac{(\lambda-1)^2}{t^2}\left(\alpha\lambda+\frac{\beta}{\lambda}\right)+\gamma\frac{\lambda}{t}+\delta\frac{\lambda(\lambda+1)}{\lambda-1}$$

$\mathrm{P_{VI}}$
$$\frac{d^2\lambda}{dt^2}=\frac{1}{2}\left(\frac{1}{\lambda}+\frac{1}{\lambda-1}+\frac{1}{\lambda-t}\right)\left(\frac{d\lambda}{dt}\right)^2-\left(\frac{1}{t}+\frac{1}{t-1}+\frac{1}{\lambda-t}\right)\frac{d\lambda}{dt}$$
$$+\frac{\lambda(\lambda-1)(\lambda-t)}{t^2(t-1)^2}\left\{\alpha+\beta\frac{t}{\lambda^2}+\gamma\frac{t-1}{(\lambda-1)^2}+\delta\frac{t(t-1)}{(\lambda-t)^2}\right\}$$

方程式に現れる $\alpha,\beta,\gamma,\delta$ は複素パラメータである．我々はこの本を通して，断らぬ限り，方程式 $\mathrm{P_{III'}}$ に対しては $\gamma\delta\neq0$，$\mathrm{P_V}$ については $\delta\neq0$ という仮定をおく．なお，$\mathrm{P_{III'}}$ において，t を t^2 で置き換え，λ を $t\lambda$ で置き換えると，方

程式

$$\mathrm{P_{III}} \qquad \frac{d^2\lambda}{dt^2} = \frac{1}{\lambda}\left(\frac{d\lambda}{dt}\right)^2 - \frac{1}{t}\frac{d\lambda}{dt} + \frac{1}{t}(\alpha\lambda^2+\beta) + \gamma\lambda^3 + \frac{\delta}{\lambda}$$

が得られる．こちらが本来のパンルヴェ III 型方程式である．

なお，ここでは独立変数を t，未知関数を λ と書いているが，ともに複素変数である．すなわち，パンルヴェ方程式は複素解析的な常微分方程式である．

フランスでパンルヴェ方程式が発見されて 10 年も経たないうちに，隣国ドイツで，重要な仕事がなされた．それがこの本の主題の 1 つである，モノドロミー保存変形の理論，特にその具体例の計算，である．ある 2 階線型常微分方程式のモノドロミーの問題と関連して，パンルヴェ VI 型方程式が現れたのである．この計算を成し遂げた R.Fuchs は，この成果によって数学史に名を残すことになった．彼には，パンルヴェ方程式 $\mathrm{P_{VI}}$ が確かに動く分岐点をもたない，ということに関する論文があるが，これは R.Garnier から，不正確であると攻撃されている．しかし，1996 年になって，この仕事で使われた R.Fuchs のアイデアが少し見直されている．

モノドロミー保存変形の計算に必要な事柄を初めて理論的に整理したのは，有名な L.Schlesinger である．モノドロミー保存変形に関する問題は L. Schlesinger により，フックスの問題と呼ばれた．このフックスは L.Fuchs で，R.Fuchs は彼の息子である．L.Schlesinger は，リーマン問題についての仕事が有名である．

微分方程式で定義される超越関数を数多く見つけようという問題意識が解析学の中心課題の一つであった時代は確かにあって，その唯一といってもよい結実はパンルヴェ超越関数であったはずである．歴史的事実として，P. Painlevé の仕事の直後に，モノドロミー保存変形という，普遍的基礎理論が提出されたのにもかかわらず，この結果はすぐ忘れ去られたような形になってしまった．その原因は，1 つにはブルバキに代表される数学の変貌があげられようが，何よりも致命的(？)であったのは，数学の他分野や諸科学への応用が何もなかった，ということだろう．それくらい難しい関数であった．また，P.Painlevé をはじめ，R.Garnier，L.Schlesinger 達の仕事とその論文が，きわめて難解であったことも，この分野が敬遠される理由にはなったろう．

1973年からの，T.T.Wu 達による Ising 模型の研究において，パンルヴェⅢ型方程式が現れた，ということは文字どおり驚天動地の出来事であった，と言ってよい．古典解析学の立場からいっても，なにしろパンルヴェ超越関数に，特殊関数たる市民権が与えられるかもしれない事件なのだから．この頃，KdV 方程式，非線型 Schrödinger 方程式，sine-Gordon 方程式といった，数理物理学の非線型偏微分方程式，現在で言うソリトン方程式，の特殊解としてもパンルヴェ方程式が現れた．長い間忘れられていた古典解析学の問題に久しぶりに光があたったのである．当時，M.Sato，T.Miwa，M.Jimbo による Holonomic Quantum Fields 理論が古典解析学に与えた影響はきわめて大きかった．彼ら自身の研究テーマは移っていくが，ソリトン理論，可解モデルの理論，等々パンルヴェ方程式と数理物理学との関係が深いことは，わざわざここで強調するまでもない．このように，パンルヴェ方程式の研究をめぐる環境は10年前と現在とではずいぶん違っている．

数理物理学的な視点のみがパンルヴェ方程式に活力を与える，と言っているわけではない．ただ，1985年頃はそのような観点を持って古典理論を見直す，ということで研究が進められていたのは事実である．現在はそれほどの興奮状態にはないが，よい意味で落ちついた研究を進めることができる環境にはある．実際，今となってみれば，数理物理学が数学のなかでしめる位置付けも少しは大きくなり，パンルヴェ方程式も数学的に普通の存在となりつつあるからである．

解析学や数理物理学に現れる特殊関数としては，ガウスの超幾何関数に代表される線型特殊関数の大ファミリーがある．また，楕円関数という非線型特殊関数の一家がある．パンルヴェ超越関数は超幾何関数ファミリーと楕円関数一家をある意味で含む，大きな一族である．実際にパンルヴェ超越関数の数学的な構造は数学のいろいろな部分と関係している．パンルヴェ方程式を数学大陸から遠く離れた孤島であるとする見方は既に過去のものである．

この本は，上智大学数学講究録 No.19「パンルヴェ方程式序説」(1985年)を書き改め，内容を追加したものである．これは，1982年度冬学期に，筆者が上智大学で行った数学の大学院向けの講義を基としている．その講義は，パンルヴェ方程式について，線型常微分方程式のホロノミック変形，すなわち当時の用語ではモノドロミー保存変形，を中心に，パンルヴェ方程式のハミルトニアン構造と τ-関数の性質を論じる，という内容であった．講義を基にして講究録を執筆するにあたり，フックス型常微分方程式のホロノミックな変形理論をもっとも基本的なところから書いた．そのときには省略した，ハミルトニアン構造の変換論等の話題を加えて，このたび一冊の本にまとめることにした．その際，1988 年度の上智大学大学院における講義，1983 年度，1990 年度，2004 年度の東京大学大学院における講義，および 1996 年にフランスの Cargèse で行われた夏の学校での講義内容も加えた．

当時と現在とでは，この分野の研究が進展したことはもちろんだが，数学における位置付けも変化していると思われる．また，講究録は講義のスタイルを残しているので，本として読むときに気になる言い回しもある．したがって，この本の構成は講究録を踏襲したが，表現方法は少なからず変更した．

10 年ほど前に第 1 章を中心に書き直しを試みたことがある．そのときの原稿には「上智大学講究録には，パンルヴェ方程式に関する筆者の思いが綴られている．これを読み直してみると，あの時点での発言としては当然なものと納得はできても，いま同じことを書くことには若干の抵抗がある．実際，筆者自身の意識は当時と完全に同じではない．これが研究状況の変化によるものか，あるいは年齢という自然の変化によるものなのか，は不明である」と，書いてある．その後長い間何をしていたのか，それはともかく，本書をまとめるに当たって大いに悩んだことは，どこまで付け加えるか，であった．さすがに 20 年も経つと，講究録を書いたときと比較しても，パンルヴェ方程式研究も進歩し，内容が増えるだけでなく，ものの見方も大きく変化している．もし新しい見方でパンルヴェ方程式の本を書くとなれば，旧著とはまったく違った構成となるであろう．この可能性も少しは検討したが，結局，本書の役割はパンルヴェ方程式の古典論を紹介することにある，と割り切ることにした．新しい革袋に入る新しい酒は，新しい人達に任せる，と勝手に決めた．

本書の構成は以下の通りである．

第 1 章の内容　この章においては，非線型常微分方程式の定める新しい特殊関数を発見する，という問題意識を具体的に解説することから始める．パンルヴェ方程式が，Ⅵ型方程式からⅠ型方程式に順次退化していくことは，P. Painlevé が既に発見している．また，Ⅰ型パンルヴェ方程式の解はすべて **C** 上 1 価有理型関数であり，この一般解が，楕円関数のように，2 つの正則関数の比で統一的に書き表されることも彼自身が示している．本章では，これらの事実を証明付で述べる．その際，パンルヴェ方程式の τ-関数を導入するが，この一般的な定義を与え，詳しく調べることは第 4 章，第 5 章で行う．

パンルヴェ方程式の超越解をパンルヴェ超越関数という．パンルヴェ方程式の解が新しい特殊関数を定義していること，すなわちパンルヴェ超越関数の既約性，についても検討を加える．既約性に関する第 1.7 節の内容は，最近 20 年の成果である．

第 2 章の内容　この章は，線型常微分方程式のホロノミックな変形，すなわちモノドロミー保存変形，を考察するための準備である．章の前半でモノドロミー，ストークス係数，見かけの特異点，フロベニウスの方法等について説明する．第 2.7 節でリーマンの問題を説明し，第 2.8 節ではフックスの問題について紹介する．リーマンの問題は与えられたモノドロミーを実現する微分方程式の存在を問う．フックスの問題は，フックス型線型常微分方程式のモノドロミーを変えない変形，すなわちモノドロミー保存変形を問う．これらの内容は次章における研究の基礎である．

第 3 章の内容　前章に引き続いて，線型常微分方程式のホロノミックな変形について調べる．そのための準備が第 3.3 節まで続く．第 3.4 節は，古典的な連立微分方程式系についてのフックスの問題の紹介で，シュレージンガー系が導かれる．

第 3.5 節からがこの章の主題である．パンルヴェ方程式の導出は R.Fuchs の計算によるものであるが，我々はその拡張である，R.Garnier の結果について調べる．ここでは，パンルヴェⅥ型方程式や，それを多変数化したものであるガルニエ系が，ハミルトン系として表されることを見る．この結果が本書の第 1 の主題であり，我々にとってはこれがパンルヴェ方程式研究の指導原理となる．ガルニエ系の導出にはそれなりの計算が必要である．本章では計算の細部に立ち入ることはしないが，流れは明らかになるように心掛けた．

第 4 章の内容 本章では，ハミルトン系でパンルヴェ方程式を表すことを目的とする．パンルヴェ方程式のハミルトニアンを決める方法は 3 つある．

第 1 は，パンルヴェ方程式の退化図式を，対応するハミルトニアン系の退化に拡張し，前章で求めたⅥ型パンルヴェ方程式に付随するハミルトニアンから，Ⅴ型，Ⅳ型と順々にパンルヴェ方程式に付随するハミルトニアンを決めていく方法である．この方法で得られるハミルトニアンの具体形を第 4.1 節で与える．

第 2 の方法は，モノドロミー保存形式を必ずしもフックス型とはかぎらない線型方程式に拡張した，広い意味のモノドロミー保存変形，すなわちホロノミック変形，を利用する．このとき，各パンルヴェ方程式に対して変形方程式系がそれぞれ対応するが，ハミルトン系の退化は線型方程式の合流として実現される．この合流の操作は変形方程式系の退化図式へ拡張される．すなわち第 1 の方法と第 2 の方法とは強く関連している．この 2 つの方法は第 4.2，4.3 節で紹介する．

第 4.5 節および第 5 章で紹介する第 3 の方法は，パンルヴェ方程式の動く極のまわりでの解の局所表示を用いるもので，モノドロミー保存変形とは独立に，パンルヴェ方程式に付随するハミルトニアンが得られる．ハミルトニアンを使って，パンルヴェ方程式のハミルトン関数と τ-関数が導入される．

第 5 章の内容 すぐ上に述べた第 3 の方法によると，パンルヴェ方程式のハミルトニアンに，幾何学的意味を付けることができる．パンルヴェ方程式のハミルトン構造に加えて，本章で説明する，パンルヴェ方程式に付随する葉層構造，パンルヴェ方程式の対称性と変換群，は本書の第 2 の主題であり，この 3 つのテーマがパンルヴェ方程式に関する古典論の要綱である．

第 5.1 節では極のまわりでの解の表示を使って，Ⅵ型パンルヴェ方程式に付随するハミルトン構造を構成する．第 5.3 節では有理代数曲面の理論を応用して，パンルヴェ方程式の定める葉層構造を調べる．パンルヴェ方程式の対称性と変換群を，ルート系の言葉で整理することが，第 5.4 節の主題である．この 2 つの節では，拡大ディンキン図形が繰り返し現れる．パンルヴェ超越関数が超幾何関数などの古典特殊関数を特殊解として含むことを第 5.2 節で示す．第 5.5，5.6 節では，パンルヴェ方程式の双 1 次型式による表示を与える．第 5.5 節の結果を使って，最後の第 5.7 節では，τ-関数の列と戸田方程式について紹介する．

第 5 章の内容紹介で述べた 3 つの要綱から出発し，改めてホロノミック変形を見直すこと，これは現在の代数幾何学や複素力学系の研究成果を駆使して，当然なされるべきことであり，事実その方向の研究も進んでいる．このような立場からパンルヴェ方程式研究をまとめ直せば，まったく新しいスタイルのパンルヴェ方程式論が創られるであろう．

目　次

1　パンルヴェ方程式の歴史

動く分岐点をもたない方程式

1.1　代数的微分方程式

複素領域における微分方程式論の基本は**コーシーの存在定理**である．この定理を 2 連立の場合に述べることから始めよう．$f(x,y,z), g(x,y,z)$ を $\mathbf{C}^3$ 内の適当な領域 D で正則な関数とする．さらに，$(a,b,c)\in D$ に対して，D に含まれる閉領域

$$D_0=\{(x,y,z)\mid |x-a|\leqq r,\ |y-b|\leqq\rho,\ |z-c|\leqq\rho\}$$

を考える．D_0 において，$|f(x,y,z)|\leqq M$, $|g(x,y,z)|\leqq M$ が成り立つものとする．ここで，r,ρ,M は正の実数である．このとき，常微分方程式系

(1.1)
$$\frac{dy}{dx}=f(x,y,z),\qquad \frac{dz}{dx}=g(x,y,z)$$

に対して次の定理が成り立つ．

定理 1.1　$|x-a|\leqq r'$ で正則な (1.1) の解 $(y(x),z(x))$ で，初期条件

$$(y(a),z(a))=(b,c)$$

を満たすものがただ 1 つ存在する．ここで，正の実数 r' は次の式で与えられる．

$$r'=r\left(1-\exp\left(-\frac{\rho}{3Mr}\right)\right)$$

□

このコーシーの存在定理は，優級数の方法で証明することができる．逐次近似法を用いると，もう少し良い存在範囲

$$r'=\min\left\{r,\frac{\rho}{M}\right\}$$

が得られる．もちろん，未知変数が多い場合，単独高階の場合も同様の結果が成り立つ．必要ならば微分方程式の教科書を参照して頂きたい．本書の内容と関係する主題が含まれているものとして，

高野恭一著「常微分方程式」(朝倉書店，1994 年)

を挙げておく． ■

ここで，線型微分方程式と非線型微分方程式の相違点をはっきりさせておくために一例として，線型常微分方程式

$$\frac{d^2y}{dx^2} = p(x)y \tag{1.2}$$

を考える．この方程式の任意の解 $y=\varphi(x)$ は次の性質をもつ．

もし $x=x_0$ で $p(x)$ が正則ならば $\varphi(x)$ もそうなる．

したがって，特に $p(x)$ が複素平面 $\mathbf{C}$ 上 1 価正則ならば，方程式(1.2)の任意の解 $\varphi(x)$ は整関数となる．これは微分方程式の一般論が保証してくれる．

成分が実変数 x の関数である n 次正方行列 $A(x)$ と n 次ベクトル $\vec{b}(x)$ が与えられたとき，n 次ベクトル $\vec{y}$ に関する実領域の線型常微分方程式

$$\frac{d\vec{y}}{dx} = A(x)\vec{y}+\vec{b}(x)$$

を考える．このとき，E.L.Lindelöf が注意したことから，次の事実が成り立つ．

解 $\vec{y}$ は，係数 $A(x), \vec{b}(x)$ が連続な区間において存在する．

複素領域の線型微分方程式についても，実部と虚部に分けてこの結果を使うと解の正則性が導かれる． ■

まず $p(x)$ が x について周期的な場合を考える．方程式(1.2)はヒレの方程式と呼ばれ，いろいろ研究されている．周期関数を係数とする線型常微分方程式の一般論はフロッケの理論である．我々の問題意識を鮮明にするために，さ

らに

$$p(x) = a+b\sin x$$

とする．a，b は複素定数である．この特殊な微分方程式を徹底的に調べ，解 $\varphi(x)$ が好ましい性質をもつならそれを書き出し，他のいろいろな数学の，あるいは諸科学の問題に適用してみよう．こうして，新しい特殊関数を見つけるという我々の問題に対し１つの解答が得られる．実際，いまの場合，微分方程式(1.2)の解はマシュー関数を定義している．

例 1.1 微分方程式(1.2)において，$p(x)$ を x の多項式とし，その次数を p とする．$p=0$ ならば $p(x)=k^2$, $k\in\mathbf{C}$，とおいて，解 $y=e^{\pm kx}$ が得られる．これは指数関数である．三角関数は指数関数の線型結合であるから，こうして**初等超越関数**が得られる． □

例 1.2 例 1.1 で $p=1$ としよう．独立変数の変換により

$$\frac{d^2y}{dx^2} = xy$$

としてよい．この微分方程式の１つの解として，エアリー関数 $\mathrm{Ai}(x)$ が得られる．これは新しい超越関数，すなわち初等的でない超越関数である． □

例 1.3 例 1.1 で $p=2$ の場合は

$$\frac{d^2y}{dx^2} = \left(x^2+E\right)y$$

を考えることになる．量子力学のはじめに出てくる調和振動子の方程式である．これは，エルミート・ウェーバー関数を定める． □

エアリー関数，ベッセル関数，エルミート・ウェーバー関数等は，ガウスの超幾何関数のファミリーに属する．これらを**古典超越関数**という．ガウスの超幾何関数の満たす方程式，すなわちガウスの超幾何微分方程式を書いておこう．

$$x(1-x)\frac{d^2y}{dx^2}+(c-(a+b+1)x)\frac{dy}{dx}-aby = 0$$

a, b, c は複素定数である．また，エアリー関数はベッセル関数で表される．ベッセル関数 $J_\nu(x)$, $\nu\in\mathbf{C}$，は次の微分方程式を満たす．

$$\frac{d^2y}{dx^2}+\frac{1}{x}\frac{dy}{dx}+\left(1-\frac{\nu^2}{x^2}\right)y=0$$

例 1.1 でさらに $p \geqq 3$ とすると，この微分方程式の解は，ある特性をもつ超越関数であることが知られている．この関数はよく調べられているが，もはや古典超越関数とは呼ばれない．線型常微分方程式(1.2)を研究するときの立場としても，一般に次のようなことが考えられるだろう．

(あ) 任意の次数 p の場合に適用可能な理論を作る．

(い) $p=3$ の場合について，特殊でもよいから何か際立った性質をもつ解の存在について調べる．

(あ)と(い)は，もちろん互いに矛盾しない．前者は特別な形をした方程式についての一般論，後者は方程式

$$\frac{d^2y}{dx^2}=(x^3+ax+b)y$$

に関する各論である．この 2 つの立場をうまく統合して発見的数学の実験を行うことが我々の立場である．

このような問題意識を複素領域で定義された非線型常微分方程式に適用しようとすると，使用可能な一般論は貧弱になる．なによりも，線型常微分方程式の解の全体は線型空間であるから，一般解というようなものを考えることが容易である．非線型常微分方程式については，解全体という概念が，もちろん数学的に定義はできるけれど，我々の立場からは曖昧さが残る．この点を留保して，言葉をいくつか準備する．

定義 1.1 領域 D 上定義された x の解析関数を係数とする，$y_0, y_1, \cdots, y_n$ の多項式 $F(x, y_0, y_1, \cdots, y_n)$ に対して，常微分方程式

$$F\left(x, y, \frac{dy}{dx}, \cdots, \frac{d^ny}{dx^n}\right)=0 \tag{1.3}$$

を D 上の**代数的微分方程式**という． □

代数的微分方程式(1.3)の係数が D 内の 1 点 $x=x_0$ で正則であるとする．いま y_j° を

$$F(x, y_0^\circ, y_1^\circ, \cdots, y_n^\circ)=0, \qquad \frac{\partial F}{\partial y_n}(x, y_0^\circ, y_1^\circ, \cdots, y_n^\circ)\neq 0$$

となるようにとる．(1.3)の解で，初期条件

$$y(x_0) = y_0^\circ, \quad \frac{d^j y}{dx^j}(x_0) = y_j^\circ \qquad (j = 1, \cdots, n)$$

を満足し，$x{=}x_0$ のある近傍で正則なものは，コーシーの存在定理により，確かに存在する．これを

$$y = \varphi(x; x_0; y_0^\circ, \cdots, y_n^\circ) \tag{1.4}$$

と書く．この解を D 内で可能な限り広義解析接続することによって得られる，ある部分領域 $D' \subset D$ 上の解析関数も(1.3)の解である．この解析関数も(1.4)と同じ記号で表す，と約束する．

領域 D' の D における外部，$D \backslash \overline{D'}$，が D の開集合となる場合もある．ここで $\overline{X}$ は集合 X の閉包を表す．

既知の超越関数のうちで，非線型代数的微分方程式の解となる超越関数は多くない．つまり，代数的微分方程式で大域的な取り扱いができるものは少ししかない．パンルヴェ方程式がそのよい例であることはこれから見ていくが，古典的によく調べられ我々が使いこなすことができるのは

$$\left(\frac{dy}{dx}\right)^2 - 4y^3 + g_2 y + g_3 = 0 \tag{1.5}$$

の一族だけである．ここで，g_2, g_3 は複素定数である．代数的微分方程式(1.5)の解はワイエルストラスの楕円関数 $\wp(x)$ により，$y{=}\wp(x{+}C)$, $C \in \mathbf{C}$ で与えられる．ところで，(1.5)は定数係数であるから $\mathbf{C}$ 上の代数的微分方程式であるが，解 $\wp(x{+}C)$ は $\mathbf{C}$ 上の有理型関数であり，積分定数 C に依存する無限個の極をもつ．これは線型方程式にはなかった性質である．しかし，非線型微分方程式のなかでは，(1.5)は例外的によい性質をもつ方程式なのである．

定義 1.2　(1.4)の特異点 ω で，初期データ $y_0^\circ, y_1^\circ, \cdots, y_n^\circ$ に依存するものを，**動く特異点**という．特異点の性質に従って，動く極，動く分岐点，動く真性特異点，等という． □

解析関数の特異点の定義は，節末にまとめた．

動く特異点 ω を D に射影した点を $\xi=\xi(\omega)$ と書く．このとき，ω は $x=\xi$ 上にある特異点である，という．一般に，代数的微分方程式に対して，ξ は D の孤立点であるとは限らない．■

定義 1.3　解(1.4)の，D の点 ξ 上の特異点 ω が動く特異点ではないとき，$\xi=\xi(\omega)$ を，代数的微分方程式(1.3)の**動かない特異点**という．□

上でも述べた線型常微分方程式の特性を命題にまとめておく．これはコーシーの存在定理についてのリンデレーフの注意からただちに従うことである．

命題 1.1　代数的微分方程式(1.3)が線型ならば，その任意の解の特異点は動かない特異点に限る．□

例 1.4　$k\neq 0$ を整数とし，1 階代数的微分方程式

$$\frac{dy}{dx}=y^{1+k} \tag{1.6}$$

を考える．この方程式の解は，C を積分定数として

$$y=\varphi(x;k)=k^{-\frac{1}{k}}(C-x)^{-\frac{1}{k}}$$

である．C は初期データで決まるから，$x=C$ は(1.6)の動く特異点である．$k=1$ のときは動く極，それ以外のときは動く代数分岐点である．□

幸いにして，この事実は(1.6)の形に固有のものではない．一般に，1 階代数的微分方程式の動く特異点は代数特異点，すなわち極かあるいは代数的分岐点，に限る．したがって，D 上の 1 階代数的微分方程式の任意の解は，動かない特異点 ξ 以外のすべての D の点まで広義解析接続可能である．これは 2 階以上の方程式については期待できない．

例 1.5　(1.6)において，k を整数ではない勝手な複素数とする．解の形からわかるとおり，$x=C$ は動く真性特異点となることがある．このとき，(1.6)は代数的微分方程式ではないけれど，両辺を x で微分すると 2 階代数的微分方程式

$$\frac{d^2y}{dx^2}=\frac{k+1}{y}\left(\frac{dy}{dx}\right)^2 \tag{1.7}$$

が得られる．□

命題 1.2 微分方程式(1.7)の動く特異点が高々極であるための条件は，$k=0$，あるいは $k=-\dfrac{1}{n}$ $(n\in\mathbf{Z},\ n\neq 0)$ と表されることである． □

$J(\tau)$ を楕円モジュラー関数とする．この関数は複素上半平面 $\mathrm{Im}\,\tau>0$ で1価正則，実軸 $\mathrm{Im}\,\tau=0$ を自然境界とする．このとき，$\alpha,\beta,\gamma,\delta$ を，$\alpha\delta-\beta\gamma=1$ となる積分定数として，関数族

$$y(x)=J\left(\frac{\alpha x+\beta}{\gamma x+\delta}\right)$$

を考える．これは3階の代数的微分方程式を満足する．この微分方程式の解はすべて1価正則であるが，存在域は初期データに依存する，複素平面内の円板あるいは半平面である．ここに3階以上の代数的微分方程式の難しさのひとつがある．

この節を終わるにあたって，一般の解析関数 $\varphi(x)$ の特異点について簡単に復習しておこう．ω を $x=\xi$ 上にある $\varphi(x)$ の孤立特異点とする．特異点 ω を定める $\varphi(x)$ の分枝を，同じ記号 $\varphi(x)$ で表す．ω は孤立特異点であるから，ε を十分小さくとれば，円板 $|x-\xi|<\varepsilon$ 上には，$\varphi(x)$ は ω 以外の特異点をもたない，としてよい．$\Delta_\varepsilon^\times=\{x\mid 0<|x-\xi|<\varepsilon\}$ とし，リーマン球面 $\mathbf{P}^1(\mathbf{C})$ の部分集合

$$\boldsymbol{S}_\omega(\varphi)=\bigcap_{\varepsilon>0}\overline{\varphi(\Delta_\varepsilon^\times)}$$

を，$\varphi(x)$ の ω での**集積値集合**という．$\boldsymbol{S}_\omega(\varphi)$ は連続体である．

さて，分枝 $\varphi(x)$ が ω のまわりで有限多価であり，$\boldsymbol{S}_\omega(\varphi)$ がただ1点からなるとき，ω を $\varphi(x)$ の**代数特異点**という．なお，$\varphi(x)$ の極も，これを特異点と考えるときは，代数特異点の一種と見なされる．分枝 $\varphi(x)$ が無限多価であるとき，$\boldsymbol{S}_\omega(\varphi)$ がただ1点からなるならば ω を**通性特異点**，$\boldsymbol{S}_\omega$ が2点以上を含むならば ω を**真性特異点**という．通性特異点と真性特異点をあわせて**超越特異点**という．

例 1.6 $\varphi(x)=x^\alpha$ とする．α が非負整数ならば $x=0$ は $\varphi(x)$ の正則点であり，α が負の整数ならば $x=0$ は極である．それ以外の場合には，$\varphi(x)$ は $x=0$ 上に特異点 ω をもつ．α が有理数ならば ω は $\varphi(x)$ の代数特異点であり，その他の場合は超越特異点である． □

一般に α が複素数のとき，関数 $\varphi(x)=x^{\alpha}$ は $x^{\alpha}=e^{\alpha\log x}$ により定義される．いま，$\alpha=a+\sqrt{-1}b$，a と b は実数，として定義式に代入すると

$$\varphi(x)=e^{(a\log r-b\theta)+\sqrt{-1}(b\log r+a\theta)}$$

である．ここで $x=re^{\sqrt{-1}\theta}$，すなわち $|x|=r$, $\arg x=\theta$ としている．この表示から，$b=0$ ならば，$\boldsymbol{S}_{\omega}(\varphi)$ は 1 点のみからなり，$b\neq 0$ ならば

$$\boldsymbol{S}_{\omega}(\varphi)=\mathbf{P}^1(\mathbf{C})$$

であることが示せる．この結果をまとめておこう．

命題 1.3 関数 $\varphi(x)=x^{\alpha}$ の $x=0$ 上の特異点を ω とする．$\mathrm{Im}\,\alpha=0$ ならば ω は通性特異点，$\mathrm{Im}\,\alpha\neq 0$ ならば ω は真性特異点である． □

例 1.7 $\phi(x)=x\log x$ とする．関数 $\phi(x)$ の $x=\infty$ 上にある特異点 ω は通性特異点である．一方，$\phi(x)$ の $x=0$ 上にある特異点 ω' は真性特異点である． □

1.2 動く分岐点をもたない代数的微分方程式

非線型代数的微分方程式の解として新しい超越関数を定めよう，という我々の問題意識にとって，動く分岐点の存在は大きな妨げとなる．もちろん，楕円関数の微分方程式(1.5)の拡張を考えるのであるから，動く極の存在を否定する理由はない．超越関数 $\varphi(x)$ が，ある代数的微分方程式の解で，$x=a$ に極をもつとき，$y(x)=\dfrac{1}{\varphi(x)}$ は別の代数的微分方程式を満たし，$x=a$ で正則である．言い換えれば，$y(x)$ は $x=a$ の近傍からリーマン球面 $\mathbf{P}^1(\mathbf{C})$ への局所正則写像である．そこで，次のような問題を考えよう．

問題 動く分岐点をもたない代数的微分方程式を調べること．

まず最初にしなければならないのは，動く分岐点をもたない代数的微分方程式はどんな方程式であるか，形を決めることである．19 世紀末から 20 世紀初頭にかけての努力はこの点に注がれていた．H.Poincaré，L.Fuchs，P. Painlevé による，代数的微分方程式の一般論を展開することは興味のあることではあるが，ここでは我々にとって必要なことだけ見ていこう．

まず，1 階正規型代数的微分方程式

$$\frac{dy}{dx} = \frac{P(x,y)}{Q(x,y)} \tag{1.8}$$

を例にとって考える．P, Q は，ある領域 D 上定義された x の解析関数を係数とする，y の多項式である．方程式に固有な特異点を数え上げよう．それは次のような点 $x=\xi$ の集まりである．

（イ） $Q(\xi, y)\equiv 0$

（ロ） y についての代数方程式 $P(\xi, y)=Q(\xi, y)=0$ に共通解がある．

ただし，（ロ）では $Q(\xi, y)\not\equiv 0$ としている．また，(1.8)において $y=\dfrac{1}{z}$ と変換して得られる方程式

$$\frac{dz}{dx} = \frac{P_1(x,z)}{Q_1(x,z)}$$

に対し，$P_1(\xi,0)=Q_1(\xi,0)=0$ となる ξ も（ロ）に加えておく．このような条件（イ），（ロ）で定められる特異点 ξ は有限個しかないが，これらが微分方程式(1.8)の動かない特異点である．以下では，$x=\xi$ によって(1.8)の動かない特異点を表すことにしよう．例 1.4 で既に述べたことではあるが，(1.8)についてのもっとも基本的な結果は次の定理である．

命題 1.4 1 階代数的微分方程式(1.8)の動く特異点は代数特異点である．□

［命題 1.4 の証明］ $x_0\neq\xi$ とし，(1.8)の解のある分枝 $\varphi(x)$ が $x=x_0$ 上に特異点 ω をもつとしよう．$\varphi(x)$ の ω での集積値集合 $\boldsymbol{S}_\omega(\varphi)$ を考える．$y_0\in\boldsymbol{S}_\omega(\varphi)$ とすると，十分小さい任意の正数 ε に対して，次のような x_1 が存在する．

$$|x_0-x_1|<\varepsilon, \qquad y_1=\varphi(x_1), \qquad |y_0-y_1|<\varepsilon$$

まず，$Q(x_0, y_0)\neq 0$ と仮定しよう．このとき閉領域

$$D_0 = \{(x,y) \mid |x-x_1| \leqq r,\ |y-y_1| \leqq \rho\}$$

を，(1.8)の右辺が D_0 で正則となるように，可能な限り大きくとっておく．(x_0, y_0) は D_0 の内点である．さらにこのとき，$y(x_1)=y_1$ となる(1.8)の解は，ある範囲 $|x-x_1|<r'$ において正則である．r' は(1.8)の形から決まる定数であり，ε はいくらでも小さくとれるから，$|x_0-x_1|<r'$ としてよい．すなわち $\varphi(x)$ は $x=x_0$ においても正則である．集積値集合の定義から，$x_n\to x_0$ という数列

をとって，$\varphi(x_n)\to y_0$ とすることができる．すなわち $\varphi(x)$ は $y(x_0)=y_0$ となる(1.8)の正則解に他ならない．

以上のことから，特異点 ω での集積値集合 $\boldsymbol{S}_\omega(\varphi)$ に含まれる点 y_0 は，$Q(x_0,y_0)=0$ となる y_0 か，あるいは $y_0=\infty$ である．しかし，集積値集合は連続体であるから，1点からなる．すなわち解は $x=x_0$ 上に特異点 ω をもったとしても，$x\to x_0$ のとき，ある $y_0\in\mathbf{P}^1(\mathbf{C})$ があって，$y\to y_0$ となる．$y_0=\infty$ のときは，(1.8)において $z=\dfrac{1}{y}$ と変換して得られる1階正規型代数的微分方程式を考えればよいから，$|y_0|<\infty$ としよう．このとき，$Q(x_0,y_0)=0$ であり，$x=x_0$ は動く特異点であるから

$$Q(x_0,y_0)=0,\qquad P(x_0,y_0)\neq 0$$

が成り立つ．そこで，(1.8)で x と y を交換した代数的微分方程式

$$\frac{dx}{dy}=\frac{Q(x,y)}{P(x,y)}$$

を考えよう．この微分方程式の，初期条件 $x(y_0)=x_0$ を満たす解 $\psi(y)$ は，$y=y_0$ の近傍で正則である．すなわち，ある正の整数 p があって

$$\psi(y)=x_0+\alpha(y-y_0)^p+\cdots,\qquad \alpha\neq 0$$

と表される．ここで，条件から $p\geqq 2$ である．これを逆に解いて得られる $\varphi(x)$ の特異点は代数特異点である． ■

証明の最後の部分で，$\varphi(x)$ のピュイズー級数表示

$$\varphi(x)=y_0+\alpha'(x-x_0)^{\frac{1}{p}}+\cdots,\qquad \alpha'\neq 0 \tag{1.9}$$

が得られる．この考察からわかるように，$x\neq\xi$ に対して，代数方程式

$$Q(x_0,y)=0$$

が根 $y=y_0$ をもつならば，$x=x_0$ の近傍で必ず(1.9)の形の解が現れる．

動く分岐点をもたない方程式に関する最初の結果は次の定理である．

定理 1.2　(1.8)が動く分岐点をもたないならば，これはリッカチの微分方程式

$$\frac{dy}{dx} = a(x)y^2 + b(x)y + c(x) \tag{1.10}$$

である．ここで，$a(x), b(x), c(x)$ は D 上の解析関数である． □

実際，すぐ上で見たように，(1.8)が動く分岐点をもたないならば，$Q(x,y)$ は y に依らない．よって，(1.8)は，改めて $P(x,y)$ を y の多項式として

$$\frac{dy}{dx} = P(x,y)$$

という形になる．ここで $z=\dfrac{1}{y}$ とおくと，微分方程式は

$$\frac{dz}{dx} = -z^2 P\left(x, \frac{1}{z}\right)$$

に変換される．右辺は z の有理関数であるが，もしこれが分母をもつと，D の勝手な点 $x_0 \neq \xi$ に対して，$(x,z)=(x_0,0)$ は x_0 上に動く分岐点を定める．したがって，$P(x,y)$ は y について高々 2 次である．すなわち，(1.8)はリッカチの微分方程式(1.10)に帰着する．

よく知られているように，リッカチの微分方程式は線型化される．(1.10)において，$a(x) \neq 0$ ならば

$$y = -\frac{1}{a(x)} \frac{d}{dx} \log z \tag{1.11}$$

とおくと，z は 2 階線型常微分方程式

$$\frac{d^2 z}{dx^2} - \left(b(x) + \frac{a'(x)}{a(x)}\right)\frac{dz}{dx} + a(x)c(x)z = 0$$

を満足する．この線型方程式の特異点は，$a(x), b(x), c(x)$ の特異点および $a(x)$ の零点 x_1, $a(x_1)=0$, である．線型常微分方程式の解は，方程式の特異点以外の点では正則であるから，(1.10)は確かに動く分岐点をもたない．結局，1 階正規型代数的微分方程式(1.8)で，動く分岐点をもたない方程式を調べる，ということは，(1.11)の形の変換を通して線型常微分方程式を研究すること，に帰着されることがわかった．

続いて，$F(x,y,z)$ を，D 上定義された x の解析関数を係数とする y と z の多項式とし，1 階代数的微分方程式

$$F\left(x, y, \frac{dy}{dx}\right) = 0 \tag{1.12}$$

を考えよう．この1階代数的微分方程式に対しても命題1.4と同様の事実が成り立つ．すなわち，動く特異点は代数特異点である．動かない特異点ξを数え上げることが少し面倒ではあるが，証明は同様であるので省略する．

(1.12)については，以下の結果が重要である．

定理 1.3 (1.12)が動く分岐点をもたないとすると，次の場合のいずれかに帰着する．

（イ） リッカチの方程式(1.10)

（ロ） 楕円関数の微分方程式(1.5)

（ハ） 代数的に求積できる □

証明は省略するが，以下のことだけは注意しておく．xをパラメータと思って，方程式

$$F(x, y, z) = 0$$

で定義される代数曲線をC_xとし，その種数を$p(C_x)$と書く．$p(C_x)$は例外的なxの値，すなわち代数的微分方程式(1.12)に固有な値$x=\xi$を除いて，xには依らず一定である．ξは(1.12)の動かない特異点である．このとき，定理に述べた(イ),(ロ),(ハ)は，それぞれ

（イ） $p(C_x)=0$

（ロ） $p(C_x)=1$

（ハ） $p(C_x)\geqq 2$

に対応している．(イ)の場合について簡単に触れておこう．代数関数論のよく知られた結果により，ある変数θの有理関数$A(x,\theta), B(x,\theta)$が存在して

$$y = A(x,\theta), \qquad z = B(x,\theta)$$

と表される．$z=\dfrac{dy}{dx}$に注意すると

$$\frac{\partial A}{\partial x} + \frac{\partial A}{\partial \theta}\frac{d\theta}{dx} = B(x,\theta)$$

これは(1.8)の形の代数的微分方程式である．θは，yとzの有理関数として

与えられるから，この θ の微分方程式も動く分岐点をもたない．したがって，この代数的微分方程式はリッカチの微分方程式である．

以上のように，(1.12)からも新しい超越関数は得られない．そこで次に考えるべきなのは，2階正規型代数的微分方程式である．すなわち，$R(x,y,z)$ を，D 上定義された x の解析関数を係数とする，y と z の有理関数として，代数的微分方程式

$$\frac{d^2y}{dx^2} = R\left(x, y, \frac{dy}{dx}\right) \tag{1.13}$$

に話を進める．まず，結論を書く．

定理 1.4(P.Painlevé, B.Gambier)　(1.13)が動く分岐点をもたないならば，(1.13)は以下の場合のいずれかに帰着する．

（イ） 線型方程式

（ロ） 楕円関数の方程式(1.5)

（ハ） 求積可能

（ニ） 以下で与えられる6つの微分方程式

P_{I}
$$\frac{d^2\lambda}{dt^2} = 6\lambda^2 + t$$

P_{II}
$$\frac{d^2\lambda}{dt^2} = 2\lambda^3 + t\lambda + \alpha$$

P_{III}
$$\frac{d^2\lambda}{dt^2} = \frac{1}{\lambda}\left(\frac{d\lambda}{dt}\right)^2 - \frac{1}{t}\frac{d\lambda}{dt} + \frac{1}{t}(\alpha\lambda^2+\beta) + \gamma\lambda^3 + \frac{\delta}{\lambda}$$

P_{IV}
$$\frac{d^2\lambda}{dt^2} = \frac{1}{2\lambda}\left(\frac{d\lambda}{dt}\right)^2 + \frac{3}{2}\lambda^3 + 4t\lambda^2 + 2(t^2-\alpha)\lambda + \frac{\beta}{\lambda}$$

P_{V}
$$\frac{d^2\lambda}{dt^2} = \left(\frac{1}{2\lambda} + \frac{1}{\lambda-1}\right)\left(\frac{d\lambda}{dt}\right)^2 - \frac{1}{t}\frac{d\lambda}{dt} + \frac{(\lambda-1)^2}{t^2}\left(\alpha\lambda + \frac{\beta}{\lambda}\right) + \gamma\frac{\lambda}{t}$$
$$+\delta\frac{\lambda(\lambda+1)}{\lambda-1}$$

P_{VI}

$$\frac{d^2\lambda}{dt^2}=\frac{1}{2}\left(\frac{1}{\lambda}+\frac{1}{\lambda-1}+\frac{1}{\lambda-t}\right)\left(\frac{d\lambda}{dt}\right)^2-\left(\frac{1}{t}+\frac{1}{t-1}+\frac{1}{\lambda-t}\right)\frac{d\lambda}{dt}$$
$$+\frac{\lambda(\lambda-1)(\lambda-t)}{t^2(t-1)^2}\left\{\alpha+\beta\frac{t}{\lambda^2}+\gamma\frac{t-1}{(\lambda-1)^2}+\delta\frac{t(t-1)}{(\lambda-t)^2}\right\}$$

ここで，$\alpha,\beta,\gamma,\delta$ は複素定数である．□

定義 1.4　上の 6 つの微分方程式を，**パンルヴェ方程式**という．□

以下，パンルヴェ方程式 $P_{\mathrm{I}}, P_{\mathrm{II}}, \cdots, P_{\mathrm{VI}}$ のひとつを，P_{J} で代表させて表すことにする．また，後で線型常微分方程式の変形を考察するときの記号に合わせて，上の定理においては P_{J} の独立変数を t，従属変数を λ，とした．この大定理の証明を詳しく述べるためには，この本の容量をはるかに越えるページが必要である．我々は定理の証明は省略し，節を改めて定理の意味を説明することにしよう．

1.3　パンルヴェ方程式の発見

P.Painlevé が定理 1.4 に述べた結果を得るために採用したアイデアは次のようなものである．このアイデアは，**パンルヴェの方法**と呼ばれる．それを命題の形に述べる．

命題 1.5　$F(x,y,z;\varepsilon), G(x,y,z;\varepsilon)$ は，領域 D 上定義された x の解析関数を係数とする，y と z の有理関数で，ε については，$\varepsilon=0$ の近傍で正則とする．

(1) 十分小さい ε_0 にたいして，代数的微分方程式系

$$\frac{dy}{dx}=F(x,y,z;\varepsilon),\qquad \frac{dz}{dx}=G(x,y,z;\varepsilon) \tag{1.14}$$

は，$0<|\varepsilon|<\varepsilon_0$ のとき，動く分岐点をもたない，と仮定する．このとき，代数的微分方程式系

$$\frac{dy}{dx}=F(x,y,z;0),\qquad \frac{dz}{dx}=G(x,y,z;0) \tag{1.15}$$

も動く分岐点をもたない．

(2) さらに，(1.14)の解 $(y(x;\varepsilon),z(x;\varepsilon))$ が，x について，D のある部分領域 D' で1価であるとする．このとき，$(y(x;\varepsilon),z(x;\varepsilon))$ を ε のベキ級数に展開すると，その係数は，(1.15)の解 $(y(x;0),z(x;0))$ が正則である限り，その領域 D' で1価となる． □

P.Painlevé は，代数的微分方程式にパラメータを導入し，この命題を上手に使って動く分岐点をもたない方程式の形を決めていった．このようなパンルヴェの方法を，**パンルヴェの $\boldsymbol{\alpha}$-法**ということもある．彼がパラメータとして α をもっぱら使用したことに由来する名前であるが，この本では，慣例に合わせて α を，パンルヴェ方程式の固有なパラメータとして使う．後々の混乱を予防して，上では ε を使った．パンルヴェの ε-法，というわけである． ■

［命題 1.5 の証明］ 方程式の右辺 $F(x,y,z;\varepsilon),G(x,y,z;\varepsilon)$ は

$$(x,y,z;\varepsilon)=(x_0,y_0,z_0;0)$$

の近傍で正則であるとする．また，x_0 から出発して x_0 に戻る，D' 内の閉曲線 γ を勝手にとる．初期条件

$$y(x_0)=y_0,\qquad z(x_0)=z_0$$

を満足する(1.14)の解を $(y(x;\varepsilon),z(x;\varepsilon))$ と書く．また，同じ初期条件で決まる(1.15)の解を $(Y(x),Z(x))$ とする．領域 D' においては，$(Y(x),Z(x))$ は γ に沿って狭義解析接続可能であり，F と G は，$x\in\gamma$ ならば点 $(x,Y(x),Z(x);0)$ で正則である．パラメータ ε に関する正則性の仮定から，解 $(y(x;\varepsilon),z(x;\varepsilon))$ は

$$y(x;\varepsilon)=Y(x)+y_1(x)\varepsilon+\mathcal{O}(\varepsilon^2),\qquad z(x;\varepsilon)=Z(x)+z_1(x)\varepsilon+\mathcal{O}(\varepsilon^2)$$

と，ε についてベキ級数に展開できる．

以下では，ランダウの記号 $\mathcal{O}(u^r)$ により，$u=0$ の近傍で正則なある関数 $f(u)$ で，$\dfrac{1}{u^r}f(u)$ が $u=0$ で有界となるものを，一般的に表すことにする．$r=0$ のとき，$\mathcal{O}(u^0)$ は $\mathcal{O}(1)$ とも表される． ■

いま，一般に x_0 の近傍で正則な $f(x)$ を γ に沿って解析接続して得られる x_0 での正則な分枝を $f^{\gamma}(x)$ と書くことにする．(1.14)が動く分岐点をもたなければ，D' 内の 1 点にホモトープな道 γ に対し

$$(\,y^{\gamma}(x;\varepsilon), z^{\gamma}(x;\varepsilon)\,) = (\,y(x;\varepsilon), z(x;\varepsilon)\,)$$

である．したがって，係数についても

$$(\,Y^{\gamma}(x), Z^{\gamma}(x)\,) = (\,Y(x), Z(x)\,)$$
$$(\,y_1^{\gamma}(x), z_1^{\gamma}(x)\,) = (\,y_1(x), z_1(x)\,)$$

が成り立つ．以上により，命題 1.5 が示された．■

命題 1.5，すなわち，パンルヴェの方法，をどのように適用して定理 1.4 を得るのか，その筋道を見よう．まず，次の 2 つの命題が示される．最初の命題の証明は省略する．2 番目のものに対しては証明の概略を説明し，パンルヴェのアイデアを理解するための助けとしよう．

命題 1.6　(1.13)が動く分岐点をもたないためには，微分方程式は次の形でなければならない．

$$\frac{d^2y}{dx^2} = L(x,y)\left(\frac{dy}{dx}\right)^2 + M(x,y)\frac{dy}{dx} + N(x,y) \tag{1.16}$$

□

命題 1.7　(1.16)が動く分岐点をもたない代数的微分方程式であるためには，y の有理関数 $L(x,y)$ の極はすべて 1 位の極でなければならない．□

［命題 1.7 の証明］(1.16)において

$$x = x_0 + \varepsilon X$$

とおく．x_0 は，$L(x_0,y)\neq 0$ となるように勝手に選んでよい．記号の節約のため，X を改めて x と書く．得られる方程式は

$$\frac{d^2y}{dx^2} = \ell(y)\left(\frac{dy}{dx}\right)^2 + \mathcal{O}(\varepsilon)$$

という形である．ここで，$\ell(y) = L(x_0,y)$ と書いた．この方程式は動く分岐点をもたないから，$\varepsilon\to 0$ として得られる代数的微分方程式

(1.17) $$\frac{d^2y}{dx^2}=\ell(y)\left(\frac{dy}{dx}\right)^2$$

も，命題 1.5 により，動く分岐点をもたない．有理関数 $\ell(y)$ の極がすべて 1 位の極であることを言えばよい．一般性を失わず，$y=0$ が $\ell(y)$ の極であるとしてよい．いま，極 $y=0$ の位数を p とすると，(1.17) は

$$\frac{dy}{dx}=z, \qquad \frac{dz}{dx}=\frac{z^2}{y^p}\big(\kappa+\mathcal{O}(y)\big)$$

という形に書かれる．そこで，今度は従属変数の変換

$$y=\varepsilon Y, \qquad z=\varepsilon^p Z$$

を行う．再び記号の節約のために Y, Z を y, z と書く．結論として得られる方程式は次の形である．

(1.18) $$\frac{dy}{dx}=\varepsilon^{p-1}z, \qquad \frac{dz}{dx}=\frac{z^2}{y^p}\big(\kappa+\mathcal{O}(\varepsilon)\big)$$

微分方程式 (1.18) の，$x=x_0$ のとき $y=y_0$ $(y_0\neq 0)$, $z=z_0$ となる解を，ε のベキ級数に展開する．もし $p>1$ ならば $C=-x_0-\dfrac{y_0^p}{z_0\kappa}$ とおくと

$$y-y_0=\frac{\varepsilon^{p-1}}{\kappa}y_0^p\log\left(\frac{x+C}{x_0+C}\right)+\mathcal{O}(\varepsilon^p)$$
$$z=\frac{-y_0^p}{\kappa(x+C)}+\mathcal{O}(\varepsilon)$$

となる．この解は $x=-C$ 上に分岐点をもち，(1.18) は動く分岐点をもつことになる．したがって，$p=1$ でなければならない．■

命題 1.7 の証明のなかで，(1.16) から (1.17) を得るときの，変数変換，変数の書き換え，極限 $\varepsilon\to 0$ の 3 つの手続きを

$$x :\Rightarrow x_0+\varepsilon x \qquad (\varepsilon\to 0)$$

という記法で表すことにする．(1.17) から (1.18) を得るのは

$$y :\Rightarrow \varepsilon y, \quad z :\Rightarrow \varepsilon^p z \qquad (\varepsilon\to 0)$$

である．この本では，誤解が生じない限りにおいて，パンルヴェの方法をこのように表現する．

動く分岐点をもたない2階正規型代数的微分方程式を求めるためには，上の命題のようにして，少しずつ方程式の形を決めていかなくてはならない．このような，細心の注意と忍耐を必要とする作業をやり遂げたP.Painlevéの計算力はすばらしい．

P.Painlevéも計算の見落としは避けることができなかった．彼が論文で到達したのは，現在のパンルヴェ方程式のうちのはじめの3つ，$P_{\mathrm{I}}, P_{\mathrm{II}}, P_{\mathrm{III}}$である．残りの3つの方程式，$P_{\mathrm{IV}}, P_{\mathrm{V}}, P_{\mathrm{VI}}$は彼の弟子のB. Gambierにより補われた． ■

我々はP.PainlevéとB.Gambierの計算を細かく追跡し再現することは断念した．そのかわり，パンルヴェの方法の例を，もう1つ挙げて，この節を終わることにしよう．これは，パンルヴェI型方程式の形が定められる部分の計算である．

命題1.8　$F(x)$を$x=0$の近傍で正則な関数とする．微分方程式

$$\frac{d^2y}{dx^2} = 6y^2+F(x) \tag{1.19}$$

が動く分岐点をもたないためには，$F(x)$はxの1次式でなければならない．

□

［証明］　$a\neq 0$を$x=0$の近傍から勝手にとり，変換と置き換え

$$x :\Rightarrow a+\varepsilon x, \quad y :\Rightarrow \varepsilon^{-2}y \qquad (\varepsilon \to 0)$$

を行う．ここで，εは$|\varepsilon|<\varepsilon_0$となるパラメータである．微分方程式(1.19)は

$$\frac{d^2y}{dx^2} = 6y^2+\varepsilon^4F(a)+\varepsilon^5F'(a)x+\varepsilon^6\frac{F''(a)}{2}x^2+\mathcal{O}(x^3)$$

という展開をもち，この解$y(x;\varepsilon)$は

$$y(x;\varepsilon) = \varphi(x)+\varepsilon^4\psi(x)+\varepsilon^5\chi(x)+\varepsilon^6\tau(x)+\mathcal{O}(\varepsilon^7)$$

と表されることがわかる．ここで，この展開の各係数は，それぞれ微分方程式

(1.20)
$$\frac{d^2\varphi}{dx^2}=6\varphi^2$$

$$\frac{d^2\psi}{dx^2}-12\varphi\psi=F(a), \qquad \frac{d^2\chi}{dx^2}-12\varphi\chi=F'(a)x$$

(1.21)
$$\frac{d^2\tau}{dx^2}-12\varphi\tau=F''(a)\frac{x^2}{2}$$

を満たす．まず，微分方程式(1.20)はすぐ積分できる．すなわち，h を積分定数として

(1.22)
$$\left(\frac{d\varphi}{dx}\right)^2=4\varphi^3-h$$

となる．これは楕円関数の微分方程式(1.5)の特別な場合である．一方，斉次線型微分方程式

$$\frac{d^2u}{dx^2}-12\varphi u=0$$

の解は，C_1, C_2 を任意定数として

$$u=C_1(x\varphi'(x)+2\varphi(x))+C_2\varphi'(x)$$

で与えられることがわかる．もちろん $\varphi'(x)$ は $\varphi(x)$ の導関数である．この解の表示を使って，非斉次線型微分方程式(1.21)を定数変化法で解こう．実際

$$\tau(x)=u_1\,(x\varphi'(x)+2\varphi(x))+u_2\varphi'(x)$$

とおくと，u_1 と u_2 は微分方程式

$$\frac{du_1}{dx}=-\frac{F''(a)}{6h}x^2\varphi'(x)$$
$$\frac{du_2}{dx}=\frac{F''(a)}{6h}x^2\,(x\varphi'(x)+2\varphi(x))$$

を満たす．他方，楕円関数の微分方程式(1.22)の 1 つの解

$$\wp(x)=\frac{1}{x^2}+\frac{h}{28}x^4+\mathcal{O}(x^6)$$

をとると，(1.22)の任意の解 $\varphi(x)$ は

$$\varphi(x)=\wp(x+k)$$

で与えられる．ここで，k は任意定数である．この表示を u_1 と u_2 の微分方程式

に代入し，u_1 と u_2 を求めると

$$u_1 = \frac{F''(a)}{3h}\log(x+k)+\cdots$$
$$u_2 = \frac{F''(a)k}{3h}\log(x+k)+\cdots$$

となり，もし $F''(a)\neq 0$ ならば $x=k$ は動く分岐点を定める．したがって，(1.19) が動く分岐点をもたない微分方程式ならば，$x=0$ の近傍の任意の a に対して $F''(a)=0$，すなわち，$F''(x)\equiv 0$．よって，我々の仮定のもとでは，$F(x)$ は x の 1 次式でなければならない．■

1.4　パンルヴェ方程式の関係

2 階代数的微分方程式(1.13)で，動く分岐点をもたないものは，定理 1.4 によって，本質的にはパンルヴェ方程式に限る，ということがわかった．ただし，上で述べたように，定理 1.4 は，動く分岐点をもたないための必要条件，を追求していった結果である．したがって，このようにして決定された方程式が実際に動く分岐点をもたない，ということを示す必要がある．定理 1.4 において，(イ), (ロ), (ハ)の場合については，解を具体的に書き下すことができる．したがって，解の特異点が初期データには依存しないことを容易に確認することができる．結局我々には，(ニ)の場合について，次の結果が必要となる．

定理 1.5　パンルヴェ方程式は動く分岐点をもたない．□

この定理の証明方法は，複数知られている．そのうちの 1 つを除くすべては，モノドロミー保存変形によりパンルヴェ方程式が得られる，という事実を本質的に用いる．

このような方法は数学的にエレガントな証明を与えるし，理論的にも見事であるが，道具だてがたいへんである．我々はパンルヴェ方程式の特徴付けとして，モノドロミー保存変形の理論を必要とし，以降の章でその内容を紹介する．しかし，定理 1.5 の証明をその立場から完結する段階にまで，モノドロミー保存変形の理論に深入りすることはしない．■

もう1つの証明は，P.Painlevé と P.Boutroux による，オリジナル版である．これは道具だては少ないが計算が面倒である．いずれにせよ，我々は定理 1.5 の結果を認めた上で，しばらく先に進むこととする．

まず，パンルヴェ方程式をリーマン球面 $\mathbf{P}^1(\mathbf{C})$ 上定義された微分方程式とみて，その動かない特異点 $t=\xi$ を表にまとめておく．この表は，$\mathrm{P_J}$ の具体形から直ちに作ることができる．以下では，各 $\mathrm{P_J}$ の動かない特異点の集合を Ξ_{J} と書くことにする．

動かない特異点 Ξ_{J}

$\mathrm{P_I}$	$\mathrm{P_{II}}$	$\mathrm{P_{III}}$	$\mathrm{P_{IV}}$	$\mathrm{P_V}$	$\mathrm{P_{VI}}$
∞	∞	$0,\ \infty$	∞	$0,\ \infty$	$0,\ 1,\ \infty$

パンルヴェ方程式 $\mathrm{P_J}$ の動かない特異点の集合 Ξ_{J} に対し，$X_{\mathrm{J}}=\mathbf{P}^1(\mathbf{C})\setminus\Xi_{\mathrm{J}}$ とし，X_{J} の普遍被覆リーマン面を $\tilde{X}_{\mathrm{J}}$ と書く．$\mathrm{P_J}$ の解 $\lambda=\lambda(t)$ は，$\tilde{X}_{\mathrm{J}}$ 上の 1 価有理型関数である．上の表から，次のことは直ちにわかる．

$$X_{\mathrm{I}} \simeq X_{\mathrm{II}} \simeq X_{\mathrm{IV}} \simeq \mathbf{C}$$

$$\tilde{X}_{\mathrm{III}} \simeq \tilde{X}_{\mathrm{V}} \simeq \mathbf{C}$$

$$\tilde{X}_{\mathrm{VI}} \simeq \Delta(\text{単位円板})$$

特に，$\mathrm{P_I}, \mathrm{P_{II}}, \mathrm{P_{IV}}$ の解は $\mathbf{C}$ 上 1 価有理型である．

次に，パンルヴェ方程式相互の関係を調べてみる．定理 1.4 のように，パンルヴェ方程式 $\mathrm{P_J}$ の独立変数を t，従属変数を λ と書く．まず，パンルヴェ VI 型方程式を考えよう．

$$\mathrm{P_{VI}} \qquad \frac{d^2\lambda}{dt^2} = \frac{1}{2}\left(\frac{1}{\lambda}+\frac{1}{\lambda-1}+\frac{1}{\lambda-t}\right)\left(\frac{d\lambda}{dt}\right)^2-\left(\frac{1}{t}+\frac{1}{t-1}+\frac{1}{\lambda-t}\right)\frac{d\lambda}{dt}$$
$$+\frac{\lambda(\lambda-1)(\lambda-t)}{t^2(t-1)^2}\left\{\alpha+\beta\frac{t}{\lambda^2}+\gamma\frac{t-1}{(\lambda-1)^2}+\delta\frac{t(t-1)}{(\lambda-t)^2}\right\}$$

ここで，$\alpha,\beta,\gamma,\delta$ は複素定数である．$\mathrm{P_{VI}}$ において，独立変数 t を $t=1+\varepsilon t_1$ と変換し，また

$$\gamma = -\delta_1\varepsilon^{-2}+\gamma_1\varepsilon^{-1}, \qquad \delta = \delta_1\varepsilon^{-2}$$

とおく．ε はパラメータである．この置き換えで P_{VI} から得られる微分方程式が

$$\frac{d^2\lambda}{dt_1^2} = R_1\left(t_1, \lambda, \frac{d\lambda}{dt_1}; \varepsilon\right)$$

であるとする．この微分方程式の具体形を求めるのは，それほどたいへんな計算ではない．いまの場合大切な事実は，この微分方程式の右辺は ε について $\varepsilon=0$ で正則である，ということである．さて，t_1 を改めて t と書き，γ_1, δ_1 も添え字を省略して γ, δ とし，極限 $\varepsilon\to 0$ をとる．このように，パンルヴェの方法を P_{VI} に適用して得られる微分方程式は，実はパンルヴェの方程式 P_{V} である．実際の計算を実行することは，読者におまかせする．P_{VI} から P_{V} を得る手続きを，前の記法を採用して，次のように表す．

$$t :\Rightarrow 1+\varepsilon t$$

$$\gamma :\Rightarrow -\delta\varepsilon^{-2}+\gamma\varepsilon^{-1}, \qquad \delta :\Rightarrow \delta\varepsilon^{-2} \qquad (\varepsilon \to 0)$$

一般に代数的微分方程式 E にパラメータ ε を導入し，極限 $\varepsilon\to 0$ をとることによって，別の代数的微分方程式 E′ が得られた，としよう．このとき，E は E′ に退化した，と言って

$$\mathrm{E} \to \mathrm{E}'$$

と書く．上の例は，次のパンルヴェ方程式の退化を与えている．

$$P_{\mathrm{VI}} \to P_{\mathrm{V}}$$

命題 1.5 を，この退化図式について適用すると，次のことがわかる．

命題 1.9　P_{VI} が動く分岐点をもたないならば，P_{V} もそうである．　□

さらに，パンルヴェ方程式 P_{V} の退化を考えることによって，P_{III} と P_{IV} が得られる．このように，P_{VI} から出発して順々に退化させることにより，すべての P_{J} が得られる

以下，退化を導く変数変換の具体形を示そう．まず，P_{V} で

$$t :\Rightarrow 1+\sqrt{2}\varepsilon t, \qquad \lambda :\Rightarrow \frac{\varepsilon}{\sqrt{2}}\lambda$$
$$\alpha :\Rightarrow \frac{1}{2}\varepsilon^{-4}, \qquad \beta :\Rightarrow \frac{1}{4}\beta$$
$$\gamma :\Rightarrow -\varepsilon^{-4}, \qquad \delta :\Rightarrow -\frac{1}{2}\varepsilon^{-4}+\alpha\varepsilon^{-2} \qquad (\varepsilon \to 0)$$

とすると，P_{IV} が得られる．さらに，P_{IV} で

$$t :\Rightarrow -\varepsilon^{-3}\left(1-2^{-\frac{2}{3}}\varepsilon^4 t\right), \qquad \lambda :\Rightarrow \varepsilon^{-3}\left(1+2^{-\frac{2}{3}}\varepsilon^2\lambda\right)$$
$$\alpha :\Rightarrow -\frac{1}{2}\varepsilon^{-6}\alpha, \qquad \beta :\Rightarrow -\frac{1}{2}\varepsilon^{-12} \qquad (\varepsilon \to 0)$$

として，P_{II} に到達する．次に P_{II} は

$$t :\Rightarrow -6\varepsilon^{-10}\left(1-\frac{1}{6}\varepsilon^{12}t\right), \qquad \lambda :\Rightarrow \varepsilon^{-5}\left(1+\varepsilon^6\lambda\right)$$
$$\alpha :\Rightarrow 4\varepsilon^{-15} \qquad (\varepsilon \to 0)$$

により，P_{I} に退化する．あと，P_{III} が残っている．P_{V} で

$$\lambda :\Rightarrow 1+\varepsilon\lambda$$
$$\alpha :\Rightarrow \frac{1}{8}\varepsilon^{-2}\gamma+\frac{1}{4}\varepsilon^{-1}\alpha, \qquad \beta :\Rightarrow -\frac{1}{8}\varepsilon^{-2}\gamma$$
$$\gamma :\Rightarrow \frac{1}{4}\varepsilon\beta, \qquad \delta :\Rightarrow \frac{1}{8}\varepsilon^2\delta \qquad (\varepsilon \to 0)$$

とすると，次の方程式が得られる．

$P_{\mathrm{III}'}$ $$\frac{d^2\lambda}{dt^2} = \frac{1}{\lambda}\left(\frac{d\lambda}{dt}\right)^2-\frac{1}{t}\frac{d\lambda}{dt}+\frac{\lambda^2}{4t^2}(\gamma\lambda+\alpha)+\frac{\beta}{4t}+\frac{\delta}{4\lambda}$$

この方程式は，記号 $P_{\mathrm{III}'}$ で表される，動く分岐点をもたない方程式である．実際，ここで

$$t :\Rightarrow t^2, \qquad \lambda :\Rightarrow t\lambda \tag{1.23}$$

と置き換えると，$P_{\mathrm{III}'}$ は P_{III} となる．

$\mathrm{P_{III'}}$ の動かない特異点の集合を $\Xi_{\mathrm{III'}}$, $X_{\mathrm{III'}}=\mathbf{P}^1(\mathbf{C})\setminus\Xi_{\mathrm{III'}}$ とおく．明らかに $X_{\mathrm{III}}\simeq X_{\mathrm{III'}}$ で，変換(1.23)は2つの普遍被覆空間，$\tilde{X}_{\mathrm{III}}$ と $\tilde{X}_{\mathrm{III'}}$，の間の双正則写像である．すなわち，$\mathrm{P_{III}}$ と $\mathrm{P_{III'}}$ とは同等な方程式である． ■

さて，最後に $\mathrm{P_{III}}$ に対し，次の退化図式を考える．

$$\begin{aligned} &t:\Rightarrow 1+\varepsilon^2 t, && \lambda:\Rightarrow 1+2\varepsilon\lambda \\ &\alpha:\Rightarrow -\frac{1}{2}\varepsilon^{-6}, && \beta:\Rightarrow \frac{1}{2}\varepsilon^{-6}\left(1+4\varepsilon^3\alpha\right) \\ &\gamma:\Rightarrow \frac{1}{4}\varepsilon^{-6}, && \delta:\Rightarrow -\frac{1}{4}\varepsilon^{-6} \qquad (\varepsilon\to 0) \end{aligned}$$

これによって，$\mathrm{P_{III}}$ から再び $\mathrm{P_{II}}$ が得られる．パンルヴェ方程式の退化について，これまでに与えた結果を命題としてまとめておく．

命題 1.10 パンルヴェ方程式には，次の退化図式が成立する．

$$\begin{array}{ccccccc} \mathrm{P_{VI}} & \to & \mathrm{P_{V}} & \to & \mathrm{P_{III}} & & \\ & & & \searrow & & \searrow & \\ & & & & \mathrm{P_{IV}} & \to & \mathrm{P_{II}} \ \to \ \mathrm{P_{I}} \end{array}$$

□

この命題1.10で与えた事実は，今後繰り返し用いられる．特に，パンルヴェ方程式 $\mathrm{P_{VI}}$ が動く分岐点をもたないならば，他のすべての $\mathrm{P_J}$ もそうなる，ということは，重要な応用である．パンルヴェ方程式 $\mathrm{P_J}$ において，$\mathrm{P_{VI}}$ は支配的な役割を持っている．

パンルヴェ方程式 $\mathrm{P_{VI}}$ を考えよう．ここで置き換え

$$t:\Rightarrow 1-t, \qquad \lambda:\Rightarrow 1-\lambda \tag{1.24}$$

を行う．念のために繰り返しておくと，この記号の意味は $t=1-t_1$, $\lambda=1-\lambda_1$ とおき，t_1,λ_1 を改めて t,λ と書く，ということであった．さて，この置き換えにより $\mathrm{P_{VI}}$ は

$$\frac{d^2\lambda}{dt^2}=\frac{1}{2}\left(\frac{1}{\lambda}+\frac{1}{\lambda-1}+\frac{1}{\lambda-t}\right)\left(\frac{d\lambda}{dt}\right)^2-\left(\frac{1}{t}+\frac{1}{t-1}+\frac{1}{\lambda-t}\right)\frac{d\lambda}{dt}$$
$$+\frac{\lambda(\lambda-1)(\lambda-t)}{t^2(t-1)^2}\left\{\alpha-\gamma\frac{t}{\lambda^2}-\beta\frac{t-1}{(\lambda-1)^2}+\delta\frac{t(t-1)}{(\lambda-t)^2}\right\}$$

となる．すなわち，定数の変換

$$\beta :\Rightarrow -\gamma, \qquad \gamma :\Rightarrow -\beta$$

を除いて，P_{VI} は(1.24)により不変である．この定数の関係を簡単に表すため，以下しばらく

$$\alpha_0=-\beta, \qquad \alpha_1=\gamma, \qquad \alpha_\infty=\alpha, \qquad \alpha_t=\frac{1}{2}-\delta$$

と書くことにしよう．すると，次のことが成り立つ．

命題 1.11 以下の変換 S_i $(i=1,\ 2,\ 3)$ を考える．

$$\begin{aligned} S_1 &: t :\Rightarrow 1-t, \qquad \lambda :\Rightarrow 1-\lambda \\ S_2 &: t :\Rightarrow \frac{1}{t}, \qquad \lambda :\Rightarrow \frac{1}{\lambda} \\ S_3 &: t :\Rightarrow \frac{t}{t-1}, \qquad \lambda :\Rightarrow \frac{t-\lambda}{t-1} \end{aligned}$$

各 S_i について，パンルヴェ方程式 P_{VI} は，下の表で与えられる定数の変換を除いて不変である．

	α_0	α_1	α_∞	α_t
S_1	α_1	α_0	α_∞	α_t
S_2	α_∞	α_1	α_0	α_t
S_3	α_t	α_1	α_∞	α_0

□

実際，今度は S_3 を確かめてみると，計算により

$$\frac{d^2\lambda}{dt^2}=\frac{1}{2}\left(\frac{1}{\lambda}+\frac{1}{\lambda-1}+\frac{1}{\lambda-t}\right)\left(\frac{d\lambda}{dt}\right)^2-\left(\frac{1}{t}+\frac{1}{t-1}+\frac{1}{\lambda-t}\right)\frac{d\lambda}{dt}$$
$$+\frac{\lambda(\lambda-1)(\lambda-t)}{t^2(t-1)^2}\left\{\alpha+\left(\delta-\frac{1}{2}\right)\frac{t}{\lambda^2}+\gamma\frac{t-1}{(\lambda-1)^2}+\left(\beta+\frac{1}{2}\right)\frac{t(t-1)}{(\lambda-t)^2}\right\}$$

となることが示せる．変換 S_i $(i=1,2,3)$ は 4 次の対称群を生成する．すなわち，命題 1.11 の意味で，$\mathrm{P_{VI}}$ には 4 次の対称群が作用している．この結果は後で用いられる．

ここで，パンルヴェ方程式の含むパラメータについて 1 つ注意を述べておく．$\mathrm{P_V}$ は $\alpha,\beta,\gamma,\delta$ の 4 つのパラメータを含んでいる．ここで，$a\neq0$ を定数として変数の置き換え

$$t:\Rightarrow at$$

を行うと，$\mathrm{P_V}$ は定数の変換

$$\gamma:\Rightarrow a\gamma,\qquad \delta:\Rightarrow a^2\delta$$

を除いて不変であることがわかる．すなわち，$\delta\neq0$ ならばこの置き換えによって，たとえば $\delta=-\dfrac{1}{2}$ としても一般性を失わない．この意味で，$\mathrm{P_V}$ が含むパラメータの個数は本質的に 3 つである．さらに，$\mathrm{P_{III}}$ は，置き換え

$$t:\Rightarrow at,\qquad \lambda:\Rightarrow ab\lambda$$

について，以下の定数の変換を除いて不変である．

$$\alpha:\Rightarrow a^2b\alpha,\qquad \beta:\Rightarrow\frac{1}{b}\beta,\qquad \gamma:\Rightarrow a^4b^2\gamma,\qquad \delta:\Rightarrow\frac{1}{b^2}\delta$$

ここで，a と b は 0 でない定数である．つまり，$\mathrm{P_{III}}$ の含むパラメータの個数は本質的に 2 つである．各 $\mathrm{P_J}$ の含む本質的なパラメータの個数を表にすると以下のようになっている．

パンルヴェ $\mathrm{P_J}$ の含むパラメータの個数

(1.25)

$\mathrm{P_I}$	$\mathrm{P_{II}}$	$\mathrm{P_{III}}$	$\mathrm{P_{IV}}$	$\mathrm{P_V}$	$\mathrm{P_{VI}}$
0	1	2	2	3	4

命題 1.10 で与えたパンルヴェ方程式の退化図式において，方程式が依存するパラメータの個数は，退化の各ステップごとに 1 つずつ少なくなっている．以下では断らぬ限り，P_{V} に対しては $\delta \neq 0$，P_{III} に対しては $\gamma\delta \neq 0$，と仮定する．この仮定が成り立たない場合，すなわちパンルヴェ方程式が退化した場合についてもよく調べられている．

P_{VI} という，見かけは複雑な方程式が，P.Painlevé の仕事のすぐ後に，動く分岐点をもたない方程式という問題意識とは関係が薄そうなところで現れた．1907 年の論文において，R.Fuchs は 2 階線型常微分方程式のあるモノドロミーの問題を考察し，パンルヴェ VI 型方程式にいきあたった．これがモノドロミー保存変形の理論，古くはフックスの問題，である．フックスの問題というときのフックスは，R.Fuchs ではなくて L.Fuchs である．現在では，パンルヴェ方程式は動く分岐点をもたない方程式である，という特徴よりも，モノドロミー保存変形の方程式である，というほうが通りがよい．我々は，モノドロミー保存変形の古典論について後に詳しく調べる．その前に，再びパンルヴェ I 型方程式について，いくつかの結果を紹介しよう．

1.5　パンルヴェ方程式の解析

まず，パンルヴェ I 型方程式

$$P_{\mathrm{I}} \qquad \frac{d^2\lambda}{dt^2} = 6\lambda^2 + t$$

について，考える．定理 1.5 により，この微分方程式の解は，全平面 $\mathbf{C}$ 上で 1 価有理型である．この動く極について次の命題を証明する．

命題 1.12　任意の $t_0 \in \mathbf{C}$ に対し，$t = t_0$ を動く極とする解は存在する．極の位数はすべて 2 である．□

［命題 1.12 の証明(第 1 段)］　t_0 を勝手にとり，$T = t - t_0$ を局所座標とする．まず，解 $\lambda(t)$ が $t = t_0$ の近傍で

$$\lambda(t) = \frac{a}{T^r}\left(1 + \mathcal{O}(T)\right), \qquad a \neq 0$$

と表されるとすると，微分方程式 $\mathrm{P_I}$ から

$$\frac{r(r+1)a}{T^{r+2}}(1+\mathcal{O}(T)) = \frac{6a^2}{T^{2r}}(1+\mathcal{O}(T))+\mathcal{O}(1)$$

となる．これから，$r+2=2r$，すなわち $r=2$，および $a=1$ が従う．次に，$t=t_0$ を極とする解の表示

$$\lambda(t) = \frac{1}{T^2}\sum_{j=0}^{\infty}\lambda_j T^j, \qquad \lambda_0 = 1$$

を微分方程式 $\mathrm{P_I}$ に代入しよう．左辺は

$$\frac{6}{T^4}+\frac{2\lambda_1}{T^3}+\sum_{j=0}^{\infty}(j+2)(j+1)\lambda_{j+4}T^j$$

となり，右辺は次のようになる．

$$\frac{6}{T^4}+\frac{12\lambda_1}{T^3}+\frac{6\lambda_1^2+12\lambda_2}{T^2}+\frac{12\lambda_3+12\lambda_1\lambda_2}{T}+t_0+T+6\sum_{j=0}^{\infty}\sum_{k+l=j+4}\lambda_k\lambda_l T^j$$

これを比較し，両辺の T^j の係数を等しいとおけば，$\lambda_1=\lambda_2=\lambda_3=0$，さらに

$$2\lambda_4 = 12\lambda_4+t_0, \qquad 6\lambda_5 = 12\lambda_5+1$$

を得る．よって，$\lambda_4=-\dfrac{t_0}{10}$, $\lambda_5=-\dfrac{1}{6}$ である．$j\geqq 2$ に対しては

$$(j+2)(j+1)\lambda_{j+4} = 6\sum_{k+l=j+4}\lambda_k\lambda_l$$

である．ここで $j=2$ とすると，この式は $12\lambda_6=12\lambda_6$ となって自動的に成り立ち，係数 λ_6 は定まらない．そこで，h を任意定数とし，$\lambda_6=h$ とおく．$j\geqq 3$ のときは $(j+2)(j+1)\neq 12$ であるから，各 λ_{j+4} は t_0 と h の多項式として一意に定まる．よって，$\mathrm{P_I}$ の解の表示

$$\lambda(t) = \frac{1}{T^2}-\frac{t_0}{10}T^2-\frac{1}{6}T^3+hT^4+\frac{t_0^2}{300}T^6+\mathcal{O}(T^7) \tag{1.26}$$

が得られた．任意定数 h の値を 1 つ決めれば，形式解(1.26)が 1 つ得られるのである．

以上の推論により，$\mathrm{P_I}$ が動く代数分岐点をもてば，それは極に限られることが示されたことになる．パンルヴェ方程式は動く分岐点はもたない方程式であるが，その解は動く極をもつ． ■

［命題 1.12 の証明(第 2 段)］ 次に，形式級数(1.26)が $t=t_0$ の近傍で収束す

ることを示す．$T=t-t_0$ とし，$t_0=t-T$ に注意して(1.26)を

$$\lambda(t) = T^{-2}-\frac{t}{10}T^2-\frac{1}{15}T^3+hT^4+\frac{t^2}{300}T^6+\mathcal{O}(T^7) \tag{1.27}$$

と書き直す．まず，この式の両辺を t で微分すると

$$\frac{d\lambda}{dt} = -2T^{-3}-\frac{t}{5}T-\frac{3}{10}T^2+4hT^3+\frac{t^2}{50}T^5+\mathcal{O}(T^6)$$

一方，変数変換 $\lambda=\dfrac{1}{y^2}$ を行うと，(1.27)から

$$y = T+\frac{t}{20}T^5+\frac{1}{30}T^6-\frac{h}{2}T^7+\frac{t^2}{480}T^8+\mathcal{O}(T^9)$$

が従う．これを逆に T について解くと

$$T = y\left[1-\frac{t}{20}y^4-\frac{1}{30}y^5+\frac{h}{2}y^6-\frac{t^2}{480}y^7+\mathcal{O}(y^8)\right]$$

となるから，$\dfrac{d\lambda}{dt}$ も y の形式級数

$$\frac{d\lambda}{dt} = -2y^{-3}-\frac{t}{2}y-\frac{1}{2}y^2+7hy^3+\frac{19t^2}{400}y^5+\mathcal{O}(y^6)$$

で表される．ここで，任意定数 h に注目し，変数変換

$$\lambda = \frac{1}{y^2}, \qquad \frac{d\lambda}{dt} = -2y^{-3}-\frac{t}{2}y-\frac{1}{2}y^2+y^3z \tag{1.28}$$

により，P_I を y と z に関する連立微分方程式に書き直す．すると

$$\begin{cases} \dfrac{dy}{dt} = 1+\dfrac{t}{4}y^4+\dfrac{1}{4}y^5-\dfrac{1}{2}y^6z \\ \dfrac{dz}{dt} = \dfrac{1}{8}t^2y+\dfrac{3}{8}ty^2-\left(tz-\dfrac{1}{4}\right)y^3-\dfrac{5}{4}y^4z+\dfrac{3}{2}y^5z^2 \end{cases} \tag{1.29}$$

となる．コーシーの存在定理により，この方程式の解で，初期条件

$$y(t_0) = 0, \qquad z(t_0) = 7h$$

を満たし，$t=t_0$ の近傍で正則なものがただ1つ存在する．この解に対し，(1.28)により関数 $\lambda(t)$ を定めれば，$\lambda(t)$ は $t=t_0$ で極をもち，$t=t_0$ の近傍で有理型である．この関数の $t=t_0$ におけるローラン展開は(1.26)に他ならない．以上により，級数(1.26)は $t=t_0$ の近傍で収束することがわかり，命題の証明が終わる．■

級数(1.26)が収束することから，パンルヴェ方程式 P_I は任意の点 $t=t_0$ を極とする解をもつ．すなわち P_I は動く極をもち，その位数はすべて2であ

る．

g_2 を定数として，2 階代数的微分方程式

$$\frac{d^2y}{dx^2}=6y^2-\frac{1}{2}g_2$$

を考えよう．この方程式は，楕円関数の満たす微分方程式

$$\left(\frac{dy}{dx}\right)^2=4y^3-g_2y-g_3$$

の両辺を x で微分したものに他ならない．g_3 は積分定数である．したがって，ワイエルストラスの $\wp$-関数 $\wp(x)$ はこの 2 階微分方程式の解である．一方，$y=\wp(x)$ の動く極 $x=x_0$ のまわりでのローラン展開は次の式で与えられることはよく知られている．

$$y=\frac{1}{u^2}+\frac{g_2}{20}u^2+\frac{g_3}{28}u^4+\frac{g_2^2}{1200}u^6+\frac{3g_2g_3}{6160}u^8+\mathcal{O}(u^{10})$$

ここで，$u=x-x_0$ は局所座標である．いま，関数 $\sigma=\sigma(x)$ を

$$y=-\frac{d^2}{dx^2}\log\sigma$$

により定める．上の局所表示により，y の極 $x=x_0$ は σ の 1 位の零点である．$\sigma(x)$ は**ワイエルストラスの $\boldsymbol{\sigma}$-関数**と呼ばれ，2 重周期関数ではないが，$\mathbf{C}$ 上 1 価正則，すなわち $\mathbf{C}$ 上の整関数である．

さて，$\mathrm{P_I}$ に戻り，この勝手な解 $\lambda=\lambda(t)$ に対して

$$\lambda=-\frac{d^2}{dt^2}\log\tau \tag{1.30}$$

により，関数 $\tau=\tau(t)$ を定める．有理型関数 $\lambda(t)$ の動く極 $t=t_0$ における表示(1.26)を用いると，$\lambda(t)$ の極 $t=t_0$ において $\tau(t)$ は 1 位の零点をもつことがわかる．λ の正則点で τ が正則であることは明らかであるから，$\tau(t)$ は全平面 $\mathbf{C}$ 上で正則となる．

定義 1.5　(1.30)で定められる関数 τ を，**パンルヴェ方程式 $\mathbf{P_I}$ の $\boldsymbol{\tau}$-関数**という．□

τ-関数は定数倍を法として，$\mathrm{P_I}$ の解 λ により決まる整関数である．言い換えれば，τ-関数 $\tau(t)$ が解 $\lambda(t)$ に対応しているとき，C を定数として関数

$C\tau(t)$ はすべて $\lambda(t)$ に対応する τ-関数である．定数 C を微分方程式だけから一通りに定めることはできない．τ-関数についての別の何らかのデータが必要である．

また，(1.30)を書き直すと

$$\lambda = -\frac{\tau\dfrac{d^2\tau}{dt^2}-\left(\dfrac{d\tau}{dt}\right)^2}{\tau^2}$$

となるが，これは有理型関数 $\lambda(t)$ を 2 つの整関数の比として表す表示を与えている．

いま，$\mu=\dfrac{d\lambda}{dt}$ と書き，λ と μ の多項式

(1.31) $$H(t;\lambda,\mu) = \frac{1}{2}\mu^2-2\lambda^3-t\lambda$$

を導入すると，2 階代数的微分方程式 P_{I} は，$H=H(t;\lambda,\mu)$ をハミルトニアンとする**ハミルトン系**

$$\frac{d\lambda}{dt} = \frac{\partial H}{\partial \mu}, \qquad \frac{d\mu}{dt} = -\frac{\partial H}{\partial \lambda}$$

で表される．また，この系の解 $(\lambda(t),\mu(t))$ に対してハミルトン関数 $H=H(t;\lambda(t),\mu(t))$ について，(1.30)を考慮すると τ-関数は

$$H = \frac{d}{dt}\log\tau$$

で定められることになる．後で示すように，他のパンルヴェ方程式 P_{J} もハミルトン系として表され，ハミルトン関数によって同様の関係式で τ-関数が定義される．ハミルトン系と τ-関数の正則性はパンルヴェ方程式共通の性質である．

次に，(1.30)を微分方程式 P_{I} に代入しよう．まず

$$\frac{d\lambda}{dt} = -\frac{\tau'''}{\tau}+3\frac{\tau''\tau'}{\tau^2}-2\left(\frac{\tau'}{\tau}\right)^3$$

$$\frac{d^2\lambda}{dt^2} = -\frac{\tau''''}{\tau}+4\frac{\tau'''\tau'}{\tau^2}+3\left(\frac{\tau''}{\tau}\right)^2-12\frac{\tau''(\tau')^2}{\tau^3}+6\left(\frac{\tau'}{\tau}\right)^4$$

となる．ここでは，簡単のために，τ の導関数を τ',τ'' 等と表す．これを用い

て，少し計算すると，パンルヴェ方程式

$$\mathrm{P_I} \qquad \frac{d^2\lambda}{dt^2} = 6\lambda^2+t$$

は次の形に表されることがわかる．

$$\tau\tau''''-4\tau'''\tau'+3(\tau'')^2+t\tau^2 = 0$$

この表示を，パンルヴェ方程式 $\mathrm{P_I}$ に付随する**双 1 次型式**という．これは，数学的に正確に言えば，τ とその導関数に関する 2 次型式であるが，ソリトン方程式の解の表示の呼び方を流用して，ここでも双 1 次型式ということにする．

一般に，2 つの関数 $g=g(x)$, $f=f(x)$ に対して

$$\mathcal{D}^n g\cdot f = \frac{d^n}{dy^n}g(x+y)f(x-y)\bigg|_{y=0} \tag{1.32}$$

で定められる，g と f およびその導関数の多項式 $\mathcal{D}^n g\cdot f$ を，広田微分という．定義に基づいて計算すると

$$\mathcal{D}g\cdot f = \frac{dg}{dx}f-g\frac{df}{dx}, \qquad \mathcal{D}^2 g\cdot f = \frac{d^2g}{dx^2}f-2\frac{dg}{dx}\,\frac{df}{dx}+g\frac{d^2f}{dx^2}$$

$$\mathcal{D}^n g\cdot f = \sum_{j=0}^{n}(-1)^j\binom{n}{j}\frac{d^{n-j}g}{dx^{n-j}}\,\frac{d^jf}{dx^j}$$

である．ここで $\binom{n}{j}$ は 2 項係数を表す．

広田微分 $\mathcal{D}^n g\cdot f$ は g と f との双 1 次型式である．これを用いると，$\mathrm{P_I}$ に付随する双 1 次型式は

$$\mathcal{D}^4\tau\cdot\tau+2t\tau^2 = 0 \tag{1.33}$$

となる．正則関数 τ の満たす 4 階の代数的微分方程式による表示は，他のパンルヴェ方程式にもある．

$$\mathcal{D}^4\tau\cdot\tau+2t\mathcal{D}^2\tau\cdot\tau = 2\tau\cdot\frac{d\tau}{dt} \tag{1.34}$$

は $\mathrm{P_{II}}$ に付随する双 1 次型式であり，$\mathrm{P_{IV}}$ のそれは

$$(1.35)\quad \mathcal{D}^4\tau\cdot\tau+\bigl(8(\kappa_0+\theta_\infty)-4t^2\bigr)\mathcal{D}^2\tau\cdot\tau+16\kappa_0\theta_\infty\tau\cdot\tau=-8t\tau\cdot\frac{d\tau}{dt}$$

である．ここで，定数 κ_0, θ_∞ は P_{IV} の定数と

$$\alpha=-\kappa_0+2\theta_\infty+1, \qquad \beta=-2\kappa_0^2$$

という関係がある．このような双 1 次型式によるパンルヴェ方程式の表示と，その導出は第 5 章 5.5 節において行う．

P_{I} 以外のパンルヴェ方程式 P_{J} は，広田微分を用いた 2 つの双 1 次型式で表される．たとえば，次のものはパンルヴェ II 型方程式 P_{II} に付随する双 1 次型式である．

$$\mathcal{D}^2\bar{\tau}\cdot\tau+\frac{t}{2}\bar{\tau}\cdot\tau=0$$
$$\mathcal{D}^3\bar{\tau}\cdot\tau+\frac{t}{2}\mathcal{D}\bar{\tau}\cdot\tau=\alpha\bar{\tau}\cdot\tau$$

このような表示を与えることも本書の最後，第 5.6 節の主題の 1 つである．

1.6　パンルヴェ超越関数

パンルヴェ方程式の解となる超越関数を，**パンルヴェ超越関数**という．この節では，パンルヴェ I 型方程式

$$P_{\mathrm{I}} \qquad \frac{d^2\lambda}{dt^2}=6\lambda^2+t$$

の解がすべて $\mathbf{C}$ 上の 1 価有理型関数であることを証明する．すなわち，第 1.4 節 20 ページの定理 1.5 を P_{I} について確かめる．証明方法は，P.Painlevé の証明を採り，この証明の不備を補った M.Hukuhara によるものである．まず，次のことに注意する．

補題 1.1　P_{I} の解はすべて超越関数である．　□

［証明］　P_{I} が代数関数 $\lambda_0(t)$ を解としてもつと仮定して矛盾を導く．まず，27 ページの命題 1.12 の証明から，$\mathbf{C}$ 内にある $\lambda_0(t)$ の代数特異点は極に限られる．よって，代数関数解 $\lambda_0(t)$ は有理関数である．このとき，$t{=}\infty$ は $\lambda_0(t)$ の高々

極であるが，P_{I} の形から，$t\to\infty$ のとき $\lambda_0(t)$ は有界ではない．したがって

$$\lambda_0(t)=t^n\lambda_1(t),\quad n>0,\quad \lambda_1(t)\text{ は } t=\infty \text{ で正則},\quad \lambda_1(\infty)\neq 0$$

と表される．この表示を P_{I} に代入するとすぐわかるように，このような正の整数 n は存在しない．よって P_{I} の解はすべて超越的である． ■

以下，$t=t_0$ において正則な P_{I} の解 $\lambda=\lambda(t)$ をとり，$\mu=\mu(t)=\dfrac{d\lambda}{dt}(t)$ とする．また，$t=t_0$ から出て $t=a$ に終わる連続な道を γ とする．

補題 1.2 γ 上に点列 $\{t_n\}$ が存在して，$t_n\to a$ かつ $\{\lambda(t_n)\},\{\mu(t_n)\}$ はともに有界となるならば，$t=a$ は λ の正則点である． □

［証明］ 適当に部分列をとり直すことにより，$t\to a$ のとき $\lambda\to b,\ \mu\to c$ としてよい．初期条件

$$t=t_n\quad\text{のとき}\quad(\lambda,\mu)=(\lambda(t_n),\mu(t_n))$$

を満たす解は，コーシーの存在定理により，ある範囲，$|t-t_n|\leqq r'$，において正則である．第 1.1 節のはじめに解の正則域について述べたことから，t_n を a に十分近くとっておけば，$|a-t_n|\leqq r'$ とできる．よって，λ は $t=a$ で正則で $\lambda(a)=b$ となる解である． ■

補題 1.3 γ 上で λ が有界ならば $t=a$ は正則点である． □

［証明］ $\mu(t)=\mu(t_0)+\displaystyle\int_{t_0}^{t}(6\lambda(t)^2+t)\,dt$ より，γ 上で $\mu(t)$ も有界となり，補題 1.2 から λ は $t=a$ で正則である． ■

ここで，29 ページの変数変換

$$\lambda=\frac{1}{y^2},\qquad \frac{d\lambda}{dt}=-2y^{-3}-\frac{t}{2}y-\frac{1}{2}y^2+y^3z \tag{1.28}$$

を行うと，P_{I} は(1.29)となることを思い出そう．補題 1.2 と同様に，次のことも成り立つ．

補題 1.4 γ 上に点列 $\{t_n\}$ が存在して，$t_n\to a$ かつ $\{y(t_n)\},\{z(t_n)\}$ はともに有界となるならば，$t=a$ は λ の高々極である． □

31 ページで，P_{I} はハミルトン系として表されることをみた．ハミルトニアンは

$$H(t;\lambda,\mu)=\frac{1}{2}\mu^2-2\lambda^3-t\lambda \tag{1.31}$$

であった．ここで，次の補助関数を導入する．

$$K(t;\lambda,\mu)=H(t;\lambda,\mu)+\frac{\mu}{2\lambda} \tag{1.36}$$

$K=K(t)=K(t;\lambda(t),\mu(t))$ も，λ と μ が有理型である領域で有理型関数となる．このとき，次のことが成り立つ．

補題 1.5　$t=t_1$ が λ の極ならば，K は $t=t_1$ の近傍で正則である．　□

実際，K に変数変換(1.28)をすると，y^2 と z の多項式で表される．すなわち

$$K=-\frac{y^2(y^2-t^2)}{8}-\frac{7}{2}(4+ty^4)z+\frac{49}{2}y^6z^2 \tag{1.37}$$

となる．この式を z について解くことにより，以下の結果を得る．

補題 1.6　$|t|$ と K がともに有界ならば，z の 1 つの分枝は λ について一様有界である．　□

補題 1.7　γ 上に点列 $\{t_n\}$ が存在して，$t_n\to a$ かつ $\{y(t_n)\},\{K(t_n)\}$ はともに有界となるならば，$t=a$ は λ の高々極である．　□

補題 1.7 は補題 1.4 と補題 1.6 から直ちに従う．

［補題 1.6 の証明］　(1.37)を z について解き，分枝

$$z=L(1-\sqrt{1+M})$$

$$L=\frac{4+ty^4}{14y^6}=\frac{4\lambda^3+t\lambda}{14},\quad M=\frac{y^6(8K+y^4-ty^2}{4+ty^4}=\frac{8K\lambda^2-t\lambda+1}{\lambda(4\lambda^2+t)^2}$$

をとる．これは

$$z=-\frac{8K+y^4-ty^2}{4+ty^4}\cdot\frac{1}{1+\sqrt{1+M}}=L-\frac{1}{14}\sqrt{(4\lambda^3+t\lambda)^2+8K\lambda^3-t\lambda^2+\lambda}$$

と書かれるから，補題の主張は正しい．　■

補題 1.8 γ 上で $|\lambda|$ が下から有界ならば，$t=a$ は λ の高々極である．したがって，とくに $t\to a$ のとき $|\lambda(t)|\to\infty$ となるならば，$t=a$ は λ の極である．

□

［証明］ (1.36)の両辺を t で微分すると

$$\frac{dK}{dt}=2\lambda+\frac{t}{2\lambda}-\frac{\mu^2}{2\lambda^2}, \qquad \frac{dK}{dt}+\frac{K}{\lambda^2}+\frac{t}{2\lambda}=\frac{\mu}{2\lambda^3}$$

となる．これと(1.36)とから μ を消去すると

$$X^2+\frac{1}{2\lambda^4}X-\frac{K+2\lambda^3+t\lambda}{2\lambda^6}, \qquad X=\frac{dK}{dt}+\frac{K}{\lambda^2}+\frac{t}{2\lambda}$$

を得る．仮定により γ 上で，$\left|\dfrac{1}{\lambda}\right|$ はともに有界であるから，この 2 次方程式の根として X もそうなる．したがって，十分大きな正の数 A,B をとると，γ 上で

$$\left|\frac{dK}{dt}\right|\leqq A|K|+B$$

が成り立つ．この微分不等式を積分して，K も γ 上で有界となる．補題 1.7 から，$t=a$ は λ の高々極である． ■

ここまでが証明の第 1 段で，本質的にパンルヴェ方程式の具体的な形を用いている．以下の第 2 段は，方程式の形を使ってはいるけれど，適当な修正をすれば別のパンルヴェ方程式にも同様に適用できる．

さて，$t=t_0$ を中心とする円板 D を考え，その内部では λ は有理型で，円周 ∂D 上に特異点 $t=a$ があると仮定し，中心とを結ぶ半径を γ とする．円板 D が閉円板 $|t|\leqq R$ に含まれるように正数 R をとっておく(図 1.1)．

半径 γ 上で λ が上または下に有界ならば，補題 1.3，補題 1.8 により，$t=a$ は正則点あるいは極である．γ 上で a に収束する点列 $\{t_n\}$ で，$|\lambda(t_n)|$ が上から有界となるものをとると，もし $|\mu(t_n)|$ も上から有界ならば，$t=a$ は，補題 1.2 により，λ の正則点である．そうでなければ，任意の正数 M に対して

$$|\lambda(t)|\leqq 1, \qquad |\mu(t)|\geqq 8M \tag{1.38}$$

となる $t\in\gamma$ が，a のいくらでも近くに存在する．そのような点 $t=t_1$ を 1 つとり，$\lambda_1=\lambda(t_1)$, $\mu_1=\mu(t_1)$ と書く．

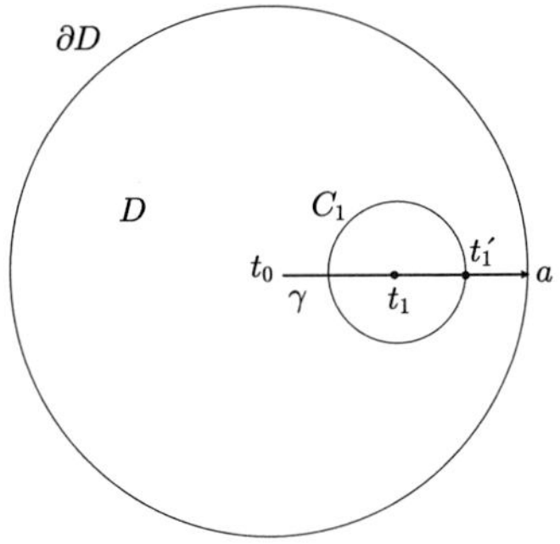

図 1.1

補題 1.9　$t=t_1$ を中心とし半径 $\dfrac{8}{|\mu_1|}$ の円板 D_1 内で $|\lambda(t)|\leqq 10$ となる．□

［証明］ $|\lambda(t)|\leqq 10$ を仮定して $\dfrac{d\mu}{dt}=6\lambda^2+t$ を積分すると

$$|\mu(t)-\mu_1| \leqq (600+R)|t-t_1|, \qquad \mu(t) = \frac{d\lambda}{dt}(t)$$

もう一度積分して

$$(1.39) \qquad |\lambda(t)-\lambda_1-\mu_1(t-t_1)| \leqq r|t-t_1|^2, \qquad r = \frac{600+R}{2}$$

ここで，D_1 の内部では $|t-t_1|\leqq\dfrac{8}{|\mu_1|}\leqq\dfrac{1}{M}$ より

$$|\lambda(t)| \leqq |\lambda_1|+|\mu_1|\frac{8}{|\mu_1|}+\frac{r}{M^2} < 10$$

最後の不等式は，$r<M^2$ となるように M を十分大きくとれば実現される．よって補題は証明された．

この証明で $|\lambda(t)|\leqq 10$ を仮定している所は奇妙に思われるかもしれないが，以下のように考えれば納得できる．すなわち，$|\lambda_1|\leqq 1<10$ であるから，$|\lambda(t)|\leqq 10$ が成り立つような，t_1 を中心とする円板 D_1' をとる．D_1' が D_1 を含めば証明が終わるが，そうでなければ上の議論から，D_1' で $|\lambda(t)|<10$ となる．いずれにせよ，D_1 の内部で $|\lambda(t)|\leqq 10$ となる．■

円板 D_1 が D の内部に含まれないとすると，D_1 は γ の端点 a を含み，λ は $t=a$ で正則となる．そこで，D_1 は D の内部に含まれるとし，円周 ∂D_1 と γ の交点で，a に近い方の点を t_1' と書く．このとき，(1.39)から

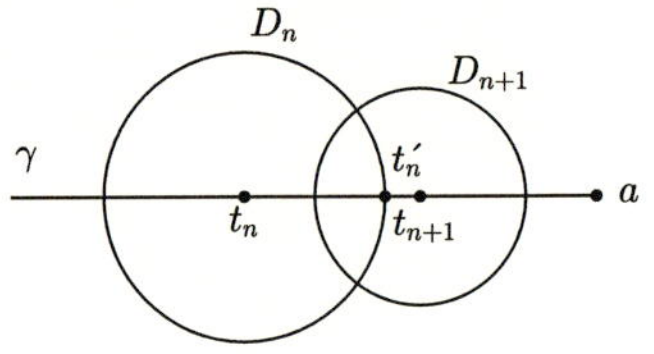

図 1.2

$$|\lambda(t_1')| \geqq |\mu_1(t-t_1)|-|\lambda_1|-\frac{r}{M^2} \geqq 8-1-1 = 6, \quad r = \frac{600+R}{2}$$

すなわち $|\lambda(t_1')|\geqq 6$ となる．

γ の線分 $\overline{t_1'a}$ 上で(1.38)を満たす点で，t_1' に一番近いものを t_2，$\mu_2=\mu(t_2)$ とする．前と同様，t_2 を中心とし半径 $\dfrac{8}{|\mu_2|}$ の円板 D_2 をとる．D_2 の内部で $|\lambda(t)|\leqq 10$ となり，円周 ∂D_2 と γ の交点で，a に近い方を t_2' とすると，$|\lambda(t_2')|\geqq 6$ となっている．

以下，このようにして点列 $\{t_n\},\{t_n'\}$ を定める．繰り返すと，t_n を中心とする半径 $\dfrac{8}{|\mu_n|}$，$\mu_n=\mu(t_n)$，の円板 D_n の内部で $|\lambda(t)|\leqq 10$，円周 ∂D_n と γ の交点で a に近い方が t_n' で，$|\lambda(t_n')|\geqq 6$ となっている．γ の線分 $\overline{t_n'a}$ 上で(1.38)を満たす点のうち，t_n' に一番近いものが t_{n+1} である．ある D_n が a を含めば $t=a$ は λ の正則点となるから，ここでは D_n は D の内部に含まれるものとしている．したがって，$\{t_n\}$ と $\{t_n'\}$ は a に収束する γ 上の点列である(図1.2)．

t_n を中心とする半径 $\dfrac{3}{|\mu_n|}$，$\mu_n=\mu(t_n)$，の円板 C_n をとる．円周 ∂C_n と γ の交点で a に近い方を s_n，反対側を s_n' と書く．$\lambda_n=\lambda(t_n)$ とおくと，(1.39)と同様に，C_n の内部で

$$|\lambda(t)| \leqq |\mu_n(t-t_n)|+|\lambda_n|+r|t-t_n|^2 \leqq 3+1+1 = 5$$

円周 ∂C_n 上，および線分 $\overline{s_n t_n'}$ 上で

$$|\lambda(t)| \geqq |\mu_n(t-t_n)|-|\lambda_n|-r|t-t_n|^2 \geqq 3-1-1 = 1$$

となる．$|\lambda(t_n')|\geqq 6$ であったから，t_n' は C_n と C_{n+1} を分離している．すなわち，$C_n\cap C_{n+1}=\emptyset$ である．

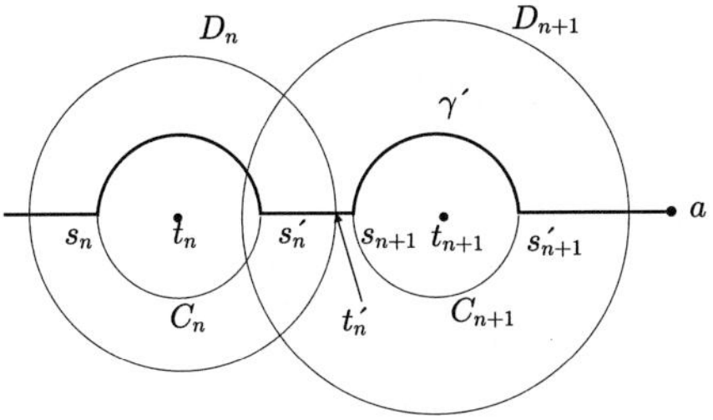

図 1.3

s_n' と s_n を結ぶ C_n の半円周 γ_n と，線分 $\overline{s_n s_{n+1}'}$ を次々に繋いでできる道を γ' とする(図 1.3).

γ' は γ を変形した道で，その終点は a である．すぐ上に示したことを補題としてまとめておく.

補題 1.10 $\gamma_n' \cup \overline{s_n t_n'}$ 上で $|\lambda(t)| \geqq 1$ となる. □

線分 $\overline{t_n' t_{n+1}}$ 上において，端点を除けば(1.38)は成り立たない．とくに，線分 $\overline{t_n' s_{n+1}'}$ 上でも，(1.38)の 2 つの不等式は同時には成立しない．さて，無限個の n について，$\overline{t_n' s_{n+1}'}$ 上で

$$|\lambda(t)| \leqq 1, \quad |\mu(t)| \leqq 8M$$

が成立すれば，適当な部分列 $\{t_{n_k}'\}$ に対して，$t_{n_k}' \to a$ かつ $\lambda(t_{n_k}')$ と $\mu(t_{n_k}')$ が有界となり，$t=a$ は λ の正則点である．したがって，有限個の n を除けば，$\overline{t_n' s_{n+1}'}$ 上で

$$|\lambda(t)| \leqq 1$$

となる．補題 1.10 と併せて，γ' 上で，a の近くでは $|\lambda(t)| \leqq 1$ となり，補題 1.8 により，$t=a$ は λ の高々極である．以上で λ は極以外の特異点をもたないことが示された.

定理 1.6 P_I の解はすべて超越的で，このパンルヴェ超越関数は $\mathbf{C}$ 上 1 価有理型関数である. □

1.7　パンルヴェ方程式の既約性

この節では，微分代数の立場からパンルヴェ方程式を考察する．代数学の用語等はいちいち定義を繰り返さないが，必要ならばしかるべき教科書に当たって頂きたい．有理関数体 $\mathbf{C}(x)$ を含む x の関数からなる体 K で，通常の微分について閉じているもの，すなわち

$$f \in K \implies f' = \frac{df}{dx} \in K$$

となっているものを考える．これは，微分代数の理論でいう**微分体**の一例である．我々は $\mathbf{C}(x)$ の拡大体となっている K を考察すれば十分である．微分環を考えるときも同様である．

さて，代数的微分方程式系

$$\frac{dy}{dx} = f(x,y,z), \qquad \frac{dz}{dy} = g(x,y,z) \tag{1.40}$$

で，右辺が x の有理関数を係数とする多項式であるものが与えられたとしよう．このとき，ある微分体 K の元を係数とする 2 変数多項式 $F(Y,Z)$ に対して，その微分を

$$\frac{d}{dx}F(y,z) = \mathcal{X}F(y,z)$$
$$\mathcal{X} = f(x,y,z)\frac{\partial}{\partial y} + g(x,y,z)\frac{\partial}{\partial z} + \frac{\partial}{\partial x}$$

により定義する．$\mathcal{X}$ の最後の項は，$F(y,z)$ の係数を x で微分する，という意味である．このようにして多項式環を微分環と見なしたものを $K[y,z]$，その商体を $K(y,z)$ と書く．記号の節約のため，通常の多項式環 $K[Y,Z]$，その商体 $K(Y,Z)$，と同じような書き方をするが，紛れはないであろう．微分体 K に(1.40)の解 $(y(x),z(x))$ を 1 つ付け加えて生成された体が $L{=}K(y,z)$ である．L は K の微分拡大体であるが，L の超越次数は K 上 $2,1,0$ のいずれかである：

$$\text{trans.deg}\ L/K\ =\ 2,\ 1,\ 0$$

超越次数が 2 のとき，微分体 L は K 上の 2 変数有理関数体の代数拡大である．また，超越次数が 0 のときは，L は K の代数拡大体である．

残った場合

$$\text{trans.deg}\ L/K = 1$$

では，L は K 上の 1 変数代数関数体となる．すなわち，微分方程式(1.40)が，代数関係式

$$F(y,z) = 0\,,\quad F(Y,Z) \in K[Y,Z]\,,\quad F \notin K \tag{1.41}$$

を満足する特殊解をもつ場合である．このとき(1.41)を x で微分すると

$$\frac{d}{dx}F(y,z) = \mathcal{X}F(y,z) = 0$$

となる．この関係は，$F(y,z)$ に対して，y と z の多項式 $G(y,z)$ が存在して

$$\mathcal{X}F = GF\,,\quad F,G \in K[y,z]\,,\quad F \notin K \tag{1.42}$$

が成り立つ，ということを意味する．このとき，$F(y,z)$ を(1.40)の**不変因子**という．

たとえば(1.40)が線型常微分方程式

$$\frac{dy}{dx} = a_1(x)y+b_1(x)z\,,\qquad \frac{dz}{dy} = a_2(x)y+b_2(x)z \tag{1.43}$$

の場合，その随伴微分方程式

$$\frac{du}{dx}+a_1(x)u+a_2(x)v = 0\,,\qquad \frac{dv}{dx}+b_1(x)u+b_2(x)v = 0$$

の特殊解 (u,v) を 1 つとって，$K{=}\mathbf{C}(x)(u,v)$ とすると，K については

$$F = uy+vz$$

が不変因子となる．実際，この場合には $G{=}0$ となり，F は(1.43)の第一積分である．解析的には，(u,v) が知られていれば，(1.43)を解くことは，K の

元を係数とする1階非斉次線型方程式を解くことに帰着する．

パンルヴェII型方程式

$$\mathrm{P_{II}} \qquad \frac{d^2\lambda}{dt^2} = 2\lambda^3 + t\lambda + \alpha$$

に対して不変因子が存在するかどうか調べてみよう．

$$\mathcal{X} = \lambda' \frac{\partial}{\partial\lambda} + (2\lambda^3 + t\lambda + \alpha)\frac{\partial}{\partial\lambda'} + \frac{\partial}{\partial t}, \quad \lambda' = \frac{d\lambda}{dt}$$

とし，λ と λ' の多項式

$$F_1 = \lambda' + \lambda^2 + \frac{t}{2}, \qquad F_2 = \lambda' - \lambda^2 - \frac{t}{2}$$

をとる．このとき，簡単な計算により

$$\mathcal{X}F_1 = 2\lambda F_1 + \alpha + \frac{1}{2}, \qquad \mathcal{X}F_2 = -2\lambda F_1 + \alpha - \frac{1}{2}$$

が成り立つから，$\alpha = -\frac{1}{2}$ のとき F_1 が，$\alpha = \frac{1}{2}$ のとき F_2 が，それぞれ $\mathrm{P_{II}}$ の不変因子となる．たとえば $\alpha = -\frac{1}{2}$ とすると，リッカチ方程式

$$\frac{d\lambda}{dt} + \lambda^2 + \frac{t}{2} = 0$$

の解は，$\mathrm{P_{II}}$ の特殊解となっている．さらに $F_3 = F_1(F_1F_2 + 4y) - 2$ とおくと

$$\mathcal{X}F_3 = 2yF_3 + \left(\alpha + \frac{3}{2}\right)(4\lambda - F_1^2)$$

が成り立ち，F_3 は $\alpha = -\frac{3}{2}$ のとき不変因子である．次の事実が成り立つ．

定理 1.7　n を任意の整数とするとき，$\mathrm{P_{II}}$ は $\alpha = n + \frac{1}{2}$ のとき，かつこのときに限り，不変因子をもつ．　□

この定理の証明には，パンルヴェ方程式に関する多くのことを必要とするので，ここでは省略する．なお，第5章5.4節の定理5.1を参照せよ．

他方，パンルヴェI型方程式

$$\mathrm{P_{I}} \qquad \frac{d^2\lambda}{dt^2} = 6\lambda^2 + t$$

に対しては次の定理が成り立つ．

定理 1.8　任意の微分体 K について，$\mathrm{P_I}$ は不変因子をもたない．　□

この定理について少し説明を加えよう．第1.2節の定理1.4に示したように，2階代数的常微分方程式(1.13)が，動く分岐点をもたないとすると，広い意味で求積できる場合を除けば，パンルヴェ方程式に限られるのであった．ここで広い意味で求積できる，と言っているのは，線型方程式の解や，楕円関数を用いて解が書けるという意味である．そして，6つのパンルヴェ方程式は，たしかに動く分岐点をもたず，その動く特異点は極に限られる．また，P. Painlevé は，$\mathrm{P_I}$ が楕円関数や有理関数を係数とする2階線型常微分方程式の解によっては解けないこと，を示している．しかし，もっと高階の線型方程式の解を繰り返し使うことによっても求積できないかどうかは保証されていない．いかなる線型方程式の解をもってしても積分できないかどうか，この意味で，パンルヴェ超越関数は本当に超越的か，と問うたのである．求積の問題は，線型方程式については，ピカール・ヴェシオの理論という一般論が一応知られている．非線型方程式にもこのような理論をうちたてようという試みには，ずいぶん分長い歴史がある．S.Lie の仕事も，もちろんそうであった．

パンルヴェ超越関数の既約性については，パンルヴェ方程式の発見のすぐ後から問題になった．R.Liouville は，パンルヴェ方程式 $\mathrm{P_I}$ は，t の代数関数を係数とする4階線型常微分方程式の解を使って解ける，と主張した．それが証明なしの主張であったので，P.Painlevé も，そんなことはない，と反撃した．こちらも主張だけで証明はない．定理1.8は K.Nishioka により初めて示された結果で，長年の疑問に決着を付けるものである．高階線型常微分方程式は，その係数が含まれる微分体を拡大していけば，ダランベールの階数低下法によりその階数を順次下げていって，結局は2階線型常微分方程式に帰着する．すると，(1.43)について考察したのと同様に不変因子をもつ．定理1.8はこのような可能性を完全に否定している．どのような微分体 K をとっても，$\mathrm{P_I}$ の解を1つとって $L{=}K(\lambda,\lambda')$ とするとき

$$\text{trans.deg}\ L/K = 2,\ 0$$

である．実際はこれに加えて，ここで直観的に述べたことを微分代数の言葉を使って，きちんと定式化することが必要であるが，詳細は原論文にあたって頂きたい．この結果は H.Umemura により古典関数の理論として整備され，

他のパンルヴェ方程式に対しても，方程式の含むパラメータが特別な値でなければ，それらの解の既約性が保証されることがわかった．古典関数とパンルヴェ超越関数の規約性については，本節末で簡単なまとめを紹介する．定理 1.7 は，P_{II} の解の既約性と，それが成り立たないすべての場合を与えている．

［定理 1.8 の証明］ P_{I} に対して

$$\mathcal{X} = \mu\frac{\partial}{\partial\lambda}+(6y^2+x)\frac{\partial}{\partial\mu}+\frac{\partial}{\partial t}, \qquad \mu = \lambda' = \frac{d\lambda}{dt}$$

とし，不変因子が存在するとして矛盾を導く．まず

$$\mathcal{X}F = GF, \quad F, G \in K[\lambda,\mu], \quad F \notin K$$

が成り立つ，と仮定する．K は微分体である．各変数に

$$w(\lambda) = 2, \quad w(\mu) = 3, \quad w(a) = 0 \qquad (a \in K)$$

という重みを与え，この重みに応じて同次部分の和に分解する．まず

$$\mathcal{X} = \mathcal{X}_1+\mathcal{X}_0+\mathcal{X}_{-3}$$

$$\mathcal{X}_1 = \mu\frac{\partial}{\partial\lambda}+6\lambda^2\frac{\partial}{\partial\mu}, \qquad \mathcal{X}_0 = \frac{\partial}{\partial t}, \qquad \mathcal{X}_{-3} = t\frac{\partial}{\partial\mu}$$

であり，F の最高次を m 次として

$$F = F_m+F_{m-1}+\cdots+F_0, \quad w(F_k) = k$$

とおく．このとき，$\mathcal{X}$ は F_k の次数を 1 次増やすから

$$G = G_1+G_0, \quad w(G_k) = k$$

と分解するが，重みの付け方から 1 次の要素は存在せず，$G_1=0$ となる．すなわち

$$G = G_0 \in K$$

不変因子の定義により，$k>m$ あるいは $0>k$ のとき $F_k=0$ として，関係式

$$\mathcal{X}_1F_{k-1}+\mathcal{X}_0F_k+\mathcal{X}_{-3}F_{k+3} = G_0F_k$$

が成り立つ．まず最高次の項を両辺で比較すると

$$\mathcal{X}_1 F_m = 0$$

となるから，これを解いて

$$F_m = af^l, \quad f = \mu^2 - 4\lambda^3\,; \qquad a \in K, \quad a \neq 0\,; \qquad w(f) = 6\,, \quad m = 6l$$

を得る．ここで，置き換え

$$F :\Rightarrow aF, \quad G :\Rightarrow G + \frac{a'}{a}, \quad a' = \frac{da}{dx}$$

を考慮すれば，$a=1$ としても一般性を失わない．次に

$$\mathcal{X}_1 F_{m-1} + \mathcal{X}_0 F_m = G_0 F_m$$

であるが，$w(F_{m-1})=6l-1$ より

$$F_{m-1} = b\lambda\mu f^{l-1}, \quad b \in K$$

ところが，$a=1$ としたので $\mathcal{X}_0 F_m=0$ であり，さらに

$$\mathcal{X}_1(\lambda\mu) = \mu^2 + 6\lambda^3$$

から，次のようになっている．

$$b = 0\,, \quad F_{m-1} = 0\,, \quad G_0 = 0$$

同様に考えて

$$F_{m-2} = F_{m-3} = 0$$

である．F_{m-4} は，関係式

$$\mathcal{X}_1 F_{m-4} + \mathcal{X}_{-3} F_m = 0$$

により，重み $w(y)=2$ を考慮して

$$F_{m-4} = -2lt\lambda f^{l-1}$$

と定まる．最後に，関係式

$$\mathcal{X}_1 F_{m-5} + \mathcal{X}_0 F_{m-4} = 0$$

から，F_{m-5} は次の形をしている．

$$F_{m-5} = gf^{l-1}, \quad g \in K[\lambda, \mu], \quad w(g) = 1$$

しかし，$w(g)=1$ となる λ と μ の多項式は存在せず，したがって

$$F_{m-5} = 0$$

となるが，これは $\mathcal{X}_0 F_{m-4} \neq 0$ に矛盾する． ■

ある微分体 K の要素 u が，有理関数に対して以下の 6 種類の操作を繰り返し施すことによって得られるとき，u を**古典関数**という．そうではないとき，u は**超越的**であり，u は有理関数体 $\mathbf{C}(x)$ 上既約である．言い換えると，U を古典関数の集合とするとき，次の 6 つの操作を繰り返して得られる新しい関数は，やはり古典関数である．

(1) $U \ni u$ に対してその導関数

(2) U の要素の四則演算で得られる関数

(3) U の要素を係数とする代数方程式の解である関数

(4) $U \ni u$ に対してその原始関数

(5) U の要素を係数とする，線型常微分方程式の解となる関数

(6) アーベル関数に U の要素を代入して得られる関数

ここで，(3)の代数方程式の次数，(5)の線型常微分方程式の階数は任意でよい．アーベル関数とは，アーベル多様体 $A=\mathbf{C}^n/\Gamma$ 上の有理関数である．楕円関数 $\wp(u)$ に古典関数 $u(x)$ を代入して得られる関数などが(6)の例である．

パンルヴェ超越関数がこの意味で超越的であるかどうかは，不変因子の存在，不存在にかかっている．もし不変因子が存在しないならば，パンルヴェ方程式の解は超越的であるか，あるいは代数的である．とくに，補題 1.1 により，$\mathrm{P_I}$ は超越解しかもたないので，定理 1.8 と合わせて，パンルヴェ超越関数の規約性が従う．すなわち，このパンルヴェ超越関数は古典特殊関数と比較して新しい超越関数である．それ以外のパンルヴェ方程式についても，その解の超越性は

(a) 不変因子をすべて決定すること

(b) 代数関数解をすべて決定すること

から判定できる．$\mathrm{P_{II}}$ の場合，リッカチ方程式を満たすパンルヴェ超越関数は，

古典関数である．α が半整数である場合を除けば，パンルヴェ超越関数は古典特殊関数で表すことができない．(a)はすべてのパンルヴェ方程式 P_J に対して既に示されているから，パンルヴェ超越関数の規約性については決着が付いている．他方(b)は，P_{VI} の代数関数解をすべて決定することだけが，しばらく残されていたけれども，2008 年 11 月，最終的に決着した．したがって現時点で，P_J の既約性の確認はすべて解決した．

2　フックス型方程式

古典的話題にルーツを求めて

2.1　2階線型常微分方程式

次のような微分方程式を考えよう．

$$\frac{d^2y}{dx^2}+p_1(x)\frac{dy}{dx}+p_2(x)y=0 \tag{2.1}$$

x は常に複素変数を表すものと約束するから，我々が考察する解 $y=y(x)$ は複素解析的である．また，以下で対象とするのは，$p_1(x), p_2(x)$ が x の有理関数である場合に限る．したがって，(2.1) はリーマン球面，すなわち1次元複素射影直線 $\mathbf{P}^1(\mathbf{C})$ 上定義された微分方程式である．x は $\mathbf{P}^1(\mathbf{C})$ の非斉次座標を表すから，$x=\infty$ における方程式 (2.1) とは，$x=\dfrac{1}{u}$ とおいて得られる

$$\frac{d^2y}{du^2}+q_1(u)\frac{dy}{du}+q_2(u)y=0 \tag{2.2}$$

を，$u=0$ の近傍で考えたものをさす．実際

$$\frac{dy}{dx}=-u^2\frac{dy}{du}, \qquad \frac{d^2y}{dx^2}=u^4\frac{d^2y}{du^2}+2u^3\frac{dy}{du}$$

に注意すれば，(2.2) の係数 $q_1(u), q_2(u)$ が，(2.1) の係数 $p_1(x), p_2(x)$ と以下のような関係にあることがわかる．

$$q_1(u)=\frac{2}{u}-\frac{1}{u^2}p_1\left(\frac{1}{u}\right), \qquad q_2(u)=\frac{1}{u^4}p_2\left(\frac{1}{u}\right)$$

この関係式は後で用いられる．さて，(2.1) で，$p_1(x), p_2(x)$ がともに $x=x_0$ で正則であるとする．このとき，コーシーの存在定理により，任意の $(y_0, y_0')\in\mathbf{C}^2$ に対して，初期条件

$$y(x_0)=y_0, \qquad \frac{dy}{dx}(x_0)=y_0'$$

を満足する解がただ1つ存在する．

この正則解を前のように $y=\varphi(x;x_0;y_0,y_0')$ と表そう．いま，$u=x-x_0$ を局所座標とし，解のテイラー展開を

$$\varphi(x;x_0;y_0,y_0')=\sum_{j=0}^{\infty} c_j u^j, \qquad c_0=y_0, \quad c_1=y_0' \tag{2.3}$$

とする．また，微分方程式(2.1)の係数も

$$p_1(x)=\sum_{j=0}^{\infty} a_j u^j, \qquad p_2(x)=\sum_{j=0}^{\infty} b_j u^j$$

のように収束級数で表す．すると，解(2.3)の展開係数 c_n は，微分方程式(2.1)に上の各式を代入して，逐次求めることができる．(2.3)の収束半径を $r>0$ としよう．関数論の基本的な定理により，収束円周 $|x-x_0|=r$ 上には必ず関数 $\varphi(x;x_0;y_0,y_0')$ の特異点 $x=\xi$ が少なくとも 1 つ存在する．このとき，次のことが成り立つ．

命題 2.1　$x=\xi$ を $y=\varphi(x;x_0;y_0,y_0')$ の特異点とすれば，ξ は $p_1(x)$ または $p_2(x)$ の特異点である．　□

したがって，特異点 ξ は初期条件のパラメータ (y_0,y_0') とは無関係に定まる．この命題は，前章の命題 1.1 の言い換えである．すなわち，線型微分方程式(2.1)の特異点は，動かない特異点に限る．このことは線型微分方程式の特性であって，非線型微分方程式については成立しないことをもう一度強調しておこう．

線型微分方程式(2.1)において，係数 $p_1(x),p_2(x)$ の特異点 $x=\xi$ を，簡単に**線型微分方程式の特異点**ということにする．線型微分方程式(2.1)において，$x=\infty$ が特異点であるかどうかは，$x=\dfrac{1}{u}$ として，$u=0$ が微分方程式(2.2)の特異点であるかどうかにより判断する．さて，命題 2.1 の逆は成立しない．すなわち，$x=\xi$ が線型微分方程式(2.1)の特異点であったとしても，それが解の特異点になるとは限らない．

例 2.1　1 階線型常微分方程式

$$\frac{dy}{dx}=\frac{1}{x}y$$

は $x=0$ に特異点をもつ．しかし，この微分方程式の解

$$\varphi(x;x_0;y_0) = \frac{y_0}{x_0}x$$

は $x=0$ でつねに正則である． □

このように，線型常微分方程式の特異点 ξ であって，すべての解が $x=\xi$ で正則であるとき，ξ を**見かけの特異点**という．

x の有理関数 $p_1(x), p_2(x)$ を係数とする 2 階線型常微分方程式

$$\frac{d^2y}{dx^2}+p_1(x)\frac{dy}{dx}+p_2(x)y = 0 \tag{2.1}$$

において，以下

$x=\infty$ は(2.1)の特異点である

と仮定する．$x=\xi_1$, …, $x=\xi_m$ を有限な位置にある微分方程式(2.1)の特異点，すなわち $p_1(x), p_2(x)$ の極，とする．$\mathbf{P}^1(\mathbf{C})$ の部分集合

$$\Xi = \{\xi_1, \xi_2, \cdots, \xi_m, \xi_{m+1}\} \qquad (\xi_{m+1} = \infty)$$

が(2.1)の特異点の集合である．定義により，$p_1(x)$ と $p_2(x)$ はともに領域

$$\boldsymbol{X} = \mathbf{P}^1(\mathbf{C})\backslash\Xi$$

の各点 x_0 で正則である．さて，$x_0\in\boldsymbol{X}$ とし，$\varphi_1(x), \varphi_2(x)$ を $x=x_0$ の近傍で正則で $\mathbf{C}$ 上 1 次独立な(2.1)の解としよう．このとき，関数ベクトル

$$\vec{\varphi}(x) = (\varphi_1(x), \varphi_2(x)) \tag{2.4}$$

を(2.1)の**解の基本系**という．このとき，**ロンスキー行列** $W(\vec{\varphi}(x))$ と**ロンスキアン** $w(\vec{\varphi}(x))$ を，次式により定義する．

$$W(\vec{\varphi}(x)) = \begin{pmatrix} \varphi_1(x) & \varphi_2(x) \\ \varphi_1'(x) & \varphi_2'(x) \end{pmatrix}, \qquad w(\vec{\varphi}(x)) = \det\Big[W(\vec{\varphi}(x))\Big]$$

ここで，$\phi'(x)$ は関数 $\phi(x)$ の x についての導関数を表す．次のよく知られた結果は証明なしに引用しても差し支えないだろう．

命題 2.2 線型微分方程式(2.1)の解の基本系 $\vec{\varphi}(x)$ のロンスキアンは

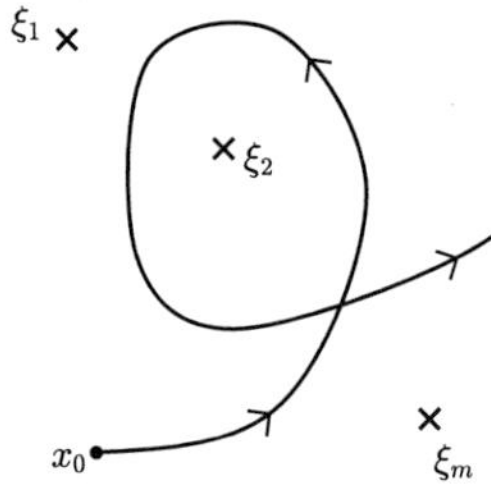

図 **2.1**

$$\frac{dw}{dx}+p_1(x)w=0 \tag{2.5}$$

なる1階の線型微分方程式を満足する. □

一方, γ を $\boldsymbol{X}$ の1点 x_0 を出発し, $\boldsymbol{X}$ の1点 x_1 に至る $\boldsymbol{X}$ 内の道とする. このとき, 我々は解の基本系(2.4)の, 道 γ に沿っての解析接続を考えることができる(図 2.1).

この解析接続によって, $x=x_1$ で正則な解の基本系

$$\vec{\phi}(x)=(\phi_1(x),\phi_2(x))$$

が得られる. 我々にとって最も重要なのは, 道 γ が x_0 に始まり x_0 に終わる閉じた道, すなわち閉曲線の場合である. このときは, 解の基本系 $\vec{\phi}(x)$ の各成分は $x=x_0$ の近傍で正則である. 以下の議論においては, γ はある連続で長さのある閉曲線を表す, と約束する. このとき, $\vec{\varphi}(x)$ を閉曲線 γ に沿って解析接続して得られる解の基本系 $\vec{\phi}(x)$ を $\vec{\varphi}^{\gamma}(x)$ と表すことにする. さて, $\vec{\varphi}(x),\vec{\varphi}^{\gamma}(x)$ はともに $x=x_0$ の近傍で正則な解の基本系であるから, ある2次の可逆行列 $\Gamma(\gamma)$ がとれて

$$\vec{\varphi}^{\gamma}(x)=\vec{\varphi}(x)\Gamma(\gamma) \tag{2.6}$$

となる. 解析接続に関するモノドロミー定理は次の事実を保証する.

命題 2.3 $\boldsymbol{X}$ 内の x_0 を始点とする2つの閉じた道 γ,γ' が $\boldsymbol{X}$ 内で互いにホモトープであるならば

$$\Gamma(\gamma)=\Gamma(\gamma')$$

が成り立つ．　□

γ と γ' を，x_0 を始点とする $\boldsymbol{X}$ 内の 2 つの閉じた道とし，γ を $\boldsymbol{X}$ 内で，すなわちどの $\xi\in\Xi$ とも交わることなしに，連続的に変形して γ' に重ねることができる，とする．このとき，γ と γ' は $\boldsymbol{X}$ で互いに**ホモトープ**である，という．この関係を

$$\gamma \simeq_{\mathrm{h}} \gamma'$$

と書く．これは同値関係を定めるから，x_0 を始点とする閉曲線 γ のホモトープという関係による類を考えることができる．γ を含む類を $[\gamma]$ で表し，$[\gamma]$ の全体を

$$\pi_1(x_0;\boldsymbol{X})$$

と書く．x_0 を始点とする 2 つの閉じた道，γ_1 と γ_2，をこの順序に続けてたどる道を $\gamma_2{\cdot}\gamma_1$ と書く．別の x_0 を始点とする 2 つの閉じた道，γ_1' と γ_2'，に対して，$\gamma_1{\simeq_{\mathrm{h}}}\gamma_1'$ かつ $\gamma_2{\simeq_{\mathrm{h}}}\gamma_2'$ ならば

$$\gamma_2{\cdot}\gamma_1 \simeq_{\mathrm{h}} \gamma_2'{\cdot}\gamma_1'$$

である．このことから，γ_1 と γ_2 の類，$[\gamma_1],[\gamma_2]$ の積を

$$[\gamma_2]{\cdot}[\gamma_1]=[\gamma_2{\cdot}\gamma_1]$$

により定めるのは自然であろう．この演算によって，$\pi_1(x_0;\boldsymbol{X})$ は群をなす (図 2.2)．

$\pi_1(x_0;\boldsymbol{X})$ を，x_0 を基点とする $\boldsymbol{X}$ の**基本群**という．x_0 を始点とする閉じた道 γ を逆にたどることで得られる道を γ^{-1} と書けば，$[\gamma]$ の逆元 $[\gamma]^{-1}$ は $[\gamma^{-1}]$ で与えられる．また，始点 x_0 にとどまっていて動かない道，すなわち 1 点からなる道を 1_{x_0} と書くと

$$[\gamma]{\cdot}[\gamma^{-1}]=[\gamma]{\cdot}[\gamma]^{-1}=[1_{x_0}]$$

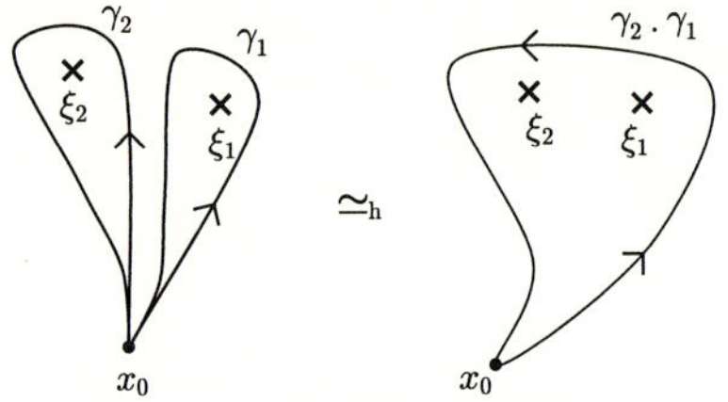

図 2.2

である．なお，$\pi_1(x_0;\ \boldsymbol{X})\ni[\gamma]$ とし，γ と γ' を $[\gamma]$ の代表元とすると，$\gamma\simeq_h\gamma'$ であるから，命題 2.3 により $\Gamma(\gamma)=\Gamma(\gamma')$ となる．したがって，(2.6)で定められる行列 $\Gamma(\gamma)$ は本来 $\Gamma([\gamma])$ と書くべきであるが，記号の煩雑さを避けて単に $\Gamma(\gamma)$ と書くことにする．

定義 2.1　$\Gamma(\gamma)$ を γ に対する $\vec{\varphi}(x)$ の**回路行列**，あるいは γ に関する $\vec{\varphi}(x)$ の**モノドロミー行列**という． □

すぐわかるように，$\Gamma(\gamma_2\cdot\gamma_1)=\Gamma(\gamma_2)\Gamma(\gamma_1)$, $\Gamma(\gamma^{-1})=\Gamma(\gamma)^{-1}$ 等が成り立つから，行列の群

$$\mathcal{G}\left(\vec{\varphi}(x)\right)=\{\Gamma(\gamma)\,|\,[\gamma]\in\pi_1(x_0;\boldsymbol{X})\}$$

は，基本群 $\pi_1(x_0;\boldsymbol{X})$ と準同型である．すなわち，対応

$$[\gamma]\mapsto\Gamma(\gamma)$$

は，$\pi_1(x_0;\boldsymbol{X})$ の $\mathbf{C}^2$ 上の表現を与える．

定義 2.2　$\mathcal{G}\left(\vec{\varphi}(x)\right)$ を，線型微分方程式(2.1)の解の基本系 $\vec{\varphi}(x)$ の**モノドロミー群**という． □

$\vec{\phi}(x)$ を別の解の基本系とすると，ある 2 次の可逆行列 C があって

$$\vec{\phi}(x)=\vec{\varphi}(x)C$$

と表される．さて，$[\gamma]\in\pi_1(x_0;\boldsymbol{X})$ とする．(2.6)により定まる，γ に関する $\vec{\phi}(x)$ のモノドロミー行列を $\Gamma(\gamma)'$ と書く．定義から明らかなように，次のことが成り立つ．

命題 2.4　すべての $[\gamma]\in\pi_1(x_0;\boldsymbol{X})$ に対し

$$\Gamma(\gamma)' = C^{-1}\Gamma(\gamma)C \tag{2.7}$$

□

すなわち，2 つの互いに同型な行列群，$\mathcal{G}(\vec{\varphi}(x))$ と $\mathcal{G}(\vec{\phi}(x))$ の間には

$$\mathcal{G}\left(\vec{\phi}(x)\right) = C^{-1}\mathcal{G}(\vec{\varphi}(x))C$$

という関係がある．基本群 $\pi_1(x_0;\boldsymbol{X})$ の表現として $G(\vec{\varphi}(x))$ と $G\left(\vec{\phi}(x)\right)$ は同値であるから，我々は表現の同値類，つまり**表現類**を考えることができる．線型微分方程式(2.1)により定まる，この表現類を $\hat{\rho}$ で表す．

定義 2.3　$\hat{\rho}$ を(2.1)の**モノドロミー**という．　□

簡単な例を 1 つ挙げよう．関数 $\varphi(x)=x^\alpha$ は 1 階線型常微分方程式

$$\frac{dy}{dx} = \frac{\alpha}{x}y$$

の解の基本系である．この微分方程式の特異点の集合は $\Xi=\{0,\infty\}$ である．$x_0\notin\Xi$ を出発し，原点 $x=0$ を正の向きに 1 回だけまわって x_0 に戻る，複素平面内の閉じた道を ℓ_0 と書くとき，$\boldsymbol{X}=\mathbf{P}^1(\mathbf{C})\setminus\Xi$ の基本群 $\pi_1(x_0;\boldsymbol{X})$ は $[\ell_0]$ で生成される無限巡回群である．

解の基本系 $\varphi(x)$ のモノドロミー群は

$$\varphi^{\ell_0}(x) = e^{\alpha(\log x+2\pi\sqrt{-1})} = e^{2\pi\sqrt{-1}\alpha}\varphi(x)$$

より，$e(\alpha)=e^{2\pi\sqrt{-1}\alpha}$ で生成され，したがってこの微分方程式のモノドロミー $\hat{\rho}$ も $e(\alpha)$ で生成される無限巡回群である．

一般に，x_0 を基点とする $\boldsymbol{X}$ の基本群 $\pi_1(x_0;\boldsymbol{X})$ を考えよう．$x_1\neq x_0$ なる点 $x_1\in\boldsymbol{X}$ を 1 つとり，x_1 と x_0 を結ぶ $\boldsymbol{X}$ 内の道 γ_{10} を 1 つ勝手にとって固定する．さて，任意の $\pi_1(x_0;\boldsymbol{X})\ni[\gamma]$ に対し，γ_0 を $[\gamma]$ の代表元の 1 つとして，次のような道 γ_1 を対応させる．

$$\gamma_1 = \gamma_{10}^{-1}\cdot\gamma_0\cdot\gamma_{10}$$

すなわち，γ_1 は，x_1 から γ_{10} に沿って x_0 まで行き，γ_0 を 1 回まわって x_0 に戻り，今度は x_0 から γ_{10} を逆向きに x_1 まで戻る，閉じた道である(図 2.3)．

この対応 $[\gamma_0]\mapsto[\gamma_1]$ は，$\pi_1(x_0;\boldsymbol{X})$ から $\pi_1(x_1;\boldsymbol{X})$ への準同型を定めるが，

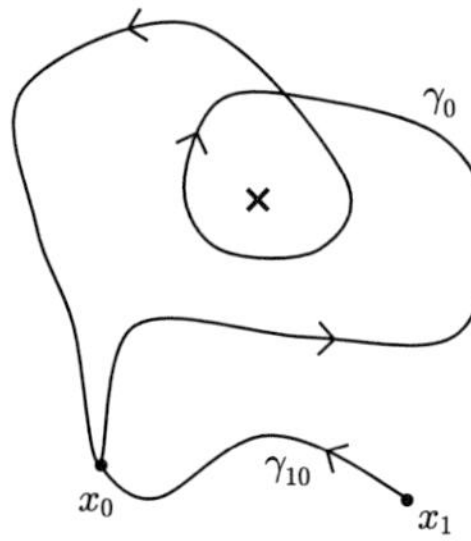

図 2.3

これは2つの基本群の間の同型写像である．すなわち，基本群 $\pi_1(x_0; \boldsymbol{X})$ を考察するときには，基点 x_0 は我々にとってはあまり重要ではない．以下では，基点 x_0 を明らかにする必要がないときには，$\boldsymbol{X}$ の基本群を単に $\pi_1(\boldsymbol{X})$ と書くことがある．

2.2　確定特異点

引き続いて2階線型常微分方程式

$$\frac{d^2y}{dx^2}+p_1(x)\frac{dy}{dx}+p_2(x)y=0 \tag{2.1}$$

を考察する．これまでのように，Ξ を特異点の集合とし，$\boldsymbol{X}=\mathbf{P}^1(\mathbf{C})\backslash\Xi$ と書く．$\xi\in\Xi$ の近傍において次のように表される解の基本系が存在する，としよう．

$$\vec{\varphi}(x)=(\varphi_1(x),\varphi_2(x))=\left(u^\alpha\sum_{j=0}^{\infty}a_ju^j, u^\beta\sum_{j=0}^{\infty}b_ju^j\right)$$

ここでは，ξ における局所座標を $u=x-\xi$ としている．この級数の収束域内に1点 x_2 をとり，点 x_0 と x_2 を，$\boldsymbol{X}$ 内の道 γ_{02} で結ぶ．さて，x_0 から γ_{02} に沿って x_2 に至り，円周 $|x-\xi|=|x_2-\xi|$ を正の向きに1回まわってから γ_{02} を逆向きにたどって x_0 に戻る閉じた道を ℓ_ξ と書く(図2.4)．

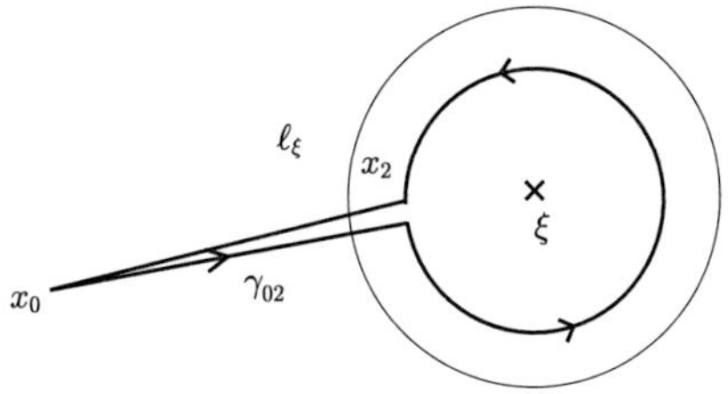

図 2.4

今後，このようにして構成される，ξ を1回だけまわる閉じた道，をいちいち断ることなく ℓ_ξ で表すことにする．基本群の基点 x_0，点 x_2，道 γ_{02} 等は任意に選んで固定すればよい．道の類 $[\ell_\xi]$ は基本群 $\pi_1(\boldsymbol{X})=\pi_1(x_0;\boldsymbol{X})$ の要素を定める． ■

解の基本系 $\vec{\varphi}(x)$ を道 $\gamma=\ell_\xi$ に沿って1回解析接続すると

$$\vec{\varphi}^{\,\gamma}(x)=\vec{\varphi}(x)\Gamma_\xi, \qquad \Gamma_\xi=\begin{pmatrix} e(\alpha) & 0 \\ 0 & e(\beta) \end{pmatrix}$$

となる．ここで，複素数 α に対して

$$e(\alpha)=e^{2\pi\sqrt{-1}\alpha}$$

とした．$\vec{\varphi}(x)$ の ℓ_ξ に対する回路行列 $\Gamma(\ell_\xi)$ は対角行列 Γ_ξ で与えられる．このとき，任意の解の基本系 $\vec{\phi}(x)$ の ℓ_ξ に対するモノドロミーは，命題2.4の関係式(2.7)により求めることができる．

次に，線型微分方程式(2.1)の解の基本系 $\vec{\phi}(x)$ を任意にとり，特異点 $x=\xi$ の近傍における，$\vec{\phi}(x)$ の表示について調べよう．$x=\xi$ を1回だけまわる道 ℓ_ξ に対する回路行列を $\Gamma=\Gamma(\ell_\xi)$ とする．行列 Γ の固有値を $e(\alpha), e(\beta)$ と書く．ここで，$e(\alpha)=e^{2\pi\sqrt{-1}\alpha}$ から，n を整数とするとき $e(\alpha+n)=e(\alpha)$ である．すなわち α や β の選び方には整数の分だけ不定性がある．ここでは，とりあえず選んだものとして議論を続ける．以下 $\alpha-\beta$ が整数であるかどうかに従って，2つの場合に分けて考察をする．

(1)　$\alpha-\beta\notin\mathbf{Z}$ の場合

$e(\alpha)\neq e(\beta)$ であるから，必要ならば適当な可逆行列 C を選び，$\vec{\phi}(x)$ を $C\vec{\phi}(x)$ に置き換えて

$$\Gamma = \begin{pmatrix} e(\alpha) & 0 \\ 0 & e(\beta) \end{pmatrix}$$

としてよい．このとき，次のような行列関数を導入する．

$$\Phi_\xi(x) = \begin{pmatrix} (x-\xi)^\alpha & 0 \\ 0 & (x-\xi)^\beta \end{pmatrix} \tag{2.8}$$

行列関数 $\Phi_\xi(x)$ を $\gamma=\ell_\xi$ に沿って解析接続して得られる分枝を $\Phi_\xi^\gamma(x)$ と書けば

$$\Phi_\xi^\gamma(x) = \Phi_\xi(x)\Gamma$$

が成り立つことがただちにわかる．そこで

$$\vec{z}(x) = \vec{\phi}(x)\Phi_\xi(x)^{-1}$$

とすると，道 $\gamma=\ell_\xi$ に対して

$$\vec{z}^{\,\gamma}(x) = \vec{\phi}^{\,\gamma}(x)\Phi_\xi^\gamma(x)^{-1} = \vec{\phi}(x)\Gamma\cdot\Gamma^{-1}\Phi_\xi(x) = \vec{z}(x)$$

が成り立つ．すなわち，$\vec{z}(x)$ は $x=\xi$ のまわりで 1 価である．

(2)　$\alpha-\beta\in\mathbf{Z}$ の場合

もし Γ が対角化可能，すなわち Γ がスカラー行列，の場合は(1)と同じである．そうでなければ

$$\Gamma = \begin{pmatrix} e(\alpha) & 1 \\ 0 & e(\beta) \end{pmatrix}, \quad e(\alpha) = e(\beta)$$

の場合を考察すれば十分である．今度は，$\gamma=\ell_\xi$ に対して

$$\Phi_\xi^\gamma(x) = \Phi_\xi(x)\Gamma$$

が成り立つような $\Phi_\xi(x)$ として次の行列関数をとればよい．

$$\Phi_\xi(x)=\begin{pmatrix}(x-\xi)^\alpha & 0\\ \dfrac{(x-\xi)^\beta}{2\pi\sqrt{-1}e(\beta)}\log(x-\xi) & (x-\xi)^\beta\end{pmatrix} \tag{2.9}$$

すると，(1)の場合と同様な計算により，$x=\xi$ のまわりで

$$\vec{z}(x)=\vec{\phi}(x)\Phi_\xi(x)^{-1}$$

は1価な関数を成分とするベクトルである．

以上の結果をまとめておこう．これまで通り，線型微分方程式(2.1)の特異点 $x=\xi$ を1回だけまわる道を ℓ_ξ，解の基本系 $\vec{\phi}(x)$ の ℓ_ξ に対する回路行列を Γ と書こう．

命題 2.5 適当な2次の行列関数 $\Phi_\xi(x)$ を選んで，次式で定められるベクトル関数 $\vec{z}(x)$ が $x=\xi$ のまわりで1価となるようにできる．

$$\vec{\phi}(x)=\vec{z}(x)\Phi_\xi(x) \tag{2.10}$$

もし，Γ が対角化可能であれば，$\Phi_\xi(x)$ は対角行列であるように選べる． □

命題2.5で定めた $\vec{z}(x)$ は，関数論でよく知られた結果により，$x=\xi$ のまわりで

$$\vec{z}(x)=\sum_{j=-\infty}^{\infty}\vec{a}_j u^j \tag{2.11}$$

と，ローラン級数に展開することができる．ここで，u は $x=\xi$ における局所座標 $u=x-\xi$ である．

定義 2.4 (2.11)において，ある整数 j_0 があって，$j\leqq j_0$ となるすべての j に対し

$$\vec{a}_j=\vec{0}$$

となるとき，ξ は線型微分方程式(2.1)の**確定特異点**である，という．確定特異点でない場合は**不確定特異点**と呼ばれる． □

$x=\xi$ 上に特異点 ω をもつ解析関数の分枝 $\varphi(x)$ に対しても，確定特異点という概念が定義されている．それを述べるために，2つの実数 θ_1,θ_2 $(\theta_1<\theta_2)$

と $r>0$ に対し

$$S(\theta_1,\theta_2) = \{u \mid 0<|x|<r,\ \theta_1<\arg u<\theta_2\}$$

とおく．r は $S(\theta_1,\theta_2)$ で $\varphi(x)$ が定義されているように適宜小さくとる．ここで，$u=x-\xi$ である．

定義 2.5　ある正数 A がとれて，任意の実数 $\theta_1<\theta_2$ に対し

$$0=\lim_{u\to 0,\ u\in S(\theta_1,\theta_2)} |u|^A|\varphi(x)|$$

の値が確定，あるいは $A=\infty$ となるとき，$\varphi(x)$ は ω に**確定特異点**をもつ，という．□

例 2.2　複素数 α に対し，関数 x^α は $x=0$ 上に確定特異点 ω をもつ．また，関数 $x^\alpha\log x$ も $x=0$ 上に確定特異点 ω をもつ．しかし，関数 $x^\alpha e^x$ の $x=\infty$ 上の特異点は確定特異点ではない．□

微分方程式の特異点 $x=\xi$ が微分方程式の意味で確定特異点でない場合には，ベクトル(2.11)の少なくとも1つの成分は，通常の1価関数として $x=\xi$ を真性特異点としてもつ．関数論の結果，正確にはジュリアの定理，により，次のことが従う．

命題 2.6　線型微分方程式(2.1)の特異点 $x=\xi$ が確定特異点であるための条件は，(2.1)の任意の解の基本系 $\vec{\phi}(x)$ の各成分 $\phi_1(x),\phi_2(x)$ が $x=\xi$ 上に確定特異点をもつ，ということである．□

ところで，**ガウスの超幾何微分方程式**とは，複素パラメータ a,b,c をもつ，次の2階線型常微分方程式のことであった．

$$x(1-x)\frac{d^2y}{dx^2}+(c-(a+b+1)x)\frac{dy}{dx}-aby=0 \tag{2.12}$$

また，単位円板 $|x|<1$ で収束する x のベキ級数

$$F(a,b,c;x)=\sum_{j=0}^{\infty}\frac{(a)_j(b)_j}{(c)_j j!}x^j \tag{2.13}$$

$$\text{ただし}\qquad (a)_j=a(a+1)(a+2)\cdots(a+j-1)$$

を，**ガウスの超幾何関数**と呼ぶのであった．

微分方程式(2.12)の特異点の集合は $\Xi=\{0,1,\infty\}$ である．ベキ級数(2.13)は微分方程式(2.12)の解である．さらに，次のことも成り立つ．

例 2.3 c が整数ではないときには，(2.12)は，$x=0$ において

$$\varphi_1(x)=F(a,b,c;x), \qquad \varphi_2(x)=x^{1-c}F(a-c+1,b-c+1,2-c;x)$$

という1次独立解をもつ． □

したがって，(2.12)は $x=0$ に確定特異点をもつ．実は，ガウスの超幾何微分方程式のあと2つの特異点 $x=1$, $x=\infty$ も確定特異点である．

定義 2.6 線型常微分方程式(2.1)の特異点 $x=\xi$ がすべて確定特異点であるとき，(2.1)を**フックス型微分方程式**という． □

例 2.4 ガウスの超幾何微分方程式(2.12)はフックス型である． □

確定特異点の判定条件として，次の命題が最も基本的である．$x=\infty$ が確定特異点であるかどうかは，(2.1)で $x=\dfrac{1}{u}$ とおいて得られる微分方程式(2.2)にこの命題を適用して判定する．

命題 2.7 2階線型常微分方程式

$$\frac{d^2y}{dx^2}+p_1(x)\frac{dy}{dx}+p_2(x)y=0 \tag{2.1}$$

の特異点 $x=\xi$ が確定特異点となるための条件は，$(x-\xi)p_1(x), (x-\xi)^2p_2(x)$ がともに $x=\xi$ で正則となることである． □

この結果は微分方程式論のほとんどの教科書に証明付きで載っている．詳しいことはそれらを参照してもらうことにして，ここでは命題2.7の証明の概略を与えることにする．

［命題2.7の条件が必要であること］ 一般に $\varphi_1(x), \varphi_2(x)$ が1次独立な関数であるとき，これらを解とする2階線型常微分方程式は

$$\begin{vmatrix} y & \varphi_1(x) & \varphi_2(x) \\ \dfrac{dy}{dx} & \dfrac{d}{dx}\varphi_1(x) & \dfrac{d}{dx}\varphi_2(x) \\ \dfrac{d^2y}{dx^2} & \dfrac{d^2}{dx^2}\varphi_1(x) & \dfrac{d^2}{dx^2}\varphi_2(x) \end{vmatrix} = 0 \tag{2.14}$$

で与えられる．いま，$x=\xi$ が微分方程式(2.1)の確定特異点であれば，(2.8)ある

いは(2.9)で定義される行列関数 $\Phi_\xi(x)$ を用いると，定義により

$$\vec{\varphi}(x) = (\varphi_1(x), \varphi_2(x)) = \sum_{j=j_0}^{\infty} \vec{a}_j u^j \Phi_\xi(x)$$

という形の解の基本系 $\vec{\varphi}(x)$ が存在する．$u=x-\xi$ は $x=\xi$ における局所座標である．これを(2.14)に代入し，(2.1)の形に書き直せば，$x=\xi$ は，係数 $p_1(x)$ の高々1位の極，$p_2(x)$ の高々2位の極，となることが計算で確かめられる．

［命題2.7の条件が十分であること］ $q(x)=(x-\xi)p_1(x)$, $r(x)=(x-\xi)^2p_2(x)$ とおき，(2.1)を

$$(x-\xi)^2\frac{d^2y}{dx^2}+q(x)(x-\xi)\frac{dy}{dx}+r(x)y = 0 \tag{2.15}$$

と書き直す．仮定から $q(x)$ と $r(x)$ はともに $x=\xi$ で正則である．(2.15)の解で

$$\varphi(x) = u^s\sum_{j=0}^{\infty} c_j u^j, \qquad c_0 = 1 \tag{2.16}$$

という形のものを探すため，(2.15)の係数を

$$q(x) = \sum_{j=0}^{\infty} q_j u^j, \qquad r(x) = \sum_{j=0}^{\infty} r_j u^j \tag{2.17}$$

と，収束級数で表しておく．(2.16)と(2.17)を(2.15)に代入し，未定係数法により s と c_j $(j=1,2,\cdots)$ を決めよう．このとき，(2.15)の左辺は

$$\sum_{j=0}^{\infty}\left[(j+s)(j+s-1)c_j+\sum_{a+b=j}(a+s)c_aq_b+\sum_{a+b=j}c_ar_b\right]u^j$$

となる．これを0に等しいとおくと，まず $j=0$ の項から，s に関する代数方程式

$$s(s-1)+q_0s+r_0 = 0 \tag{2.18}$$

が得られる．この左辺の s についての2次式を，以下 $f(s)$ で表す．ここで，証明を中断して大切な言葉を定義しておく．

定義 2.7 2次方程式(2.18)を，(2.1)あるいは(2.15) の $x=\xi$ における**決定方程式**という．また，決定方程式の2つの根を，$x=\xi$ における**特性指数**という． □

証明に戻り，特性指数の1つを s_0 としよう．すなわち，$f(s_0)=0$ である．まず，(2.16)において，$s=s_0$ と定める．次に，$j=1$ の項から等式

$$\Big[(1+s)s+q_0(s+1)+r_0\Big]c_1+q_1s+r_1=0$$

を得る．上の式は

$$f(s+1)c_1+q_1s+r_1=0, \qquad s=s_0$$

と書かれるから，$f(s_0+1)\neq 0$ とすると c_1 の値が決まる．以下，$c_1, c_2, \cdots, c_{j-1}$ まで決めることができたとしよう．このとき c_j を決める方程式は

$$f(s_0+j)c_j+R_j(c_1, c_2, \cdots, c_{j-1})=0 \tag{2.19}$$

という形に表されるから，もし $f(s_0+j)\neq 0$ ならば c_j が確かに定まる．この手順を繰り返していけば，すべての正の整数 j に対して $f(s_0+j)\neq 0$ という仮定のもとで，(2.16)の形のベキ級数解が求められる．

このように形式的に定められたベキ級数は実際に収束して(2.15)の本当の解を定める．この事実の証明は省略する．微分方程式のしかるべき文献を参照してほしい．

(2.15)の $x=\xi$ における特性指数 s_1, s_2 が，条件 $s_1-s_2\notin \mathbf{Z}$ を満足するならば，すべての正の整数 j に対して $f(s_1+j)\neq 0$, $f(s_2+j)\neq 0$ が成り立つ．このとき，以上のようにして(2.16)の形の収束ベキ級数解が，s_1 と s_2 に対応して 2 種類求められたことになる．これら 2 つの解は明らかに 1 次独立である．

これは前出の(2.8)の場合である．このとき，$x=\xi$ は(2.15)の確定特異点である．

次に，ある正の整数 J に対して，2 つの特性指数の間に関係 $s_2=s_1+J$ が成り立つ場合を考えよう．特性指数 s_2 に対しては(2.16)の形の収束ベキ級数解は確かに存在する．一方，s_1 に対しては，条件式(2.19)で c_J の係数 $f(s_1+J)$ が 0 となり，もし

$$R_j(c_1, c_2, \cdots, c_{J-1})\neq 0$$

ならば，係数 c_J は定まらず，s_1 に対応する(2.16)の形の解は存在しない．

これは前出の(2.9)の場合である．このとき，解の表示には $\log(x-\xi)$ を含む項，対数項，が必要である．この場合も $x=\xi$ は(2.15)の確定特異

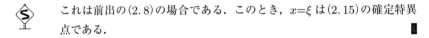

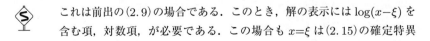

点である． ■

以上のようにして命題 2.7 は証明される． ■

証明の途中で決定方程式，特性指数という概念を定義したが，これらはきわめて大切なものであり今後も繰り返し使うことになる．

(2.1) において，$x=\dfrac{1}{u}$ とすると

$$\frac{d^2y}{du^2}+\left(\frac{2}{u}-\frac{1}{u^2}p_1\left(\frac{1}{u}\right)\right)\frac{dy}{du}+\frac{1}{u^4}p_2\left(\frac{1}{u}\right)=0$$

となるから，$u=0$ の場合について命題 2.7 を適用すると，次の命題が得られる．

命題 2.8　x の有理関数を係数とする線型常微分方程式 (2.1) において，特異点 $x=\infty$ が確定特異点となるための条件は，$xp_1(x), x^2p_2(x)$ がともに $x=\infty$ で正則となることである． □

ある正の整数 J があって，確定特異点における特性指数 s_1, s_2 が $s_2=s_1+J$ という関係をもったとしても，(2.19) でたまたま

$$R_j(c_1, c_2, \cdots, c_{J-1})=0 \tag{2.20}$$

となっていれば，(2.19) から矛盾は生じない．このときには，c_J を任意定数 h として，計算を先に進めることができる．$j>J$ ならば $f(s_1+j)\neq 0$ であるから，次々に係数 c_j が定まり，(2.16) の形の解が得られる．このベキ級数解は任意の h の値に対し収束する．すなわち，$s_1-s_2\in\mathbf{Z}$ であっても解の表示に対数項が現れない．このとき，$x=\xi$ は (2.1) の**非対数的特異点**と呼ばれる．

非対数的特異点のまわりで，s_1 に対応する解を構成するときに現れた任意定数 c_J を 0 とおいて得られるものを $\varphi_1(x)$ とする．s_1 に対応する (2.16) の形の任意の解は

$$\varphi_1(x)+h\varphi_2(x)$$

で与えられる．$\varphi_2(x)$ は s_2 に対応する解，h は任意定数である．ここで，微分方程式 (2.1) で従属変数 y を

$$y=(x-\xi)^{s_1}z$$

により，z に変換する．z の満たす線型微分方程式を

$$\frac{d^2z}{dx^2}+q_1(x)\frac{dz}{dx}+q_2(x)z=0 \tag{2.21}$$

としよう．この方程式の $x=\xi$ における特性指数は，非負整数 0 と J である．$J\geqq 2$ のときには，(2.21) は $x=\xi$ を特異点としてもつが，すべての解は $x=\xi$ で正則である．微分方程式 (2.21) の非対数的特異点 $x=\xi$ は，じつは見かけの特異点である．

例 2.5 次の微分方程式の特異点 $x=0$ は非対数的である．

$$x^2\frac{d^2y}{dx^2}+(1-2s)x\frac{dy}{dx}+\left(s^2-1\right)y=0$$

□

確定特異点 $x=\xi$ における 2 つの特性指数が一致する場合，すなわち命題 2.7 の証明において $s_1=s_2$ となる場合，関係式 (2.20) は決して成り立たない．したがって，この場合には微分方程式の解の基本系に対数項が必ず現れる．

2.3 不確定特異点

この節では，x の有理関数を係数とする 2 階線型常微分方程式

$$\frac{d^2y}{dx^2}+p_1(x)\frac{dy}{dx}+p_2(x)y=0 \tag{2.1}$$

の不確定特異点について，いくつかの結果を紹介する．必要ならば独立変数の 1 次変換をして，以下では $x=\infty$ が (2.1) の不確定特異点である場合を考察する．概略のみの解説であるので，証明などは必要に応じて教科書を参照してほしい．

まず，漸近展開について簡単に説明しよう．漸近展開を考える領域は，複素平面内の角領域

$$S(x_0;r;\theta_1,\theta_2)=\{x\mid |x|>r,\ \theta_1<\arg(x-x_0)<\theta_2\}$$

である．ここで，r は考えている問題に応じて決まる正の実数である．理論上

と応用上重要なのは，r よりも角領域の開き，$\theta_2-\theta_1$，である．

$S=S(x_0;r;\theta_1,\theta_2)$ に対して，$r<r_1$, $0<\varepsilon$ とし，S に含まれる

$$\bar{S}_1(x_1;r_1;\theta_1+\varepsilon,\theta_2-\varepsilon)=\{x\mid |x|\geqq r_1,\ \theta_1+\varepsilon\leqq \arg(x-x_1)\leqq \theta_2-\varepsilon\}$$

という形の集合を，S の部分閉角領域ということにする．さて，S で正則な関数 $f(x)$ と，必ずしも収束するとは限らない級数

$$\hat{f}=\sum_{k=0}^{\infty} a_k x^{-k}$$

が与えられたとする．

定義 2.8 S の任意の部分角領域 S_1 において次のことが成り立つとき，$f(x)$ は S において $\hat{f}$ に**漸近展開可能**である，という．

任意の n に対して，正数 K_n が存在して

$$\left|f(x)-\sum_{k=0}^{n} a_k x^{-k}\right|\leqq K_n|x|^{-n-1}$$

このことを次のように表す．

$$f(x)\approx\hat{f}\qquad x\to\infty\qquad x\in S$$

□

もし $\hat{f}$ が $U=\{|x|\geqq r\}$ において収束していれば，その和で定義される U で正則な関数を $f(x)$ とするとき，任意の角領域 $S=S(0;r;\theta_1,\theta_2)$ において

$$f(x)\approx\hat{f}\qquad x\to\infty\qquad x\in S$$

となる．また，$x=\infty$ の近傍 $U=\{|x|\geqq r\}$ において

$$f(x)\approx\hat{f}\qquad x\to\infty\qquad x\in U$$

が成り立つならば，漸近展開の定義から $f(x)$ は U で有界となり，$f(x)$ は $x=\infty$ で正則，$\hat{f}$ は $f(x)$ のテーラー展開，となる．

ここで具体的に微分方程式を解いて，解の漸近展開を考えることにしよう．その際，大久保謙二郎，河野實彦両氏による名著「漸近展開」(教育出版，1976 年)に扱われている例がわかりやすいので，これを紹介しよう．

例 2.6 x を実変数として，微分方程式

$$\frac{d^2y}{dx^2}-2x\frac{dy}{dx}-2y=0 \tag{2.22}$$

を考える．この1次独立解は

$$\varphi(x)=e^{x^2},\quad \varphi_0(x)=\int_0^x e^{x^2-u^2}\,du=\sum_{k=0}^{\infty}\frac{k!}{4\cdot(2k+1)!}(2x)^{2k+1}$$

である．さらに

$$\varphi_+(x)=-\int_x^{\infty} e^{x^2-u^2}\,du\,,\quad \varphi_-(x)=\int_{-\infty}^{x} e^{x^2-u^2}\,du$$

も解で，$\varphi_+(x)$ は $x\to\infty$ のとき有界，$\varphi_-(x)$ は $x\to-\infty$ のとき有界である．これらの解の間には

$$\varphi_0(x)-\varphi_+(x)=\frac{\sqrt{\pi}}{2}\varphi(x)\,,\quad \varphi_0(x)-\varphi_-(x)=-\frac{\sqrt{\pi}}{2}\varphi(x) \tag{2.23}$$

等の関係が成り立つ．　□

では，(2.22)の解は，$x\to\pm\infty$ のとき，どのような振る舞いをするであろうか．これからは(2.22)を複素領域で定義された微分方程式と見る．この線型常微分方程式は $x=\infty$ に不確定特異点をもつ．また，$\varphi_0(x)$ の積分路を原点0と x を結ぶ線分，$\varphi_\pm(x)$ の積分路を x を端点とする実軸に平行な半直線，と見なせば，これらの解は複素関数となり，例2.6に挙げた関係式もそのまま成り立っている．

次に $0<\varepsilon$ として，角領域

$$S_+=S\left(0;0;-\frac{\pi}{2}+\varepsilon\,,\frac{\pi}{2}-\varepsilon\right)$$

における $\varphi_+(x)$ の漸近展開を求めよう．部分積分により

$$\varphi_+(x)=-\frac{1}{2x}+\int_x^{\infty} e^{x^2-u^2}\frac{du}{2u^2}$$

$$\left|\int_x^{\infty} e^{x^2-u^2}\frac{du}{u^2}\right|\leqq\frac{\sqrt{\pi}}{2}x^{-2}$$

以下部分積分を繰り返すことにより

$$\varphi_+(x)=\sum_{k=0}^{n}(-1)^{k+1}\frac{(2k)!}{k!}(2x)^{-2k-1}+R_n,\quad |R_n|\leqq K_n|x|^{-2n-2}$$

が得られる．ここで K_n は適当な正の実数である．級数

$$\hat{\phi} = \sum_{k=0}^{\infty} (-1)^{k+1} \frac{(2k)!}{k!} (2x)^{-2k-1} \tag{2.24}$$

の収束半径は0，すなわちこれは形式的ベキ級数でしかない．にもかかわらず，(2.24)の級数を(2.22)に代入して，形式的にベキ級数の計算をすれば，左辺は0となる．すなわち，$\hat{\phi}$ は(2.22)の**形式解**である．このようにして，$\varphi_+(x)$ は S_+ で $\hat{\phi}$ に漸近展開可能であることがわかった．すなわち

$$\varphi_+(x) \approx \hat{\phi} \qquad x \to \infty \qquad x \in S_+$$

他方，$\varphi_-(x)$ を角領域

$$S_- = S\left(0; 0;\ \frac{\pi}{2}+\varepsilon,\ \frac{3\pi}{2}-\varepsilon\right)$$

で考える．同様に部分積分を繰り返すと，現れる形式的ベキ級数は形式解 $\hat{\phi}$ であり，S_- で

$$\varphi_-(x) \approx \hat{\phi} \qquad x \to \infty \qquad x \in S_-$$

となっていることがわかる．

ここで例2.6の関係式(2.23)を使うと，(2.22)の解について

$$\varphi_0(x) - \frac{\sqrt{\pi}}{2}\varphi(x) \approx \hat{\phi} \qquad x \to \infty \qquad x \in S_+$$
$$\varphi_0(x) + \frac{\sqrt{\pi}}{2}\varphi(x) \approx \hat{\phi} \qquad x \to \infty \qquad x \in S_-$$

が得られる．すなわち，$\varphi_0(x)$ は不確定特異点 $x=\infty$ のまわりで，角領域 $S_\pm$ に応じてまったく異なる振る舞いをする．このような現象を**ストークス現象**という．

不確定特異点 $x=\infty$ をもつ線型常微分方程式

$$\frac{d^2y}{dx^2} + p_1(x)\frac{dy}{dx} + p_2(x)y = 0 \tag{2.1}$$

に話を戻す．$x=\infty$ の近傍では収束級数による表示は得られないので，形式解を求め，次にこの形式解を漸近展開とする，解析的な解を構成する．これが

一般的方法である．形式解の構成も一般の場合は複雑であるから，ここでは，$p_1(x)$ と $p_2(x)$ が $x=\infty$ で正則，と仮定する．この条件の下で

$$w^2+p_1(\infty)w+p_2(\infty)=0 \tag{2.25}$$

を(2.1)の**決定方程式**という．簡単のため，決定方程式が相異なる2根をもつ場合を考える．

定義 2.9 このとき，(2.1)の特異点 $x=\infty$ を **1級の不確定特異点**という．

□

この定義の意味は，形式解の形を見ることで明らかになる．さて，ここで

$$y=\exp\left(\int^x W\,dx\right) \tag{2.26}$$

とおくと，W はリッカチ方程式

$$\frac{dW}{dx}+W^2+p_1(x)W+p_2(x)=0 \tag{2.27}$$

を満たす．形式解を求めるために

$$W=\sum_{k=0}^{\infty} w_k x^{-k} \tag{2.28}$$

と書き，微分方程式(2.1)に代入する．

$$p_1(x)=\sum_{k=0}^{\infty} p_{1k}x^{-k}, \qquad p_2(x)=\sum_{k=0}^{\infty} p_{2k}x^{-k}$$

として，係数 w_k を順次定めていくと

$$w_0^2+p_{10}w_0+p_{20}=0$$

$$(2w_0+p_{10})\,w_1+p_{11}w_0+p_{21}=0$$

$$(2w_0+p_{10})\,w_k+R_k(w_0,w_1,\cdots,w_{k-1})=0 \qquad (k\geqq 2)$$

w_0 は決定方程式の根であるから，1つ決めてこれを α と書く．これは重根ではないから $2\alpha+p_{10}\neq 0$ となり，係数は一通りに定まる．

$$\beta=-\frac{p_{11}\alpha+p_{21}}{2\alpha+p_{10}}$$

として W に代入すると，(2.1)は

$$e^{\alpha x}x^{\beta}\hat{Y}$$

という形の解をもつ．ここで，$\hat{Y}$ は x^{-1} の形式級数である．

決定方程式のもう 1 つの根 α° に対応して β° が決まり，別の形式解が定まる．よって，次の命題が得られた．

命題 2.9　ある複素数 β, β° が存在して，(2.1)は

$$e^{\alpha x}x^{\beta}\hat{Y}, \qquad \hat{Y}=\sum_{k=0}^{\infty} c_k x^{-k}, \qquad c_0=1$$
$$e^{\alpha^\circ x}x^{\beta^\circ}\hat{Y}^\circ, \qquad \hat{Y}^\circ=\sum_{k=0}^{\infty} c_k^\circ x^{-k}, \qquad c_0^\circ=1$$

という形の，2 つの形式解をもつ．　□

(2.27)の形式解を求めるとき

$$W=x^q\sum_{k=0}^{\infty} w_k x^{-k}, \qquad p\geqq 0$$

として代入すると，$q=0$ が従う．そこで，(2.28)の形をはじめから仮定したのである．このとき，形式解に $e^{\alpha x}$ という指数項が現れるが，指数が x の 1 次式であることから，$x=\infty$ を 1 級の不確定特異点と呼んだ．

もし例 2.6 の微分方程式(2.22)に(2.26)を代入すると，今度は $q=1$ となり，2 種類の形式解

$$W=2x+x^{-1}+\cdots, \qquad S=-x^{-1}+\cdots$$

が得られる．対応する(2.22)の形式解として φ と $\hat{\phi}$ が得られる．たまたま $\varphi=\varphi(x)$ は解析的な解にもなっている．いずれにせよ形式解の表示に e^{x^2} が出てくるので，$x=\infty$ は(2.22)の 2 級の不確定特異点である，ということになる．　■

命題 2.9 で求めた形式解を漸近展開とする解析的な解の存在，は下の命題 2.10 で述べられる．そのために，$\alpha^\circ-\alpha=ae^{\omega\sqrt{-1}}$ $(a>0)$ とおき，$p_1(x)$ と $p_2(x)$ は $R>0$ に対し，$|x|>R$ で正則とする．なお，$f(x)$ と $g(x)$ が角領域 S で正則かつ

$$f(x) \approx \hat{f} \qquad x \to \infty \qquad x \in S$$

とするとき，関数 $\varphi(x)=g(x)f(x)$ は $g(x)\hat{f}$ に漸近展開可能である，といい，同じように

$$\varphi(x) \approx g(x)\hat{f} \qquad x \to \infty \qquad x \in S$$

と表す．以下では表記を簡単にするため，$x\to\infty$ と $x\in S$ は省略することがある．

命題 2.10 (2.1)の解 $y(x), y^\circ(x)$ であって，角領域

$$|\arg x+\omega| < \pi-\varepsilon, \quad |x| > R$$

で正則かつ $y(x)\approx e^{\alpha x}x^{\beta}\hat{Y}$ となるものと，角領域

$$|\arg x+\omega-\pi| < \pi-\varepsilon, \qquad |x| > R$$

で正則かつ $y^\circ(x)\approx e^{\alpha^\circ x}x^{\beta^\circ}\hat{Y}^\circ$ となるものが存在する．ここで，ε は十分小さい正数である． □

命題 2.10 において，角領域

$$\left|\arg x+\omega-\frac{\pi}{2}\right| < \frac{\pi}{2}-\varepsilon, \qquad |x| > R$$

は，2 つの解の漸近展開の共通有効領域である．これから，$y(x)$ と $y^\circ(x)$ が 1 次独立であることがわかる．さらに，それぞれの解についてその漸近展開は命題 2.10 で述べたものよりも大きな角領域で有効である．この事実を古典特殊関数について下の例 2.7 で確認することにして，漸近展開と角領域に関する一般論には立ち入らない．

パラメータ $\nu\in\mathbf{C}$ をもつベッセルの微分方程式

$$\frac{d^2y}{dx^2}+\frac{1}{x}\frac{dy}{dx}+\left(1-\frac{\nu^2}{x^2}\right)y=0 \tag{2.29}$$

を例に採る．この方程式は $x=0$ と $x=\infty$ に特異点をもち，$x=0$ は確定特異点であるが，$x=\infty$ は不確定特異点である．$x=0$ における特性指数は $\pm\nu$ で，(2.29)の解であるベッセル関数 $J_\nu(x)$ が級数

$$J_\nu(x)=\left(\frac{x}{2}\right)^\nu\sum_{k=0}^{\infty}\frac{(-1)^k}{k!\,\Gamma(\nu+k+1)}\left(\frac{x}{2}\right)^{2k}$$

で定義される．右辺の級数の収束半径は ∞ である．ここでは簡単のため，2ν は整数ではない，と仮定すると，$J_\nu(x)$ と $J_{-\nu}(x)$ が 1 次独立な(2.29)の解となる．別の 1 次独立解として

$$N_\nu(x)=\frac{1}{\sin\nu\pi}\,[\,\cos\nu\pi J_\nu(x)-J_{-\nu}(x)]$$

あるいは，第 1 種および第 2 種ハンケル関数

$$H_\nu^{(1)}(x)=J_\nu(x)+\sqrt{-1}N_\nu(x)\,,\qquad H_\nu^{(2)}(x)=J_\nu(x)-\sqrt{-1}N_\nu(x)$$

が用いられている．

不確定特異点 $x=\infty$ において，決定方程式は $s^2+1=0$ である．実際，次のことは特殊関数論においてよく知られている．

例 2.7　ベッセルの微分方程式(2.29)には 2 種類の形式解

$$\hat{H}^{(1)}=\sqrt{\frac{2}{\pi x}}\exp\left(\sqrt{-1}\left(x-\frac{\pi}{2}\nu-\frac{\pi}{4}\right)\right)\sum_{k=0}^{\infty}\frac{\Gamma\left(\nu+k+\dfrac{1}{2}\right)}{k!\Gamma\left(\nu-k+\dfrac{1}{2}\right)}(-2\sqrt{-1}x)^{-k}$$

$$\hat{H}^{(2)}=\sqrt{\frac{2}{\pi x}}\exp\left(-\sqrt{-1}\left(x-\frac{\pi}{2}\nu-\frac{\pi}{4}\right)\right)\sum_{k=0}^{\infty}\frac{\Gamma\left(\nu+k+\dfrac{1}{2}\right)}{k!\Gamma\left(\nu-k+\dfrac{1}{2}\right)}(2\sqrt{-1}x)^{-k}$$

が存在する．さらに，角領域 $-\pi<\arg x<2\pi$ において

$$H_\nu^{(1)}(x)\approx\hat{H}^{(1)}$$

が，また角領域 $-2\pi<\arg x<\pi$ においては次式が成り立つ．

$$H_\nu^{(2)}(x)\approx\hat{H}^{(2)}$$

□

ハンケル関数に関する結果を，引き続いていくつか，特殊関数論の教科書から引用しよう．まず，$H_\nu^{(1)}(x)$ と $H_\nu^{(2)}$ は漸近展開で完全に特徴付けられる．

例 2.8　角領域 $-\pi<\arg x<\pi$ において

$$y_0^{(1)}(x) \approx \hat{H}^{(1)}, \qquad y_0^{(2)}(x) \approx \hat{H}^{(2)}$$

となる(2.29)の1次独立解は一通りに定まる. □

ハンケル関数を角領域 $-\pi<\arg x<\pi$ を超えて解析接続するとき，その漸近展開はどうなるだろうか．たとえば，角領域 $\pi<\arg x<2\pi$ においては

$$H_\nu^{(2)}(x) \approx -(1+e(\nu))\,\hat{H}^{(1)} \qquad (x\to\infty)$$

となっている．ここで，$e(\nu)=e^{2\pi\sqrt{-1}\nu}$ とした．

例 2.9 角領域 $0<\arg x<2\pi$ において

$$y_1^{(1)}(x) \approx \hat{H}^{(1)}, \qquad y_1^{(2)}(x) \approx \hat{H}^{(2)}$$

となる1次独立解は

$$y_1^{(1)}(x) = H_\nu^{(1)}(x), \qquad y_1^{(2)}(x) = (1+e(\nu))\,H_\nu^{(1)}(x)+H_\nu^{(2)}(x)$$

である. □

例2.8と例2.9を合わせると，角領域 $\pi<\arg x<2\pi$ において2種類の1次独立解系の間の関係が得られる．

$$\left(y_1^{(1)}, y_1^{(2)}\right) = \left(y_0^{(1)}, y_0^{(2)}\right)C, \qquad C=\begin{pmatrix}1 & 1+e(\nu)\\ 0 & 1\end{pmatrix}$$

形式解をもとにして定められる解の基本形のこのような関係式について，係数行列 C を**ストークス係数**という．この例からわかるように，角領域を可能な範囲で十分大きくとっておけばストークス係数は一意に定まる．これは，一般の有理関数を係数とする線型常微分方程式の不確定特異点に対して成り立つ事実である．

有理関数を係数とする線型常微分方程式(2.1)で，$p_1(x)$ と $p_2(x)$ は $x=\infty$ で正則とし，決定方程式が重根をもつ場合について少し付け加えておく．α が決定方程式の重根ならば，$y=e^{\alpha x}z$ とすると，z の方程式は

$$\frac{d^2z}{dx^2}+(2\alpha+p_1(x))\frac{dz}{dx}+(\alpha^2+\alpha p_1(x)+p_2(x))z=0$$

となる．仮定により

$$\alpha^2+p_1(\infty)\alpha+p_2(\infty)=0, \qquad 2\alpha+p_1(\infty)=0$$

であるから，初めから，$p_1(\infty)=p_2(\infty)=0$ として(2.1)を考える．このとき

$$xp_2(x)=-a^2x+\sum_{k=0}^{\infty}p_{2k}x^{-k}$$

と書くと，$a\neq0$ としてよい．なぜならば，もし $a=0$ とすると，$x^2p_2(x)$ は $x=\infty$ で正則であり，前節命題 2.8 により，$x=\infty$ は(2.1)の確定特異点となる．

そこで $a\neq0$ とし，(2.1)で

$$x=u^2 \tag{2.30}$$

と独立変数を変換すると

$$\frac{d^2y}{du^2}+\left(2up_1(u^2)-\frac{1}{u}\right)\frac{dy}{du}+4u^2p_2(u^2)y=0$$

となる．この微分方程式の不確定特異点 $u=\infty$ における決定方程式は

$$w^2-4a^2=0$$

であり，既に考察した場合に帰着する．よって，形式解は

$$e^{2au}u^b\hat{Y}, \qquad \hat{Y}=\sum_{k=0}^{\infty}c_ku^{-k}, \qquad c_0=1$$

という形であるが，もとの変数 x については(2.30)より，$x=\infty$ は $\frac{1}{2}$ 級の不確定特異点ということになる．(2.30)を**シェアリング変換**という．このように，漸近展開を考えるに当たっては変数 $\sqrt{x}$ が必要となる場合もある．2 階の線型微分方程式については，$\sqrt{x}$ まで考えれば十分である．

一般に，有理関数を係数とする線型常微分方程式(2.1)について，$x=\infty$ が r 級の不確定特異点であるとき，r を $x=\infty$ における**ポアンカレーの階数**という．$2r$ は正の整数である．

例 2.10 $y_0(x,\alpha)$ を，線型常微分方程式

$$\frac{d^2y}{dx^2}-\left(x^3+\alpha\right)y=0 \tag{2.31}$$

の解とする．このとき

$$\omega = e\left(\frac{1}{5}\right) = \exp\left(\frac{2\pi}{5}\sqrt{-1}\right)$$

に対して，$y_k(x,\alpha){=}y_0\left(\omega^{-k}x, \omega^{2k}\alpha\right)$ も解である．(2.31)は形式解

$$\hat{Y}_0 = \exp\left(-\frac{2}{5}u^5\right)u^{-\frac{3}{2}}\hat{\phi}_0 \tag{2.32}$$

をもつ．ここで，$x{=}u^2$ とし，$\hat{\phi}_0$ は u^{-1} の形式的ベキ級数である．(2.32)において，置き換え

$$x :\Rightarrow \omega^{-1}x, \qquad \alpha :\Rightarrow \omega^2\alpha$$

を行うと，もう1つの形式解

$$\hat{Y}_1 = \exp\left(\frac{2}{5}u^5\right)u^{-\frac{3}{2}}\hat{\phi}_1$$

が得られる． □

(2.31)の $x{=}\infty$ におけるポアンカレーの階数は $\dfrac{5}{2}$ である．$\hat{Y}_0$ を漸近展開とする解の存在は，下の命題2.11で示される．そのために，角領域

$$S_p = S\left(0; 0; \frac{2p-1}{5}\pi, \frac{2p+1}{5}\pi\right) = \left\{x \,\middle|\, \left|\arg x - \frac{2p}{5}\pi\right| < \frac{\pi}{5}\right\}$$

を考える．S_p の閉包を $\bar{S}_p$ とすると，5つの閉角領域 $\bar{S}_p$ $(p{=}0,1,2,3,4)$ は x 平面を覆う．

命題 2.11(Y.Sibuya)　(2.31)の解 $y_0(x,\alpha)$ で，2変数 (x,α) について整型(entire)であり，しかも

$$y_0(x,\alpha) \approx \hat{Y}_0 \qquad x \to \infty \qquad x \in S_4 \cup \bar{S}_0 \cup S_1$$

となるものがただ1つ存在する． □

$y_p(x,\alpha){=}y_0\left(\omega^{-p}x, \omega^{2p}\alpha\right)$ とする．2つの1次独立解系

$$(y_{p-1}(x,\alpha), y_p(x,\alpha)), \qquad (y_p(x,\alpha), y_{p+1}(x,\alpha))$$

の間には，角領域 S_p において関係

$$(y_{p-1}(x,\alpha), y_p(x,\alpha)) = (y_p(x,\alpha), y_{p+1}(x,\alpha))\,C_p$$

が成り立つ．C_p はストークス係数である．

以上で，不確定特異点についての解説を終わり，確定特異点に話を戻す．

2.4　高階フックス型線型常微分方程式

第 2.2 節で調べた 2 階線型常微分方程式の確定特異点に関する結果を，一般の高階線型微分方程式

(2.33)
$$\frac{d^n y}{dx^n}+\sum_{i=1}^{n} p_i(x)\frac{d^{n-i}y}{dx^{n-i}} = 0$$

についての研究に拡張することは難しくない．(2.33)の特異点 $x=\xi$ が**確定特異点**であるとは，すべての解 $\varphi(x)$ は $x=\xi$ で正則であるか，または $x=\xi$ 上に確定特異点をもつことである，と定義する．このとき，命題 2.7 に対応する結果は以下のものである．証明を繰り返すことはもはや無用であろう．

命題 2.12　微分方程式(2.33)が $x=\xi$ を確定特異点としてもつための必要十分条件は，各 $p_i(x)$ $(i=1,2,\cdots,n)$ が $x=\xi$ を高々 i 位の極としてもつ，ということである．　□

$\xi=\infty$ については，(2.33)で $x=\dfrac{1}{u}$ と変数変換して得られる方程式に命題 2.12 の条件を適用すればよい．

我々は命題 2.12 の条件をもう少し詳しく調べてみよう．まず，(2.33)を局所座標 $u=x-\xi$ についての微分方程式

(2.34)
$$u^n\frac{d^n y}{du^n}+\sum_{i=1}^{n} q_i(u)u^{n-i}\frac{d^{n-i}y}{du^{n-i}} = 0$$

に書き直そう．ここで，$q_i(u)=(x-\xi)^i p_i(x)$ であり，これらの関数は $u=0$ で正則である．さらに

(2.35)
$$f(z) = z(z-1)(z-2)\cdots(z-n+1)+\sum_{i=1}^{n-1} q_i(0)z(z-1)\cdots(z-n+i+1)+q_n(0)$$

とおく．

定義 2.10 微分方程式(2.34)に対し，多項式 $f(z)$ を，$x=\xi$ における**特性多項式**という．さらに，$f(z)=0$ を $x=\xi$ における**決定方程式**，その根 $z=s$ を**特性指数**という． □

$x=\xi$ における特性指数の1つ s について

$$\varphi(x)=u^s\sum_{j=0}^{\infty}c_ju^j \tag{2.36}$$

という収束ベキ級数解が存在するならば，その係数が

$$f(s+j)c_j+R(c_1,c_2,\cdots,c_{j-1})=0 \tag{2.37}$$

という形の漸化式により定められることは，前とまったく同様に確かめることができる．また，$x=\xi$ における特性指数を $s_1,s_2,\cdots,s_n$ とすると

$$\sum_{i=1}^{n}s_i=\frac{1}{2}n(n-1)-q_1(0) \tag{2.38}$$

が成り立つことに注意せよ．さて，(2.35)に対して

$$f(u;z)=z(z-1)(z-2)\cdots(z-n+1)+\sum_{i=1}^{n-1}q_i(u)z(z-1)\cdots(z-n+i+1)+q_n(u)$$

とおく．このとき次の命題が成り立つ．

命題 2.13 線型微分方程式(2.33)，(2.34)は次の形に表される．

$$f(u;D)y=0,\qquad D=u\frac{d}{du} \tag{2.39}$$

□

この結果は，微分の等式

$$u^k\frac{d^k}{du^k}=D(D-1)(D-2)\cdots(D-k+1)$$

から直ちに従うことである．s を特性指数の1つとしたとき，ベキ級数解(2.36)と漸化式(2.37)との関係が見やすくなっていることが，(2.39)のように微分方程式を書き直しておく利点である．このようにして，ベキ級数解を求める方法を**フロベニウスの方法**という．

次に，微分方程式(2.33)が $x=\infty$ に確定特異点をもつ場合を考えよう．(2.33)の両辺に x^n を掛けて，$q_i\left(\dfrac{1}{x}\right)=x^ip_i(x)$ とおくと

$$x^n \frac{d^n y}{dx^n} + \sum_{i=1}^{n} q_i\left(\frac{1}{x}\right) x^{n-i} \frac{d^{n-i} y}{dx^{n-i}} = 0$$

が得られる．この微分方程式で $x=\dfrac{1}{u}$ とし，上と同様に

$$f(u; z) = z(z-1)(z-2)\cdots(z-n+1) + \sum_{i=1}^{n-1} q_i(u) z(z-1)\cdots(z-n+i+1) + q_n(u)$$

とおくと，$x\dfrac{d}{dx} = -u\dfrac{d}{du}$ であるから，命題2.13に対応して次のことが成り立つ．

命題2.14 (2.33)は $x=\infty$ のまわりで

$$f(u; -D)y = 0 \tag{2.40}$$

と表される．ここで，$x=\dfrac{1}{u}$, $D=u\dfrac{d}{du}$ である． □

この結果を命題2.12と結び付ければ，$x=\infty$ が(2.33)の確定特異点であるかどうか，を簡単に判定することができる．

命題2.15 線型微分方程式(2.33)が $x=\infty$ を確定特異点としてもつための条件は，各 i ($i=1, \cdots, n$) に対して

$$q_i(u) = \frac{1}{u^i} p_i\left(\frac{1}{u}\right)$$

が $u=0$ で正則となる，ことである．このとき，$x=\infty$ における特性指数 s は，代数方程式

$$f(0; -s) = 0$$

の根として得られる． □

例2.11 ガウスの超幾何微分方程式(2.12)すなわち

$$x(1-x)\frac{d^2 y}{dx^2} + (c-(a+b+1)x)\frac{dy}{dx} - aby = 0$$

は，$u=\dfrac{1}{x}$, $D=u\dfrac{d}{du}$ として

$$f(u; -D)y = 0, \qquad f(u; -D) = D(D+1) - \frac{cu-(1-a-b)}{u-1} D - \frac{ab}{u-1}$$

と書かれる．ガウスの超幾何微分方程式の $x=\infty$ における特性指数は，$s=a, b$ である． □

命題2.15から，$x=\infty$ における特性指数を $s_1^{(\infty)},\cdots,s_n^{(\infty)}$ とすれば，次の関係式が成り立つ．

$$\sum_{i=1}^{n} s_i^{(\infty)} = -\frac{1}{2}n(n-1)+q_1(0) \tag{2.41}$$

さて，特異点 $x=\xi_1,\cdots,\xi_m,\xi_{m+1}=\infty$ がすべて確定特異点であるような，n 階線型フックス型常微分方程式

$$\frac{d^n y}{dx^n}+\sum_{i=1}^{n} p_i(x)\frac{d^{n-i}y}{dx^{n-i}} = 0 \tag{2.42}$$

を考えよう．命題2.12により，有理関数 $p_1(x)$ の主要部は

$$\sum_{l=1}^{m} \frac{a_l}{x-\xi_l}$$

という形でなければならない．一方，命題2.15の条件をも加味すれば

$$p_1(x) = \sum_{l=1}^{m} \frac{a_l}{x-\xi_l} \tag{2.43}$$

となることが従う．$x=\xi_l$ における特性指数を $s_1^{(l)},\cdots,s_n^{(l)}$ とすると，(2.38)から

$$\sum_{i=1}^{n} s_i^{(l)} = \frac{1}{2}n(n-1)-a_l$$

また，$x=\infty$ においては(2.41)が成り立つが，有理関数(2.43)にたいしては

$$q_1(0) = \left.\frac{1}{u}p_1\left(\frac{1}{u}\right)\right|_{u=0} = \sum_{l=1}^{m} a_l$$

である．以上のことをまとめると次の命題に到達する．

命題 2.16 フックス型微分方程式(2.42)の特性指数には

$$\sum_{l=1}^{m}\sum_{j=1}^{n} s_j^{(l)}+\sum_{j=1}^{n} s_j^{(\infty)} = \frac{1}{2}n(n-1)(m-1) \tag{2.44}$$

という関係式が成立する． □

定義 2.11 関係式(2.44)を**フックスの関係式**という． □

フックス型微分方程式(2.42)を1つ指定するためには，微分方程式に含まれるパラメータをすべて数え上げ，それらの値を決定すればよい．微分方程式(2.42)に含まれるパラメータについて少し考えてみよう．

まず，微分方程式の確定特異点の位置 $\Xi=\{\xi_1,\xi_2,\cdots,\xi_m,\xi_{m+1}=\infty\}$ は重要な決定要素であるから，これは固定して考えよう．特性指数は(2.42)に含まれるパラメータである．この $n(m+1)$ 個のパラメータの間の関係式はフックスの関係式だけである．よって，特性指数のうち

$$\mathsf{E}_0(n;\ m)=n(m+1)-1 \tag{2.45}$$

個は自由に選ぶことのできるパラメータである．さらに，(2.43)を求めたときと同様にして，係数 $p_i(x)$ は

$$p_i(x)=\sum_{l=1}^{m}\left[\frac{a_{l,1}^{(i)}}{x-\xi_l}+\cdots+\frac{a_{l,i}^{(i)}}{(x-\xi_l)^i}\right] \tag{2.46}$$

という形であることが示せる．このとき

$$q_i(u)=\frac{1}{u^i}\cdot p_i\left(\frac{1}{u}\right),\qquad u=\frac{1}{x}$$

が $u=0$ で正則となるための条件として，(2.46)の右辺の係数 $a_{l,1}^{(i)},\cdots,a_{l,i}^{(i)}$ の間に，ある関係式が成立するはずである．$p_i(x)$ は $x=\infty$ で正則であるから

$$p_i\left(\frac{1}{u}\right)=\sum_{j=0}^{\infty}c_j^iu^j$$

とテイラー展開すれば，その求めるべき関係式は

$$c_0^i=c_1^i=\cdots=c_{i-1}^i=0$$

と表される．$c_0^i=0$ は(2.46)から必然的に従うので，これは $p_i(x)$ の係数に関する $i-1$ 個の条件式である．すなわち，有理関数 $p_i(x)$ を与えるために必要な決定すべきパラメータの個数は

$$mi-(i-1)$$

である．これを $i=1,2,\cdots,n$ について加えることにより，次の結果を得る．

命題 2.17　(2.42)が $\Xi=\{\xi_1,\xi_2,\cdots,\xi_m,\xi_{m+1}=\infty\}$ に確定特異点をもつフックス型微分方程式であるとき，この線型常微分方程式は

$$\mathsf{E}(n;\ m) = \frac{1}{2}n(m(n+1)-(n-1)) \tag{2.47}$$

個の独立なパラメータを含む． □

(2.45)と(2.47)を比較すると，一般には

$$\mathsf{E}_0(n;\ m) < \mathsf{E}(n;\ m)$$

である．したがって，フックス型微分方程式(2.42)に含まれる $\mathsf{E}(n;\ m)$ 個のパラメータのうち

$$\mathsf{E}(n;\ m)-\mathsf{E}_0(n;\ m) = \frac{1}{2}(n-1)((m-1)n-2)$$

個は特性指数に関係しないパラメータである．このような特性指数以外のパラメータを**アクセサリー・パラメータ**という．

例 2.12 2 階フックス型微分方程式について，$\mathsf{E}(2;\ 2)=\mathsf{E}_0(2;\ 2)=5$ が成り立つ． □

命題 2.17 で考察したフックス型微分方程式(2.42)に対し，各確定特異点での特性指数を書き並べて次のような図式を作る．

$$\begin{Bmatrix} x=\xi_1 & x=\xi_2 & \cdots & x=\xi_m & x=\infty \\ s_1^{(1)} & s_1^{(2)} & \cdots & s_1^{(m)} & s_1^{(\infty)} \\ s_2^{(1)} & s_2^{(2)} & \cdots & s_2^{(m)} & s_2^{(\infty)} \\ \vdots & \vdots & \cdots & \vdots & \vdots \\ s_n^{(1)} & s_n^{(2)} & \cdots & s_n^{(m)} & s_n^{(\infty)} \end{Bmatrix} \tag{2.48}$$

これを(2.42)の**リーマン図式**という．これらの量の間にはフックスの関係式(2.44)が成立している．

例 2.13 ガウスの超幾何微分方程式(2.12)のリーマン図式は

$$\begin{Bmatrix} x=0 & x=1 & x=\infty \\ 0 & 0 & a \\ 1-c & c-a-b & b \end{Bmatrix}$$

□

フックス型微分方程式(2.42)において，従属変数の変換

$$y=\left(\prod_{l=1}^{m}(x-\xi_l)^{s^{(l)}}\right)\cdot z \tag{2.49}$$

を行って，新しく得られる方程式

$$\frac{d^n z}{dx^n}+\sum_{i=1}^{n}\tilde{p}_i(x)\frac{d^{n-i}z}{dx^{n-i}}=0$$

は再びフックス型微分方程式である．いま，変換(2.49)の $s^{(i)}$ として，$x=\xi_i$ における特性指数の1つ，たとえば $s^{(i)}=s_1^{(i)}$ を選ぶと，z に関する微分方程式は，各 i に対し，0 が $x=\xi_i$ での特性指数となる．したがって，必要ならば変換(2.49)を行うことによって，フックス型微分方程式のリーマン図式(2.48)において

$$s_1^{(1)}=s_1^{(2)}=\cdots=s_1^{(m)}=0$$

としても一般性を失わない．特に，$n=2$, $m=2$ のときは，例2.12より，フックス型方程式はアクセサリー・パラメータをもたない．

さらに，独立変数 x の適当な1次変換を行うことにより，確定特異点の位置は $x=0$, $x=1$, $x=\infty$ としてよい．すると，この微分方程式のリーマン図式は

$$\left\{\begin{matrix} x=0 & x=1 & x=\infty \\ s_1^{(0)} & s_1^{(1)} & s_1^{(\infty)} \\ s_2^{(0)} & s_2^{(1)} & s_2^{(\infty)} \end{matrix}\right\}$$

という形であるが，これは変換(2.49)により，例2.13のガウスの超幾何微分方程式の場合に帰着する．

2.5　見かけの特異点

$\mathbf{P}^1(\mathbf{C})$ の部分集合 $\Xi=\{\xi_1,\xi_2,\cdots,\xi_m,\xi_{m+1}=\infty\}$ に確定特異点をもつフックス型線型常微分方程式

$$\frac{d^n y}{dx^n}+\sum_{i=1}^{n} p_i(x)\frac{d^{n-i}y}{dx^{n-i}}=0 \tag{2.50}$$

の考察を続ける．(2.50)の解の基本系

$$\vec{\varphi}(x)=(\varphi_1(x),\varphi_2(x),\cdots,\varphi_n(x))$$

を1つとる．(2.50)の特異点の集合 Ξ に対し，$\boldsymbol{X}=\mathbf{P}^1(\mathbf{C})\backslash\Xi$ とおく．$\vec{\varphi}(x)$ は $\boldsymbol{X}$ 内の点 x_0 の近傍で正則である．x_0 に始まり x_0 に終わる $\boldsymbol{X}$ 内の閉じた道 γ を1つとる．γ に沿って $\vec{\varphi}(x)$ を解析接続して得られる，x_0 の近傍で正則な解の分枝を，前のように $\vec{\varphi}^{\gamma}(x)$ と書く．γ に対する回路行列 $\Gamma(\gamma)$ は

$$\vec{\varphi}^{\gamma}(x)=\vec{\varphi}(x)\Gamma(\gamma)$$

で定義される．このようにして，$\boldsymbol{X}$ の基本群 $\pi_1(x_0;\boldsymbol{X})$ の $\mathbf{C}^n$ 上の表現が得られる．すなわち，回路行列 $\Gamma(\gamma)$ をすべての $[\gamma]\in\pi_1(x_0;\boldsymbol{X})$ についてとり，その全体を $\mathcal{G}(\vec{\varphi}(x))$ とすると，これが $\vec{\varphi}(x)$ のモノドロミー群である．C を n 次の可逆行列とし，解の基本系の取り替え

$$\vec{\varphi}(x)=\vec{\phi}(x)C$$

を行えば，$\vec{\phi}(x)$ の γ に対する回路行列は

$$C\Gamma(\gamma)C^{-1}$$

である．この相似変換によるモノドロミー群の同値類，すなわち $\pi_1(x_0;\boldsymbol{X})$ の $\mathbf{C}^n$ 上の表現類，をフックス型微分方程式(2.50)の**モノドロミー**といって $\hat{\rho}$ と書く．

定義 2.12 以上のようにして定まる3つ組

$$\left(\mathbf{P}^1(\mathbf{C}),\Xi,\hat{\rho}\right)$$

を，フックス型線型微分方程式(2.50)の**リーマンデータ**という． □

ここで，モノドロミー $\hat{\rho}$ を1つ指定するために必要な，決定すべきパラメータの個数 $\mathsf{M}(n;m)$ について調べよう．まず，表現 $\mathcal{G}(\vec{\varphi}(x))$ を決めるのに必要なパラメータの個数を数える．そのため，x_0 から出発し x_0 に終わる，ξ_l

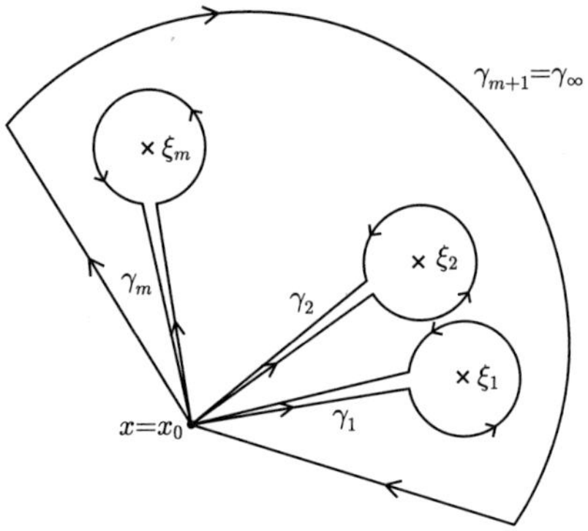

図 2.5

を 1 回だけまわる閉じた道を γ_l とする．簡単のため，$\xi_1, \cdots, \xi_m$ は，x_0 から見てこの順番に反時計回りに並んでいるとする(図 2.5)．

$\theta_l = \arg(\xi_l - x_0)$ とするとき，$0<\theta_1<\cdots<\theta_m<2\pi$ となるように ξ_l の番号を付けておく．基本群 $\pi_1(x_0; \boldsymbol{X})$ は基点 x_0 のとり方を変えても同型であるから，必要ならば x_0 の位置を変えれば，この番号付けは常に可能である． ■

$x=\infty$ を 1 回まわる道 $\gamma_{m+1}=\gamma_\infty$ は，複素平面内で $\xi_1, \cdots, \xi_m$ のすべての点を逆向きに 1 回まわる閉じた道である．

これら $m+1$ 個の道は，図からもわかるとおり

$$\gamma_1 \cdot \gamma_2 \cdot \cdots \cdot \gamma_m = \gamma_\infty^{-1}$$

という関係にある．すなわち，基本群 $\pi_1(\boldsymbol{X})$ は m 個の元

$$[\gamma_1],\ [\gamma_2],\ \cdots,\ [\gamma_m]$$

で生成される自由群である．したがって，モノドロミー群 $\mathcal{G}(\vec{\varphi}(x))$ を与える，ということは，m 個の行列

$$\Gamma_1 = \Gamma(\gamma_l)\ , \qquad l = 1, 2, \cdots, m$$

を与える，ということになる．このとき，γ_∞ に対する回路行列 $\Gamma_\infty=\Gamma(\gamma_\infty)$ は

$$\Gamma_\infty = \Gamma_1^{-1}\cdots\Gamma_{m-1}^{-1}\Gamma_m$$

で定められる．すなわち，$\mathcal{G}(\vec{\varphi}(x))$ を1つ決めるのに必要なパラメータは mn^2 個である．求める量 $\mathsf{M}(n;\ m)$ は，表現類 $\hat{\rho}$ の含むパラメータの個数であるから，これより相似変換の分だけ少なくなる．相似変換の自由度は，可逆行列 C のパラメータの数 n^2 より1を引いたものであるから，結局，次の結果が得られたことになる．

命題 2.18 フックス型微分方程式(2.50)のモノドロミー $\hat{\rho}$ は

$$\mathsf{M}(n;\ m) = n^2(m-1)+1 \tag{2.51}$$

個の独立なパラメータを含む． □

フックス型微分方程式(2.50)にたいし，3つの量，$\mathsf{E}_0(n;\ m), \mathsf{E}(n;\ m)$, $\mathsf{M}(n;\ m)$ を定義したが，(2.45), (2.47), (2.51)からわかるように，一般の n と m については

$$\mathsf{E}_0(n;\ m) < \mathsf{E}(n;\ m) < \mathsf{M}(n;\ m)$$

となっている．ただし，$n=2,\ m=2$ のときは

$$\mathsf{E}_0(2;\ 2) = \mathsf{E}(2;\ 2) = \mathsf{M}(2;\ 2) = 5$$

であり，このときガウスの超幾何微分方程式(2.12)が実現する．この事実は既に B.Riemann により知られていた．

一般の場合，$\mathsf{E}(n;\ m) - \mathsf{E}_0(n;\ m)$ はちょうどアクセサリー・パラメータの個数である．とくに，$\mathsf{E}(2;\ m) - \mathsf{E}_0(2;\ m) = m-2$ である．それでは

$$\mathsf{K}(n;\ m) = \mathsf{M}(n;\ m) - \mathsf{E}(n;\ m)$$

は何を表すのであろうか．フックス型微分方程式(2.50)のリーマンデータが

$$\left(\mathbf{P}^1(\mathbf{C}), \Xi, \hat{\rho}\right), \qquad \Xi = \{\xi_1, \xi_2, \cdots, \xi_m, \xi_{m+1} = \infty\}$$

であるとすると，この微分方程式の含むパラメータの個数が $\mathsf{E}(n;\ m)$ である．このとき，モノドロミー $\hat{\rho}$ をかえることなく，微分方程式の特異点の個数を増やすことは可能であろうか．そこで，$\varXi$ 以外に

$$\varLambda = \{\lambda_1, \cdots, \lambda_g\}$$

の各点を確定特異点とするフックス型微分方程式があり，そのモノドロミーはもとの微分方程式と同じ $\hat{\rho}$ であったとしよう．このとき，各 λ_k において，任意の解の基本系 $\vec{\varphi}(x)$ は1価でなくてはならない．すなわち，各 $\lambda \in \varLambda$ において

（イ） $x=\lambda$ における特性指数は全部整数

（ロ） $x=\lambda$ は非対数的特異点

でなければならない．このような性質をもつ特異点 $x=\lambda$ を，線型常微分方程式の**見かけの特異点**という．そこで，リーマンデータ

$$\left(\mathbf{P}^1(\mathbf{C}), \varXi \cup \varLambda, \hat{\rho}\right), \qquad \varLambda = \{\lambda_1, \cdots, \lambda_g\}$$

をもつフックス型微分方程式

$$\frac{d^n y}{dx^n} + \sum_{i=1}^{n} p_i(x) \frac{d^{n-i} y}{dx^{n-i}} = 0 \tag{2.52}$$

を考えよう．$\varLambda$ の各点はこの微分方程式のモノドロミーに影響しないから，$\hat{\rho}$ は依然として(2.51)で定まる $\mathsf{M}(n\colon m)$ 個のパラメータを含む．

では，見かけの特異点を1つ付け加えると，パラメータの個数はどのように変化するだろうか．見かけの特異点 $x=\lambda$ における特性指数は整数である．これは微分方程式の含むパラメータに n 個の制限を与える．$x=\lambda$ が非対数的特異点であるためには，各特性指数 s に対しベキ級数解

$$u^s \sum_{j=0}^{\infty} c_j u^j, \qquad u = x-\lambda, \qquad c_0 = 1$$

が存在しなくてはならない．そのためには，$x=\lambda$ における特性多項式を $f(s)$ とすると，前節で見たように関係(2.37)，すなわち

$$f(s+J)c_J + R(c_1, c_2, \cdots, c_{J-1}) = 0$$

が成り立たねばならない．見かけの特異点 $x=\lambda$ においては，ある特性指数 s について，正の整数 J に対して $s+J$ も特性指数となる場合が生じる．このときには，$f(s+J)=0$ であるから，係数の間に

$$R(c_1, c_2, \cdots, c_{J-1}) = 0$$

が成り立つことが必要である．この条件が 1 つ成り立つたびに，微分方程式のパラメータには 1 つ制限が付く．いまの場合，n 個の特性指数全部が整数であるから，制限条件の数は $\frac{1}{2}n(n-1)$ となる．以上のことから，確定特異点のうちの 1 つが見かけの特異点であることは，微分方程式に

$$n+\frac{1}{2}n(n-1) = \frac{1}{2}n(n+1)$$

個の制限を付けることになる．一方

$$\mathsf{E}(n;\ m+1)-\mathsf{E}(n;\ m) = \frac{1}{2}n(n+1)$$

であるから，一見微分方程式の含むパラメータは 1 つも増えないように思える．しかし，モノドロミー $\hat{\rho}$ を与える微分方程式としては，見かけの特異点の位置 λ そのものが新しいアクセサリー・パラメータとなっている．以上の考察によって，次の命題が証明された．

命題 2.19 線型フックス型常微分方程式(2.52)が Ξ 以外に g 個の見かけの特異点

$$\Lambda = \{\lambda_1, \cdots, \lambda_g\}$$

をもつとする．このとき，この微分方程式は

$$\mathsf{E}(n;\ m)+g$$

個のパラメータに依存する． □

$x=\lambda$ が(2.52)の見かけの特異点であるとしよう．$x=\lambda$ における特性指数は，整数 $J_1, \cdots, J_n$ である．このとき，s を複素数として

$$z = (x-\lambda)^s y \qquad (2.53)$$

という従属変数の変換を行うと，新しく得られる z に関する微分方程式の $x=\lambda$ における特性指数は

$$s+J_1,\quad s+J_2,\quad \cdots,\quad s+J_n$$

となる．$x=\lambda$ は非対数的特異点であり，$x=\lambda$ を１回だけ正の向きに回る道 γ に対するモノドロミーは，スカラー行列

$$\Gamma(\gamma)=e(s)I_n \tag{2.54}$$

である．ただし，$e(s)=e^{2\pi\sqrt{-1}s}$，I_n は n 次単位行列である．逆に，このような道 γ に対する回路行列 $\Gamma(\gamma)$ がスカラー行列(2.54)であれば，変換(2.53)をほどこせば，$x=\lambda$ は見かけの特異点になる．回路行列が(2.54)の形になる特異点 $x=\lambda$ は，そのまわりで解の基本系は１価ではないが，やはり**見かけの特異点**と呼ばれる．

$x=\lambda$ が見かけの特異点であるとき，変換(2.53)をうまく選んで，$x=\lambda$ における特性指数がすべて非負整数 $0\leqq J_1<\cdots<J_n$ とすることができる．このときには，微分方程式の解の基本系 $\vec{\varphi}(x)$ は $x=\lambda$ で正則となる．にもかかわらず $x=\lambda$ が微分方程式の特異点となるのは，ロンスキアン $w(x)=w(\vec{\varphi}(x))$ が $x=\lambda$ で $w(\lambda)=0$ となる場合である．もし，見かけの特異点 $x=\lambda$ における特性指数が，変換(2.53)によって

$$0,\ 1,\ 2,\ \cdots,\ n-2,\ n-1$$

の場合に帰着されるならば，最終的に $x=\lambda$ は微分方程式の特異点ではない．すなわち，このときの $x=\lambda$ は微分方程式の正則点から人工的に作られた特異点である．

2.6　連立微分方程式系と単独高階微分方程式

前節で調べた単独高階フックス型微分方程式と並行して，$\mathbf{P}^1(\mathbf{C})$ 上定義された連立微分方程式系

$$\frac{d\vec{y}}{dx} = A(x)\vec{y} \tag{2.55}$$

について考察しよう．ただし，$\vec{y}$ は n 次ベクトル，$A(x)$ は x の有理関数を成分とする n 次正方行列である．この微分方程式系の任意の解 $\vec{y}=\vec{\varphi}(x)$ の各成分 $\varphi_i(x)$ が $x=\xi$ を確定特異点とするとき，$x=\xi$ を微分方程式(2.55)の**確定特異点**という．また，$\mathbf{P}^1(\mathbf{C})$ 上すべての特異点が確定特異点であるときに，(2.55)は**フックス型微分方程式系**と呼ばれる．単独高階微分方程式

$$\frac{d^n y}{dx^n}+\sum_{i=1}^{n} p_i(x)\frac{d^{n-i}y}{dx^{n-i}} = 0 \tag{2.56}$$

の考察のときと同様，$x=\infty$ は常に(2.55)の特異点であると仮定する．フックス型微分方程式系に対してもリーマンデータ

$$\left(\mathbf{P}^1(\mathbf{C}), \varXi, \hat{\rho}\right)$$

が定義できる．$\varXi$ は特異点の集合，$\hat{\rho}$ はモノドロミーである．さて，$x=\xi\in\varXi$ を(2.55)の特異点とする．$u=x-\xi$，または $u=\dfrac{1}{x}$ という局所座標について微分方程式系(2.55)が

$$u\frac{d\vec{y}}{du} = B(u)\vec{y} \tag{2.57}$$

と表されたとしよう．このとき，次の命題は成り立つ．

命題 2.20 線型微分方程式系(2.57)において $B(u)$ が $u=0$ の近傍で正則であるならば，$u=0$ は確定特異点である． □

$x=\xi$ あるいは $x=\infty$ が確定特異点であるための十分条件がこれで与えられた．しかし，命題 2.20 の逆は成立しない．いま

$$\vec{y} = \begin{pmatrix} y_1 \\ \vdots \\ y_n \end{pmatrix}, \qquad y_1 = y,\ y_2 = \frac{dy}{dx},\ y_3 = \frac{d^2y}{dx^2},\ \cdots,\ y_n = \frac{d^{n-1}y}{dx^{n-1}}$$

として，(2.56)を連立微分方程式系(2.55)に直す．このとき

$$A(x)=\begin{pmatrix} 0 & 1 & 0 & \cdots & 0 & 0 & 0 \\ 0 & 0 & 1 & \cdots & 0 & 0 & 0 \\ & \cdots & & \cdots & & \cdots & \\ 0 & 0 & 0 & \cdots & 0 & 1 & 0 \\ 0 & 0 & 0 & \cdots & 0 & 0 & 1 \\ -p_n(x) & -p_{n-1}(x) & -p_{n-2}(x) & \cdots & -p_3(x) & -p_2(x) & -p_1(x) \end{pmatrix}$$

となる．ここで，単独高階微分方程式(2.56)が $x=\xi$ を確定特異点とするための必要十分条件は命題 2.12 で与えられることを思い出そう．$x=\xi$ が(2.56)の確定特異点であれば，$p_i(x)$ は $x=\xi$ において高々 i 位の極をもつ．$x=\xi$ は，こうして得られた微分方程式系(2.55)の確定特異点であるが，$x=\xi$ は $A(x)$ の高位の極である．与えられた単独高階微分方程式を連立微分方程式系で表すとき，その表し方は一通りではない．確定特異点 $x=\xi$ における係数 $A(x)$ の極の位数も，表示の仕方でいろいろな場合が生じる．$x=\xi$ が確定特異点であるかどうか，が微分方程式の形だけから判定できるところが，単独高階微分方程式の利点である．

x の有理関数を成分とする n 次の可逆行列 $T(x)$ に対し，微分方程式(2.55)の従属変数 $\vec{y}$ を

$$\vec{y}=T(x)\vec{z} \tag{2.58}$$

と変換して得られる，別の微分方程式系

$$\frac{d\vec{z}}{dx}=C(x)\vec{z}$$

を考えよう．このとき，$x=\xi$ が(2.55)の確定特異点であれば，適当な $T(x)$ をとることによって，$C(x)$ が $x=\xi$ を高々 1 位の極とするようにできることが知られている．また，この事実の逆も成り立つ．フックス型連立微分方程式系を考えるときには，ある程度形を決めて考察する必要がある．

A_l $(l=1,\cdots,m)$ を x に依らない n 次正方行列とするとき，連立微分方程式系

$$\frac{d\vec{y}}{dx}=\sum_{l=1}^{m}\frac{\mathsf{A}_l}{x-\xi_l}\vec{y} \tag{2.59}$$

は，$\Xi=\{\xi_1,\xi_2,\cdots,\xi_m,\xi_{m+1}=\infty\}$ に確定特異点をもつ，フックス型微分方程式系である．これを**シュレージンガー型微分方程式**と呼ぶ．

$\Xi=\{\xi_1,\xi_2,\cdots,\xi_m,\xi_{m+1}=\infty\}$ に確定特異点をもつ勝手な連立微分方程式系(2.55)が，適当な未知変数の変換(2.58)により，シュレージンガー型微分方程式(2.59)に変換できるか．この問いの答えは一般には否である．ではどのような条件があれば成立するのか．この大域的な問題はきわめて難しい．微分方程式系(2.59)がフックス型微分方程式系の標準系であるかどうかの議論は別にして，(2.59)はたくさんのパラメータに依存する．自由度が大きいというところはシュレージンガー型微分方程式の利点である．■

シュレージンガー型微分方程式(2.59)に対し，(2.58)の形の変数変換で，G を n 次可逆行列とし，$T(x)=G$ の場合を考える．すなわち，$\vec{y}=G\vec{z}$ とし，次に記号の節約のため，未知変数 $\vec{z}$ をあらためて $\vec{y}$ と書く．この変数の置き換えを，これまでと同様に

$$\vec{y} :\Rightarrow G\vec{y} \tag{2.60}$$

と表す．さて，置き換え(2.60)は，微分方程式系(2.59)において係数の置き換え

$$\mathsf{A}_l :\Rightarrow G^{-1}\mathsf{A}_l G \qquad (l=1,2,\cdots,m)$$

を引き起こす．この変換を，シュレージンガー型微分方程式の**ゲージ変換**という．

ゲージ変換で G を適当に選べば，1つの係数 A_{l_0} を標準系にしておくことが可能である．普通，特定の A_l ではなくて $x=\infty$ における係数

$$\mathsf{A}_\infty = -\sum_{l=1}^{m}\mathsf{A}_l$$

を標準系にとることが便利である．(2.59)の形の微分方程式系を1つ特定するのに必要なパラメータの個数は，ゲージ変換も考慮に入れれば

$$n^2m-n^2+1$$

である．この数は，(2.51)と比較するとわかるように，$\Xi=\{\xi_1, \xi_2, \cdots, \xi_m, \xi_{m+1}=\infty\}$ に確定特異点をもつ，n 次連立フックス型微分方程式系の，モノドロミーに含まれるパラメータの数 $\mathsf{M}(n;\ m)$ に等しい．この意味で，シュレージンガー型微分方程式は十分広いクラスを代表しているのである．

後で，2 次のシュレージンガー型微分方程式と 2 階フックス型微分方程式との関係を調べる．その準備のため，一般の n 次線型微分方程式系(2.55)の考察を続ける．まず，言葉を 1 つ用意する．(2.55)において，変換(2.58)により，微分方程式系の係数が

$$A(x) :\Rightarrow \begin{pmatrix} A_{11}(x) & 0 \\ A_{21}(x) & A_{22}(x) \end{pmatrix}$$

となるとき，(2.55)は**簡略化可能**という．ここで，$0<r<n$ である適当な自然数 r に対して，$A_{11}(x)$ は r 次の，$A_{22}(x)$ は $n-r$ 次の正方行列である．この場合には，n 次ベクトル $\vec{y}$ を r 次と $n-r$ 次の部分に分けて

$$\vec{y}(x) :\Rightarrow \begin{pmatrix} \vec{y}_1(x) \\ \vec{y}_2(x) \end{pmatrix}$$

とすると，n 次線型微分方程式系(2.55)は 2 つの方程式系

$$\frac{d\vec{y}_1}{dx} = A_{11}(x)\vec{y}_1$$

$$\frac{d\vec{y}_2}{dx} = A_{22}(x)\vec{y}_2+A_{21}(x)\vec{y}_1$$

に分解する．すなわち，(2.55)が簡略化可能であるとは，n 次方程式を調べることがもっと次数の低い方程式を調べることに帰着する，ということを意味している．

さて，ベクトル変数 $\vec{y}$ の 1 つの成分，たとえば $y=y_1$ に注目し，微分方程式系を x で必要なだけ微分して得られる式を用いて，$\vec{y}$ に関する微分方程式系を，y に関する単独高階微分方程式に書き直すことを考える．この手続きを，(2.55)の**単独高階化**という．

簡略化可能ではない微分方程式系(2.55)を考えよう．このとき，単独高階化により得られる y の微分方程式は n 階微分方程式である．もとの微分方程式系がフックス型ならば，それを単独高階化した微分方程式もフックス型である．後者の微分方程式に対しては，命題2.12等の結果が適用できる．

たとえば，シュレージンガー型微分方程式(2.59)の単独高階化を行い，(2.56)の形の微分方程式を得たとせよ．この微分方程式は

$$\Xi = \{\xi_1, \xi_2, \cdots, \xi_m, \xi_{m+1} = \infty\}$$

に確定特異点をもつ．一般に，m 個の特異点をもつ n 階フックス型微分方程式の含むパラメータの個数，$\mathsf{E}(n;\ m)$，は(2.47)で与えたように

$$\mathsf{E}(n;\ m) = \frac{1}{2}n(m(n+1)-(n-1))$$

である．他方，(2.59)のパラメータの個数は，上で見た通り

$$\mathsf{M}(n;\ m) = n^2m-n^2+1$$

に等しい．その差

$$\mathsf{K}(n;\ m) = \mathsf{M}(n;\ m)-\mathsf{E}(n;\ m)$$

の個数のパラメータが単独高階化の手続きのなかで一見消失したように見える．もちろん，本当にパラメータが消えたのではなくて，その分，高階微分方程式(2.56)の見かけの特異点となって再現されているのである．この仕組みを2次のシュレージンガー型微分方程式について実際に確かめてみよう．

まず，一般の2次の連立微分方程式系

$$\frac{d\vec{y}}{dx} = A(x)\vec{y}\ , \qquad \vec{y} = \begin{pmatrix} y_1 \\ y_2 \end{pmatrix}, \qquad A(x) = \begin{pmatrix} a_{11} & a_{12} \\ a_{21} & a_{22} \end{pmatrix}$$

から，y_1 の満たす微分方程式を求める．実際

$$\frac{dy_1}{dx} = a_{11}y_1 + a_{12}y_2$$

$$\frac{dy_2}{dx} = a_{21}y_1 + a_{22}y_2$$

$$\frac{d^2y_1}{dx^2} = \left(\frac{da_{11}}{dx} + a_{12}a_{21}\right)y_1 + \left(\frac{da_{12}}{dx} + a_{12}a_{22}\right)y_2 + a_{11}\frac{dy_1}{dx}$$

から y_2 を消去すると，$y=y_1$ として

$$\frac{d^2y}{dx^2} + p(x)\frac{dy}{dx} + q(x)y = 0 \tag{2.61}$$

$$p(x) = -a_{11} - a_{22} - \frac{d}{dx}\log a_{12}$$
$$q(x) = a_{11}a_{22} - a_{12}a_{21} - \frac{da_{11}}{dx} + a_{11}\frac{d}{dx}\log a_{12}$$

を得る．これは簡単な計算で確かめることができる．

以下，(2.59)において，$n=2$, $m=3$ の場合を詳しく調べる．一般性を失わず

$$\xi_1 = 0, \qquad \xi_2 = 1, \qquad \xi_3 = t, \qquad \xi_4 = \infty$$

としてよい．必要ならば独立変数の 1 次変換を行えばよいからである．結局，考察するシュレージンガー型微分方程式は，2 次正方行列 $\mathsf{A}_0, \mathsf{A}_1, \mathsf{A}_t$ により

$$\frac{d\vec{y}}{dx} = A(x)\vec{y}\ , \qquad A(x) = \frac{\mathsf{A}_0}{x} + \frac{\mathsf{A}_1}{x-1} + \frac{\mathsf{A}_t}{x-t} \tag{2.62}$$

と書かれるとしてよい．我々は，ゲージ変換(2.60)により

$$\mathsf{A}_\infty = -\mathsf{A}_0 - \mathsf{A}_1 - \mathsf{A}_t = \begin{pmatrix} \nu_\infty & 0 \\ 0 & \nu_\infty + \kappa_\infty \end{pmatrix} \tag{2.63}$$

と対角化されている，という仮定をおく．さて，このシュレージンガー型微分方程式を単独高階化して得られる微分方程式は(2.61)の形をしている．$p(x)$, $q(x)$ の具体形から，$\varXi = \{0, 1, t, \infty\}$ の各点が確定特異点であることはすぐわかる．これに加えて，$p(x), q(x)$ には

$$\frac{d}{dx}\log a_{12}$$

という項があり，有理関数 $a_{12}=a_{12}(x)$ の零点が微分方程式の特異点になる．この特異点は単独高階化で新たに生じたものである．さて，(2.62)から

$$A(x) = \frac{\tilde{A}(x)}{x(x-1)(x-t)}$$
$$\tilde{A}(x) = (\mathsf{A}_0+\mathsf{A}_1+\mathsf{A}_t)\,x^2-((t+1)\mathsf{A}_0+t\mathsf{A}_1+\mathsf{A}_t)\,x+t\mathsf{A}_0$$

となる．さらに，(2.63)を考慮すると，X をパラメータとして

$$a_{12}(x) = X\frac{x-\lambda}{x(x-1)(x-t)}$$

と表され，$x=\lambda$ が新しい特異点である．点 $x=\lambda$ での特性指数は，再び $p(x)$, $q(x)$ の形から

$$s(s-1)-s = 0$$

の 2 根，すなわち，$s=0,2$ である．計算の筋道からわかるように，$y=y_1(x)$ は $x=\lambda$ で正則である．したがって，$x=\lambda$ は，2 階微分方程式の見かけの特異点である．これまでの計算結果を命題の形にまとめておく．

命題 2.21 2 次連立微分方程式系(2.62)を単独高階化して得られる，(2.61)の形の 2 階微分方程式は，$\Xi=\{0,1,t,\infty\}$ 以外に，1 つの見かけの特異点 λ をもつ．$x=\lambda$ における特性指数は $0,2$ である． □

最後に，念のためにパラメータの数を数えておこう．微分方程式(2.61)において，$n=2$, $m=3$ の場合，$\mathsf{E}(2;\,3)=8$, $\mathsf{M}(2;\,3)=9$ であり，見かけの特異点は 1 つだから，$g=1$ となる．すなわち，等式 $\mathsf{E}(n;\,m)+g=\mathsf{M}(n;\,m)$，言い換えれば $\mathsf{K}(n;\,m)=g$ が成り立っている．

2.7 リーマンの問題

フックス型微分方程式に対して，定義域 $\mathbf{P}^1(\mathbf{C})$，確定特異点の集合 Ξ，モノドロミー $\hat{\rho}$ からなる 3 つ組

$$\left(\mathbf{P}^1(\mathbf{C}), \Xi, \hat{\rho}\right) \tag{2.64}$$

を，リーマンデータと呼んだ．このとき，この事実の逆である，以下の問題を**リーマンの問題**，あるいは**リーマン・ヒルベルト問題**という．

問題　3つ組(2.64)を与えたとき，これをリーマンデータとしてもつようなフックス型微分方程式は存在するか．

仮にフックス型微分方程式の空間 E とモノドロミーの空間 M が構成されたとしよう．微分方程式はモノドロミーを定める．すなわち，E から M への写像 Υ ができるが，これを**モノドロミー写像**と呼ぼう．

いろいろな場合に E や M を幾何学的に構成することは可能であり，おもしろい主題だが，ここではこれに関する詳しい考察を省略する．E, M といった空間や写像 Υ があたかも存在するがごとく以下話を進めていくが，これは一種の思考実験であると思っていてよい．■

いま，フックス型微分方程式として n 次シュレージンガー型微分方程式(2.59)を考えているならば

$$\dim \mathsf{E} = \dim \mathsf{M} = \mathsf{M}(n;\ m) = n^2(m-1)+1$$

である．したがって，写像 Υ が E から M の上への写像であるかどうかを問うのは自然である．この事実が成立すれば，リーマンの問題には常に解がある．

しかし，残念ながら，一般には Υ は全射にはならない．具体的な反例が構成されたのは最近のことである．■

E が単独高階フックス型微分方程式(2.56)の空間であれば

$$\dim \mathsf{E} = \mathsf{E}(n;\ m) = \frac{1}{2}n(n+1)(m-1)+n < \mathsf{M}(n;\ m)$$

であるから，Υ が全射であることはまったく期待できない．少なくとも Υ を，見かけの特異点をもつ微分方程式の空間にまで拡張して論じないと問題にもならない．そこで，

$$\Xi = \{\xi_1, \xi_2, \cdots, \xi_m, \xi_{m+1} = \infty\}$$

に加えて

$$\Lambda = \{\lambda_1, \cdots, \lambda_g\}$$

の各点を見かけの特異点とする n 階微分方程式を考えることにしよう．ここで

$$g \geqq \mathsf{K}(n;\ m) = \mathsf{M}(n;\ m) - \mathsf{E}(n;\ m)$$

である．このようなフックス型微分方程式に対して，そのモノドロミーを対応させる写像も同じ記号 Υ で表す．シュレージンガー型微分方程式について述べたことからも予想されるとおり，見かけの特異点の個数をちょうど $\mathsf{K}(n;\ m)$ 個だけつけ加えても，Υ が全射になるという保証はない． ■

3つ組(2.64)において，$\hat{\rho}$ は表現

$$\rho : \pi_1(\boldsymbol{X}) \ \rightarrow \ GL(n, \mathbf{C})$$

の類を表す．ここで $\boldsymbol{X}=\mathbf{P}^1(\mathbf{C})\backslash\Xi$ である．このような3つ組を，微分方程式と関係なく**リーマンデータ**と呼ぶことにする．

これまでのように，x_0 から出発し x_0 に終わる，ξ_i を1回だけまわる閉じた道を ℓ_i とする．基本群 $\pi_1(x_0; \boldsymbol{X})$ は $[\ell_1], \cdots, [\ell_m]$ で生成される．各 ℓ_i に対し $\Gamma_i=\rho(\ell_i)$ は n 次の行列である．したがって，ℓ_i に $\mathbf{C}^n$ の1次変換 $\vec{v}\rightarrow\Gamma_i\vec{v}$ を対応させれば，表現 ρ は，$\mathbf{C}^n$ に $\pi_1(\boldsymbol{X})$ 加群としての構造を定める．

この $\pi_1(\boldsymbol{X})$ 加群が既約であるとき，すなわち1次変換 $\Gamma_1, \cdots, \Gamma_m$ について不変な $\mathbf{C}^n$ の部分空間は $\mathbf{C}^n$ 全体かあるいは零可群 $\{\vec{0}\}$ に限るとき，表現 ρ は**既約**であるという．また，このとき表現類 $\hat{\rho}$ も既約であるという．既約でないものを一般に**可約**という．表現類 $\hat{\rho}$ が可約ならば，$\hat{\rho}$ のある表現について m 個の行列 Γ_i $(i=1, \cdots, m)$ は同時に次の形に表される．

$$\Gamma_i = \begin{pmatrix} A_i & B_i \\ 0 & C_i \end{pmatrix}$$

ここで，A_i は n' 次行列である．n' は $n'<n$ となる自然数であり，対応 $\ell_i \to A_i$ は $\pi_1(\boldsymbol{X})$ の $\mathbf{C}^{n'}$ 上の表現を定める．

さて，リーマンデータ(2.64)が与えられたとき，別の3つ組

$$(2.65) \qquad \left(\mathbf{P}^1(\mathbf{C}), \varXi \cup \varLambda, \hat{\rho}'\right), \qquad \varLambda = \{\lambda_1, \cdots, \lambda_g\}$$

で，以下に説明する性質をもつものを考えよう．まず，x_0 から出発し x_0 に終わる，λ_k を1回だけまわる閉じた道を $\tilde{\ell}_k$ とする．$\boldsymbol{Y} = \mathbf{P}^1(\mathbf{C}) \backslash \varXi \cup \varLambda$ とおけば，$[\ell_1], \cdots, [\ell_m], [\tilde{\ell}_1], \cdots, [\tilde{\ell}_g]$ は基本群 $\pi_1(x_0; \boldsymbol{Y})$ を生成する．このとき，表現類 $\hat{\rho}'$ を定める表現 ρ' であって，各 $\tilde{\ell}_k$ に対し1次変換 $\rho'(\tilde{\ell}_k)$ が自明なものが存在する，と仮定する．このとき，リーマンデータ(2.65)は(2.64) の**拡大**である，という．

すなわち，(2.65)がある線型微分方程式(2.33)のリーマンデータとなっているならば，$\varLambda$ の各点 λ_k はすべて，この微分方程式の見かけの特異点である．このとき，各行列 $\rho'(\tilde{\ell}_k)$ は n 次の単位行列 I_n である．また，3つ組(2.65)が(2.64)の拡大であるとき，$\varLambda$ の各点を見かけの特異点と呼んでも誤解は生じないだろう． ■

リーマンデータ(2.64)は，他のいかなるリーマンデータの真の拡大とはなり得ないとき，すなわち $\varXi$ のどの点も見かけの特異点ではなく本質的な確定特異点であるとき，**本質的なリーマンデータ**である，という．

我々は，リーマンの問題を次のような意味に解釈し直す．

問題 $\left(\mathbf{P}^1(\mathbf{C}), \varXi, \hat{\rho}\right)$ を本質的なリーマンデータとするとき，フックス型微分方程式で，そのリーマンデータがもとの $\left(\mathbf{P}^1(\mathbf{C}), \varXi, \hat{\rho}\right)$ の拡大となっているようなものが存在するか．

リーマンの問題に関する研究の歴史をたどることは，それ自身きわめて興味あることだが，この本の主題ではないので省略する．ただ，結論だけ言うと，この形のリーマンの問題は肯定的に解かれている．

命題 2.22 リーマンの問題は常に解をもつ. □

H.Röhrl は，1957 年，リーマンの問題を $\mathbf{P}^1(\mathbf{C})$ 上の微分方程式に関するものだけではなくて，一般のリーマン面 $\boldsymbol{R}$ 上の問題に定式化しあっさり解いてしまった.

$\boldsymbol{R}$ をリーマン面とする．フックス型微分方程式は一般の $\boldsymbol{R}$ 上でも考えることができる．この場合でも，点 $\xi\in\boldsymbol{R}$ が微分方程式の特異点であるとき ξ が確定特異点であるかどうかは，局所的な解の表示から直ちに判定できるからである．もちろん，この判定は局所座標のとり方には依らない．これまで考えてきた $\boldsymbol{R}=\mathbf{P}^1(\mathbf{C})$ の場合と同様である．リーマン面 $\boldsymbol{R}$ 上のフックス型微分方程式についても，リーマンデータ

$$(\boldsymbol{R}, \Xi, \hat{\rho})$$

が得られる．Ξ は微分方程式の特異点からなる $\boldsymbol{R}$ の離散的部分集合，$\hat{\rho}$ はモノドロミー表現

$$\pi_1(\boldsymbol{X}) \to GL(n, \mathbf{C})$$

の定める表現類，n は方程式の階数である.

特に $\boldsymbol{R}$ が閉リーマン面である場合を考察しよう．$\boldsymbol{R}$ の種数を $p=p(\boldsymbol{R})$ と書く．$\mathbf{P}^1(\mathbf{C})$ の種数は 0 である．このとき Ξ は必然的に有限集合である．Ξ の元の個数，すなわち確定特異点の個数，を $m+1$ とする．各確定特異点における特性指数は局所的に定義される量であるが，全体としては，フックスの関係式を満たさなければならない．したがって，独立に与えることができる特性指数の数は

$$\mathsf{E}_0^{(p)}(n;\ m) = n(m+1)-1 = \mathsf{E}_0(n;\ m)$$

となり，$\boldsymbol{R}$ の種数 p とは関係ない．さらに，$\boldsymbol{R}$ 上のフックス型微分方程式の含むパラメータの個数 $\mathsf{E}^{(p)}(n;\ m)$，モノドロミー $\hat{\rho}$ のもつ独立なパラメータの数 $\mathsf{M}^{(p)}(n;\ m)$ も計算ができる．実は

$$\mathsf{E}^{(p)}(n;\ m) = \frac{1}{2}n^2(m+1+2p-2)+\frac{1}{2}n(m+1) \tag{2.66}$$

$$\mathsf{M}^{(p)}(n;\ m) = n^2(m+1+2p-2)+1 \tag{2.67}$$

となることが知られている．ここで，$p=0$ とすれば，(2.66)，(2.67)はそれぞれ(2.47)，(2.51)に帰着する．考えている $\boldsymbol{R}$ 上のフックス型微分方程式が見かけの特異点 λ をもつとき，微分方程式の含むパラメータの個数の計算は $\mathbf{P}^1(\mathbf{C})$ の場合とまったく同じである．よって，命題 2.19 と同様の結果が成り立つ．すなわち，微分方程式が確定特異点 $\varXi$ 以外に g 個の見かけの特異点をもてば，この微分方程式の含むパラメータの数は

$$\mathsf{E}^{(p)}(n;\ m)+g$$

である．新しい g 個のパラメータは，見かけの特異点の位置である．

再び $\mathbf{P}^1(\mathbf{C})$ 上の微分方程式に戻る．我々は以下，命題 2.22 の事実を出発点とする．すなわち，与えられたモノドロミーを実現する微分方程式は，見かけの特異点の存在を許せば，(2.33)の形でも(2.55)の形でも，とにかく存在する．見かけの特異点の個数 g については

$$g \geqq \mathsf{K}(n;\ m) = \mathsf{M}(n;\ m)-\mathsf{E}(n;\ m)$$

でなければならない，ということは既に述べた．では，いつ等号が成立するか．これについて次の結果が知られている．

命題 2.23　表現類 $\hat{\rho}$ が既約ならば，高々 $\mathsf{K}(n;\ m)$ 個の見かけの特異点をもつフックス型微分方程式が存在して，$\hat{\rho}$ はそのモノドロミーとなる．　□

この命題は $\mathbf{P}^1(\mathbf{C})$ 上の微分方程式だけではなくて一般のコンパクトリーマン面 $\boldsymbol{R}$ 上でも成り立つ．$\boldsymbol{R}$ の種数を $p=p(\boldsymbol{R})$ としたとき，見かけの特異点の個数は $\mathsf{K}^{(p)}(n;\ m)=\mathsf{M}^{(p)}(n;\ m)-\mathsf{E}^{(p)}(n;\ m)$ である．この結果は命題 2.22 の精密化の 1 つである(M.Ohtsuki による)．

見かけの特異点が現れる古典的な例として，$\mathbf{P}^1(\mathbf{C})$ 上のリーマンデータで $n=2,\ m=2$ の場合がある．もし，モノドロミー $\hat{\rho}$ が既約ならば，$\mathsf{K}(2;\ 2)=0$ であるから，見かけの特異点をもたないフックス型 2 階微分方程式で，$\hat{\rho}$ をモノドロミーとしてもつものが存在する．この微分方程式が適当な未知変数の

変換によりガウスの超幾何微分方程式(2.12)に帰着されることは前に触れた．このとき，$\Xi=\{0,1,\infty\}$ である．ℓ_0, ℓ_1 を，それぞれ x_0 を出発して $x=0$, $x=1$ を正の向きに 1 回まわって x_0 に戻る閉じた道とすると，$\boldsymbol{X}=\mathbf{P}^1(\mathbf{C})\setminus\Xi$ の基本群 $\pi_1(x_0;\boldsymbol{X})$ は $[\ell_0],[\ell_1]$ で生成される．ガウスの超幾何微分方程式の解の基本系を適当にとり，その ℓ_0, ℓ_1 に対する回路行列を $\Gamma_0=\Gamma(\ell_0)$, $\Gamma_1=\Gamma(\ell_1)$ と書く．Γ_0 と Γ_1 を与えたとき，ほとんどの場合には，これらはガウスの超幾何微分方程式で実現されるモノドロミーを定める．ところが，$\alpha\neq1$, $\beta\neq1$, $\alpha\beta\neq1$ として

$$\Gamma_0=\begin{pmatrix}1 & 0\\ 0 & \alpha\end{pmatrix}, \qquad \Gamma_1=\begin{pmatrix}1 & 0\\ 0 & \beta\end{pmatrix}$$

という与え方をすると，この場合はガウスの超幾何微分方程式では実現されず，見かけの特異点が必ず必要である．

ガウスの超幾何微分方程式のモノドロミーは，可約なものまで含めて完全に決定されている．この回路行列はガウスの超幾何微分方程式の表には現れない． ■

リーマンの問題の解として得られるフックス型微分方程式は一意的ではない．まず，連立微分方程式系について次のことが成り立つ．

命題 2.24 2 つの n 次連立フックス型微分方程式系

$$\frac{d\vec{y}}{dx}=A(x)\vec{y}\,, \qquad \frac{d\vec{z}}{dx}=B(x)\vec{z}$$

のモノドロミーが等しいための条件は，行列式が恒等的には 0 ではない，x の有理関数を成分とする n 次正方行列 $T(x)$ で

$$\vec{y}=T(x)\vec{z} \tag{2.68}$$

となるものが存在すること，である． □

［証明］ 与えられた微分方程式系の 1 次独立解 $\vec{y}_1,\cdots,\vec{y}_n$，および，$\vec{z}_1,\cdots,\vec{z}_n$ をとり

$$Y(x)=(\vec{y}_1,\cdots,\vec{y}_n), \qquad W(x)=(\vec{z}_1,\cdots,\vec{z}_n)$$

とおく．$Y(x), W(x)$ は微分方程式系の基本解行列であり，それぞれ

$$\frac{dY}{dx}(x)=A(x)Y(x), \qquad \frac{dW}{dx}(x)=B(x)W(x)$$

を満たす．2 つの微分方程式系の確定特異点をすべて集めてできる集合を，この証明においては $\varXi$ と書く．$\varXi$ は $\mathbf{P}^1(\mathbf{C})$ の離散部分集合である．$\boldsymbol{X}=\mathbf{P}^1(\mathbf{C})\setminus\varXi$ とする．$\boldsymbol{X}\ni x_0$ とし，$\boldsymbol{X}$ 内の，x_0 から出て x_0 に終わる閉じた道 γ を勝手にとる．$x=x_0$ の近傍で正則な $Y(x), W(x)$ の分枝を γ に沿って解析接続して得られる，$x=x_0$ の近傍で正則な分枝をこれまで通りそれぞれ $Y^\gamma(x), W^\gamma(x)$ と書く．

さて，与えられた 2 つの微分方程式系のモノドロミーが等しいとしよう．このとき解の基本解行列 $Y(x), W(x)$ を適当にとれば，同じ回路行列 $\varGamma(\gamma)$ に対し

$$Y^\gamma(x)=Y(x)\varGamma(\gamma), \qquad W^\gamma(x)=W(x)\varGamma(\gamma)$$

が，すべての γ に対して成り立つ．そこで，$T(x)=Y(x)W(x)^{-1}$ とおくと

$$T^\gamma(x)=T(x)$$

が成り立ち，したがって $T(x)$ は，$\mathbf{P}^1(\mathbf{C})$ 上 1 価関数である．ところが，$\varXi$ の点 $x=\xi$ は，$Y(x), W(x)$ の各成分の確定特異点であるから，$T(x)$ の各成分の確定特異点でもある．1 価な確定特異点は正則点あるいは極であるから，$T(x)$ の成分は $\mathbf{P}^1(\mathbf{C})$ 上に高々極をもつ 1 価関数，すなわち x の有理関数である．

逆に，(2.68)が成り立てば，$Y(x)=T(x)W(x)$ となり，明らかに，$Y(x)$ のモノドロミーと $W(x)$ のモノドロミーとは一致する． ∎

命題 2.24 を単独高階フックス型微分方程式の場合に書き直すと次の命題になる．

命題 2.25 2 つのフックス型微分方程式

$$\frac{d^n y}{dx^n}+\sum_{j=1}^{n} p_j(x)\frac{d^{n-j}y}{dx^{n-j}}=0$$

$$\frac{d^n z}{dx^n}+\sum_{j=1}^{n} q_j(x)\frac{d^{n-j}z}{dx^{n-j}}=0$$

のモノドロミーが一致するための条件は，x の有理関数 $t_1(x), \cdots, t_n(x)$ が存在して

$$y = \sum_{j=1}^{n} t_j(x) \frac{d^{j-1}z}{dx^{j-1}} \tag{2.69}$$

という関係が成立することである． □

命題 2.24 あるいは命題 2.25 で考えた 2 つの微分方程式が $x=\xi$ を確定特異点として共有するとき，$x=\xi$ での特性指数は整数差の違いしかない．また，$x=\lambda$ が一方の微分方程式の確定特異点であるが，他方の微分方程式の正則点である，という場合には，必然的に $x=\lambda$ は前者の見かけの特異点である．

定義 2.13 (2.68)あるいは(2.69)の形の変換を，線型フックス型微分方程式の**シュレージンガー変換**という． □

与えられたモノドロミーをもつ微分方程式は，見かけの特異点をもつことを許せば常に存在する．したがって，その微分方程式が標準形，たとえばシュレージンガー型微分方程式で表されるかどうかは，具体的には次の問題に帰着する．

問題 シュレージンガー変換により，微分方程式の見かけの特異点の個数を減らすことができるか．

また，見かけの特異点における特性指数は整数であるが，局所的には特性指数を

$$0,\ 1,\ 2,\ \cdots,\ n-2,\ n$$

とすることは可能である．特性指数がこのような整数であるとき，見かけの特異点は**基底状態**にある，という．これについて，次のような問題が考えられる．

問題 シュレージンガー変換により，大域的に見かけの特異点を基底状態にできるか．

連立微分方程式系のシュレージンガー変換は M.Jimbo-T.Miwa により詳しく調べられた．

単独高階微分方程式についてのシュレージンガー変換はずっと難しくなる．微分方程式の含むパラメータが必要最小限に整理されていて，自由度が少ないからである． ■

ただし，命題 2.21 で 2 階微分方程式について述べたことは一般に成り立つ．すなわち，高階単独微分方程式の見かけの特異点 $x=\lambda$ が，連立微分方程式系の単独高階化により現れたものならば，$x=\lambda$ は基底状態にある．

2.8　フックスの問題

リーマン球面 $\mathbf{P}^1(\mathbf{C})$ 上定義されたフックス型微分方程式

$$\frac{d^n y}{dx^n}+\sum_{j=1}^{n} p_j(x)\frac{d^{n-j}y}{dx^{n-j}}=0 \tag{2.70}$$

で，次の性質(P1), (P2), (P3)をもつものを考える．

(P1) $x=\xi_1$, $\cdots$, $x=\xi_m$, $x=\xi_{m+1}=\infty$ を確定特異点，$x=\lambda_1$, $\cdots$, $x=\lambda_g$ を見かけの特異点としてもつ．

(P2) 各 $x=\xi_i$ における特性指数のどの 2 つも，差が整数ではない．

(P3) モノドロミー $\hat{\rho}$ は既約である．

$\varXi=\{\xi_1,\cdots,\xi_m,\xi_{m+1}=\infty\}$, $\varLambda=\{\lambda_1,\cdots,\lambda_g\}$ とおく．仮定(P3)のもとでは，命題 2.23 により

$$g=\mathsf{K}(n;\ m)=\mathsf{M}(n;\ m)-\mathsf{E}(n;\ m)$$

としてよい．(2.70)のリーマンデータ

$$\left(\mathbf{P}^1(\mathbf{C}), \varXi\cup\varLambda, \hat{\rho}\right)$$

は，本質的なリーマンデータ $\left(\mathbf{P}^1(\mathbf{C}), \varXi, \hat{\rho}_0\right)$ の拡大である．

ここでは，87 ページで述べたように，見かけの特異点の意味を拡張して理解しておくと便利である．すなわち，見かけの特異点 $x=\lambda$ に変換(2.53)を行って得られる非対数的特異点は，言葉を濫用して見かけの特異点と呼ぶことにする．モノドロミー $\hat{\rho}$ は，微分方程式(2.70)に対し $\varLambda$ の各

点 $x=\lambda_k$ で，一般にはスカラー行列で表されている．変換(2.53)により，その点のまわりの回路行列を単位行列にしたものが $\hat{\rho}_0$ である．以下我々はこのような簡約により得られる2つのモノドロミー $\hat{\rho}, \hat{\rho}_0$ を，混乱の恐れがない限り，いちいち区別しない． ■

次に，微分方程式(2.70)で係数 $p_j(x)$ があるパラメータ

$$t=(t_1, t_2, \cdots, t_L) \in U$$

に解析的に依存している場合を考えよう．ここで U は $\mathbf{C}^L$ のある領域である．そこで，微分方程式をあらためて

$$\frac{d^n y}{dx^n}+\sum_{j=1}^{n} p_j(x,\ t)\frac{d^{n-j}y}{dx^{n-j}}=0 \tag{2.71}$$

と書く．ただし，ある $t_0 \in U$ において $p_j(x, t_0)=p_j(x)$ $(j=1, \cdots, n)$，すなわち(2.71)は(2.70)に一致するとしておく．(2.71)のリーマンデータを

$$\left(\mathbf{P}^1(\mathbf{C}), \mathit{\Xi}(t) \cup \mathit{\Lambda}(t), \hat{\rho}(t)\right)$$

と書く．ここで $\mathit{\Xi}(t)=\{\xi_1(t), \cdots, \xi_m(t), \xi_{m+1}(t)=\infty\}$，$\mathit{\Lambda}(t)=\{\lambda_1(t), \cdots, \lambda_g(t)\}$ の各要素は U で解析的であり，当然 $\xi_i(t_0)=\xi_i$，$\lambda_k(t_0)=\lambda_k$ となっている．また，$g=\mathsf{K}(n;\ m)$ である．微分方程式(2.71)の正則域を $\boldsymbol{Y}(t)=\mathbf{P}^1(\mathbf{C})\backslash \mathit{\Xi}(t) \cup \mathit{\Lambda}(t)$ とする．

さて，(2.71)は(2.70)のパラメータ t による摂動であり，上述の条件(P1)，(P2)，(P3)は満たされているものとする．さらに

(H) $\hat{\rho}(t)$ は t に依存しない

という仮定をおく．すなわち，そのモノドロミー群が t に依存しないような，(2.71)の基本解系が存在する，と仮定する．この意味で $\hat{\rho}(t)=\hat{\rho}$ である．

この仮定の下では，微分方程式(2.71)の係数 $p_j(x,t)$ $(j=1, \cdots, n)$ は，t の関数としてある制約を受ける．とりわけ，$\lambda_k(t)$ $(k=1, \cdots, g)$ はある特別な t の関数となることが予想される．

定義 2.14 条件(H)を満足する微分方程式(2.71)が存在するとき，(2.71)を(2.70)の**モノドロミー保存変形**，あるいは**ホロノミック変形**という． □

モノドロミー保存変形は，英語では isomonodromic deformation, monodromy preserving deformation 等という．後に，必ずしもフックス型とは限らない微分方程式の変形を考察する．その場合に保存されるのは，微分方程式のモノドロミーだけではないので，それを考慮して，以下では比較的なじみのある「モノドロミー保存変形」にかえて，「ホロノミック変形」と呼ぶ．

微分方程式(2.71)に関する次の問題を，**フックスの問題**という．

問題　微分方程式(2.71)が(2.70)のホロノミック変形を与える，具体的な条件を書き下すこと．

この問題は次のように言い換えることができる．

問題　(2.71)の解の基本系 $\vec{\varphi}(x,t)$ であって，任意の $[\gamma]\in\pi_1(x_0;\boldsymbol{Y}(t))$ に対する回路行列 $\Gamma(\gamma)$ が t に依存しないものが存在するための，必要十分条件を求めること．

ここで，$\boldsymbol{Y}(t)$ は微分方程式(2.71)の正則域である．

この条件は，微分方程式の係数 $p_j(x,t)$ が t にどのように依存するか，を具体的に表すことで与えられる．このような問題を考えることの重要性は，すでに B.Riemann が指摘している．なお，フックスの問題というのは，L. Schlesinger による命名である．

以下，$n=2$, $m=3$ の場合について，フックスの問題を定式化しよう．これは，L.Fuchs により初めて考察され，R.Fuchs により計算が実行，完成された場合で，パンルヴェ方程式に深く関係している．まず，考察する2階フックス型微分方程式を

$$\frac{d^2y}{dx^2}+p_1(x,t)\frac{dy}{dx}+p_2(x,t)y=0 \tag{2.72}$$

と書く．$n=2$, $m=3$ のときは $g=\mathsf{K}(2;\,3)=1$ であるので，94 ページで，2次の微分方程式系(2.62)を考察したときと同様

$$\Xi(t)=\{0,1,t,\infty\}\ ,\qquad \Lambda(t)=\{\lambda(t)\}$$

の場合を考察しよう．さらにここでは，確定特異点の位置 t を変形のパラメータとする．

$t\neq0$, $t\neq1$, $t\neq\infty$ であるから，t の変域 U は，$\mathbf{P}^1(\mathbf{C})\backslash\{0,1,\infty\}$ のある領域

である．また，見かけの特異点 $x=\lambda(t)$ は基底状態にある，すなわち，$\lambda(t)$ における特性指数は $0,2$ である，と仮定する．

2 次の連立微分方程式系

$$\frac{d\vec{y}}{dx}=A(x)\vec{y}\,,\qquad A(x)=\frac{\mathsf{A}_0}{x}+\frac{\mathsf{A}_1}{x-1}+\frac{\mathsf{A}_t}{x-t}$$

を単独高階化して微分方程式(2.72)が得られたとすると，このとき現れる見かけの特異点 λ は基底状態にある．このことは 95 ページで既に見たところである． ■

必要ならば，82 ページ(2.49)の形の変換を行うことにより，微分方程式(2.72)のリーマン図式は

(2.73)
$$\left\{\begin{array}{ccccc} x=0 & x=1 & x=t & x=\lambda & x=\infty \\ 0 & 0 & 0 & 0 & \chi \\ \kappa_0 & \kappa_1 & \theta & 2 & \chi+\kappa_\infty \end{array}\right\}$$

である，としてよい．ここで，$\kappa_0,\kappa_1,\kappa_\infty,\theta,\chi$ は特性指数を与える複素パラメータであるが，これらには，79 ページ命題 2.16 で述べたように，フックスの関係式

$$\kappa_0+\kappa_1+\theta+\kappa_\infty+2\chi=1 \tag{2.74}$$

が成り立つ．

以上のことから，微分方程式(2.72)の係数 $p_1(x,t),p_2(x,t)$ は x の有理関数として，次のように表されることが従う．

$$p_1(x,t)=\frac{1-\kappa_0}{x}+\frac{1-\kappa_1}{x-1}+\frac{1-\theta}{x-t}-\frac{1}{x-\lambda} \tag{2.75}$$

$$p_2(x,t)=\frac{\kappa}{x(x-1)}+\frac{\lambda(\lambda-1)\mu}{x(x-1)(x-\lambda)}-\frac{t(t-1)H}{x(x-1)(x-t)} \tag{2.76}$$

$$\kappa=\chi\,(\chi+\kappa_\infty)=\frac{1}{4}\,(\kappa_0+\kappa_1+\theta-1)^2-\frac{1}{4}\kappa_\infty^2$$

この κ の表示は，フックスの関係式(2.74)から従う．

さて，(2.72),(2.75),(2.76)がホロノミック変形を定めているとしよう．

$$e^{2\pi\sqrt{-1}\kappa_0},\ e^{2\pi\sqrt{-1}\kappa_1},\ \cdots$$

等々は，回路行列 $\Gamma(\gamma)$ の固有値として現れる量であるから，$\kappa_0,\kappa_1,\kappa_\infty,\theta$ は t には依存しない，としてよい．したがって，t の関数として決定しなくてはならないのは，$\lambda=\lambda(t)$, $\mu=\mu(t)$, $H=H(t)$ である．

しかし，この3つの関数は独立ではない．見かけの特異点 $x=\lambda$ における特性指数は $0,2$ であり，したがって

$$\varphi_1(x) = u^2\sum_{j=0}^{\infty} d_j u^j, \qquad u = x-\lambda, \qquad d_0 = 1$$

という収束ベキ級数解は常に存在する．一方，特性指数0に対応する解

$$\varphi_2(x) = \sum_{j=0}^{\infty} c_j u^j, \qquad u = x-\lambda, \qquad c_0 = 1$$

の係数を定める漸化式は，$f(z)=z(z-2)$ とおくとき，(2.19)より

$$f(p)c_p+R(c_1,c_2,\cdots,c_{p-1}) = 0$$

という形である．ところが，$f(2)=0$ であるから，$R(c_1)=0$ でなければならない．この条件は，λ,μ,H の間にある関係式を定める．これを具体的に計算して，H について解くと

(2.77) $$t(t-1)H = \lambda(\lambda-1)(\lambda-t)\mu^2 - \left\{\kappa_0(\lambda-1)(\lambda-t)+\kappa_1\lambda(\lambda-t)+(\theta-1)\lambda(\lambda-1)\right\}+\kappa(\lambda-t)$$

が得られる．この式の導出，意味等は，パンルヴェ方程式の研究で大事なところだから，詳しく述べることは後回しにする．本章の残りの部分では，筋道だけを紹介する．

結局，(2.72),(2.75),(2.76)についてのフックスの問題は次のようになる．

問題 (2.72)の基本解で，そのモノドロミーが t について不変になるものが存在するための条件を，関数 $\lambda=\lambda(t)$, $\mu=\mu(t)$ についての条件で表すこと．

ただし，$t\in U$ とし，さしあたって U はある t_0 の近傍であると理解しておく．

R.Fuchs と R.Garnier は，(2.72)ではなく

$$\frac{d^2z}{dx^2} = r(x,t)z \tag{2.78}$$

についてフックスの問題を考えた．そのときに使われた基本的なことがらは次の事実である．

命題 2.26　(2.78)の解の基本系で，そのモノドロミー群が t に依らないものが存在するための条件は，x の有理関数 $a=a(x,t)$ が存在して

$$\frac{\partial^3 a}{\partial x^3} - 4r(x,t)\frac{\partial a}{\partial x} - 2\frac{\partial r}{\partial x}(x,t)a + 2\frac{\partial r}{\partial t}(x,t) = 0$$

が成り立つことである．　□

いま考えている場合には，a の形は次のようになっている．

$$a(x,t) = \frac{\lambda - t}{t(t-1)}\cdot\frac{x(x-1)}{x-\lambda}$$

上の命題で与えた条件を具体的に書き下すことにより，1907 年，R.Fuchs はパンルヴェ VI 型方程式

$$\mathrm{P_{VI}} \quad \frac{d^2\lambda}{dt^2} = \frac{1}{2}\left(\frac{1}{\lambda}+\frac{1}{\lambda-1}+\frac{1}{\lambda-t}\right)\left(\frac{d\lambda}{dt}\right)^2 - \left(\frac{1}{t}+\frac{1}{t-1}+\frac{1}{\lambda-t}\right)\frac{d\lambda}{dt}$$
$$+\frac{\lambda(\lambda-1)(\lambda-t)}{t^2(t-1)^2}\left\{\alpha+\beta\frac{t}{\lambda^2}+\gamma\frac{t-1}{(\lambda-1)^2}+\delta\frac{t(t-1)}{(\lambda-t)^2}\right\}$$

を得た．もう 1 つのパラメータ μ は，λ と $\dfrac{d\lambda}{dt}$ の有理関数として具体的に与えられる．パンルヴェ方程式 $\mathrm{P_{VI}}$ は

$$t \in \mathbf{P}^1(\mathbf{C})\backslash\{0,1,\infty\}$$

に対して定義されている．フックスの問題を考えた出発点では，t の変域 U はある点 t_0 の近傍，という局所的なものであったが，パンルヴェ方程式は大域的なものであるから，結果的には，フックス型微分方程式の大域的な変形が得られたことになる．

以上で紹介した，R.Fuchs の仕事を詳細に検討することは，一般の場合を考

察するときまでとっておく．命題 2.26 は第 3.2 節，命題 3.6 の特別な場合である．関数(2.77)の意味は，第 3.4 節，定理 3.1 により明らかにされる．

3　パンルヴェ方程式の基礎

線型常微分方程式のホロノミック変形

3.1　変形微分方程式系

$p_j(x,t)$ $(j{=}1,\cdots,n)$ を x の有理関数として，パラメータ $t{=}(t_1,\cdots,t_L)$ に関するフックス型微分方程式

$$\frac{d^n y}{dx^n}+\sum_{j=1}^{n} p_j(x,t)\frac{d^{n-j}y}{dx^{n-j}}=0 \tag{3.1}$$

を考える．ここで，t は $\mathbf{C}^L$ 内のある領域 U の変数であり，各係数 $p_j(x,t)$ は U 上解析的である，とする．以下，いちいち断らないが，U は必要に応じて小さくとり直すこともある．この章を通して，我々は微分方程式(3.1)に対し，次の性質(P1)，(P2)，(P3)を仮定する．

(P1)　$x{=}\xi_1(t)$, $\cdots$, $x{=}\xi_m(t)$, $x{=}\xi_{m+1}(t){=}\infty$ を確定特異点，$x{=}\lambda_1(t)$, $\cdots$, $x{=}\lambda_g(t)$ を見かけの特異点としてもつ．

(P2)　各 $x{=}\xi_l$ における特性指数のどの 2 つも，差が整数ではない．

(P3)　モノドロミー $\hat{\rho}(t)$ は既約である．

微分方程式(3.1)の確定特異点の集合を $\Xi(t)$，見かけの特異点の集合を $\Lambda(t)$，正則域を $\boldsymbol{Y}(t){=}\mathbf{P}^1(\mathbf{C})\backslash\Xi\cup\Lambda$ と書く．また，(3.1)の解の基本系

$$\vec{\varphi}=\vec{\varphi}(x,t)=(\varphi_1(x,t),\cdots,\varphi_n(x,t))$$

に対し，$W(x,t){=}W(\vec{\varphi})$ を $\vec{\varphi}$ のロンスキー行列 $w(x,t){=}w(\vec{\varphi})$ をロンスキアンとする．

命題 3.1　解の基本系のモノドロミー群が t に依存しない，$\hat{\rho}(t){=}\hat{\rho}$，とすると，ある x の有理関数

$$a_1^{(l)}(x,t),\ a_2^{(l)}(x,t),\ \cdots,\ a_n^{(l)}(x,t) \qquad (l=1,2,\cdots,L)$$

が存在して，$\vec{\phi}{=}\vec{\varphi}(x,t)$ は(3.1)の他に，次の微分方程式系を満たす．

(3.2)
$$\frac{\partial\vec{\phi}}{\partial t_l}=\sum_{j=1}^{n}a_j^{(l)}(x,t)\frac{\partial^{j-1}\vec{\phi}}{\partial x^{j-1}}\qquad(l=1,2,\cdots,L)$$
□

したがって，$\vec{\phi}=\vec{\varphi}(x,t)$ は x と t に関する微分方程式系

(3.3)
$$\begin{cases}\dfrac{\partial^n\vec{\phi}}{\partial x^n}+\displaystyle\sum_{j=1}^{n}p_j(x,t)\dfrac{\partial^{n-j}\vec{\phi}}{\partial x^{n-j}}=0\\ \dfrac{\partial\vec{\phi}}{\partial t_l}=\displaystyle\sum_{j=1}^{n}a_j^{(l)}(x,t)\dfrac{\partial^{j-1}\vec{\phi}}{\partial x^{j-1}}\end{cases}$$

の解である．ただし，$l=1,\cdots,L$，$\vec{\phi}$ は n 次ベクトルである．$a_1^{(l)}(x,t),\cdots,a_n^{(l)}(x,t)$ が x の有理関数であるとき，微分方程式系(3.3)を，(3.1)のモノドロミー保存変形の**変形微分方程式系**という．なお，(3.3)の解 $\vec{\phi}=\vec{\varphi}(x,t)$ で，微分方程式(3.1)の解の基本系となっているものを，(3.3)の**解の基本系**という．

命題 3.1 は逆も成り立つ．

命題 3.2 微分方程式系(3.3)の解 $\vec{\varphi}=\vec{\varphi}(x,t)$ が存在すれば，(3.1)に関する $\vec{\varphi}$ のモノドロミー群は t に依らない．□

上記 2 つの命題の証明は，この節末に行う．

一般に，x の有理関数 $p_1(x,t),\cdots,p_n(x,t)$ および $a_1^{(l)}(x,t),\cdots,a_n^{(l)}(x,t)$ $(l=1,\cdots,L)$ を係数とする，n 次ベクトル $\vec{\phi}$ の微分方程式系(3.3)を考える．(3.3)に解 $\vec{\phi}=\vec{\varphi}$ が存在するとき，すなわち，(3.3)が完全積分可能であるとき，この微分方程式系は，常微分方程式(3.1)の**ホロノミックな変形**を定める，という．フックス型微分方程式のホロノミックな変形とは，モノドロミー保存変形に他ならない．必ずしもフックス型とは限らない微分方程式(3.1)のホロノミックな変形については後に次章 4.2 節で考察する．

単独高階微分方程式の場合と同様に，連立微分方程式系

(3.4)
$$\frac{d\vec{\phi}}{dx}=P(x,t)\vec{\phi}$$

のフックスの問題，モノドロミー保存変形等を考えることができる．フックス型微分方程式系(3.4)の基本解行列を $Y(x,t)$ とするとき，命題 3.1，3.2 に対応する次の結果が成り立つ．

命題 3.3　$Y(x,t)$ のモノドロミー群が t に依らないための必要十分条件は，x の有理関数を成分とする行列 $A^{(l)}(x,t)$ $(l{=}1,\cdots,L)$ が存在して，$Y(x,t)$ は(3.4)に加えて

$$\frac{\partial}{\partial t_l}Y(x,t)=A^{(l)}(x,t)Y(x,t)\qquad(l=1,2,\cdots,L) \tag{3.5}$$

を満足することである．□

命題3.3の証明は，命題3.1，3.2の証明とほとんど同様であるから，省略する．連立微分方程式系(3.4)に対しても

$$\begin{cases}\dfrac{\partial Y}{\partial x}=P(x,t)Y\\[2ex]\dfrac{\partial Y}{\partial t_l}=A^{(l)}(x,t)Y\qquad(l=1,2,\cdots,L)\end{cases} \tag{3.6}$$

を，**変形微分方程式系**という．また，(3.6)が可逆行列解 $Y(x,t)$ をもつときには，(3.6)は(3.4)の**ホロノミックな変形**を定める，という．

フックス型微分方程式系(3.4)のモノドロミー保存変形を決定するためには，変形微分方程式系(3.6)を調べればよいことがわかった．まず命題3.3を使いやすい形に書き直そう．ここでは，2つの行列 A,B の交換子を $[A,B]=AB-BA$ と書く．

命題 3.4　変形微分方程式系(3.6)が可逆行列解 $Y(x,t)$ をもつための必要十分条件は，$P(x,t)$ と $A^{(1)}(x,t),\cdots,A^{(L)}(x,t)$ について微分方程式系

$$\frac{\partial}{\partial t_l}P(x,t)-\frac{\partial}{\partial x}A^{(l)}(x,t)=\left[A^{(l)}(x,t),P(x,t)\right] \tag{3.7}$$

$$\frac{\partial}{\partial t_l}A^{(h)}(x,t)-\frac{\partial}{\partial t_h}A^{(l)}(x,t)=\left[A^{(l)}(x,t),A^{(h)}(x,t)\right] \tag{3.8}$$

が成立することである．ただし，$l,h{=}1,\cdots,L$ である．□

［証明］　(3.6)が可逆行列解 $Y(x,t)$ をもてば，(3.7)，(3.8)は(3.6)の完全積分条件として直ちに従う．実際，(3.6)の第1式を t_l で微分し，第2式を x で微分して

$$\frac{\partial}{\partial x}\frac{\partial}{\partial t_l}Y(x,t)=\frac{\partial}{\partial t_l}\frac{\partial}{\partial x}Y(x,t)$$

を使えば(3.7)は直ちに出る．(3.8)も同様である．

そこで今度は，(3.7)と(3.8)を仮定して(3.6)の可逆行列解 $Y(x,t)$ を構成しよう．この $Y(x,t)$ は(3.4)の基本解行列であり，そのモノドロミーは t に依らない．x_0 を $P(x,t)$ の正則点とし，(3.4)の行列解 $\tilde{Y}(x,t)$ を初期条件

$$\tilde{Y}(x_0,t)=I$$

により定める．$I=I_n$ は n 次の単位行列である．さて

$$W^{(l)}(x,t)=A^{(l)}(x,t)\tilde{Y}(x,t)-\frac{\partial}{\partial t_l}\tilde{Y}(x,t) \tag{3.9}$$

$$E^{(l)}(t)=A^{(l)}(x_0,t)$$

とおくと，$l=1,2,\cdots,L$ について次式が成り立つ．

$$W^{(l)}(x,t)=\tilde{Y}(x,t)E^{(l)}(t) \tag{3.10}$$

なぜならば，(3.7)より

$$\begin{aligned}\frac{\partial}{\partial x}W^{(l)}&=\left(\frac{\partial}{\partial x}A^{(l)}\right)\tilde{Y}+A^{(l)}\frac{\partial}{\partial x}\tilde{Y}-\frac{\partial}{\partial t_l}\frac{\partial}{\partial x}\tilde{Y}\\&=\left(\frac{\partial}{\partial x}A^{(l)}+A^{(l)}P-\frac{\partial}{\partial t_l}P\right)\tilde{Y}-P\frac{\partial}{\partial t_l}\tilde{Y}\\&=P\left(A^{(l)}\tilde{Y}-\frac{\partial}{\partial t_l}\tilde{Y}\right)\\&=PW^{(l)}\end{aligned}$$

すなわち，$W^{(l)}=W^{(l)}(x,t)$ も(3.4)の行列解である．(3.9)で $x=x_0$ として初期条件を比較すれば(3.10)が出る．

次に(3.8)で $x=x_0$ とおいた式は，U 上の微分方程式系

$$\frac{\partial}{\partial t_l}G(t)=E^{(l)}(t)G(t)$$

の，積分可能条件を与える．そこで，この微分方程式系の $G(t_0)=I$ となる，$t=t_0$ の近傍で定義された解 $G(t)$ をとり

$$Y(x,t)=\tilde{Y}(x,t)G(t)$$

とおく．この $Y(x,\ t)$ はもちろん(3.4)の基本解行列であるが同時に

$$\begin{aligned}\frac{\partial}{\partial t_l}Y &= \left(\frac{\partial}{\partial t_l}\tilde{Y}\right)G+\tilde{Y}\frac{\partial}{\partial t_l}G\\ &= \left(A^{(l)}\tilde{Y}-\tilde{Y}E^{(l)}\right)G+\tilde{Y}E^{(l)}G\\ &= A^{(l)}\tilde{Y}G\\ &= A^{(l)}Y\end{aligned}$$

より，(3.5)も満足する．この計算では(3.9)と(3.10)を用いた．以上により命題3.4が示された． ■

上で与えた証明は，L.Schlesinger によるもので，$Y(x,t)$ の構成法を与えている．条件(3.7)は，微分作用素

$$\mathcal{L}=\frac{\partial}{\partial x}-P(x,t)$$

を用いると，次のソリトン理論で見慣れた形に表される．

$$\frac{\partial}{\partial t_l}\mathcal{L}=[A^{(l)},\mathcal{L}] \tag{3.11}$$

これは，モノドロミー保存変形の変形微分方程式系の**ラックス表示**である．

さて，単独高階微分方程式(3.1)を

$$\vec{y}=\begin{pmatrix}y_1\\ \vdots\\ y_n\end{pmatrix},\qquad y_1=y,\ y_2=\frac{dy}{dx},\ y_3=\frac{d^2y}{dx^2},\ \cdots,\ y_n=\frac{d^{n-1}y}{dx^{n-1}}$$

として連立化すると，変形微分方程式系(3.3)は(3.6)の形になる．後のために，$P(x,t)$ と $A^{(l)}(x,t)$ の具体形を与えておこう．まず

$$
(3.12) \qquad P(x,t) = \begin{pmatrix} 0 & 1 & 0 & \cdots & 0 & 0 & 0 \\ 0 & 0 & 1 & \cdots & 0 & 0 & 0 \\ & \cdots & & \cdots & & \cdots & \\ 0 & 0 & 0 & \cdots & 0 & 1 & 0 \\ 0 & 0 & 0 & \cdots & 0 & 0 & 1 \\ -p_n & -p_{n-1} & -p_{n-2} & \cdots & -p_3 & -p_2 & -p_1 \end{pmatrix}
$$

となることはよい．ここで，$p_j=p_j(x,t)$ である．

一方，$a_j^{(l)}(x,t)$ を成分とする横ベクトル

$$
\left(a_1^{(l)}(x,t),\ a_2^{(l)}(x,t),\ \cdots,\ a_n^{(l)}(x,t)\right) \qquad (l=1,\ 2,\ \cdots,\ L)
$$

を考え，これを $\vec{a}^{(l)}=\vec{a}^{(l)}(x,t)$ とおく．さて，一般に n 次ベクトル $\vec{a}$ に対し，作用素 ∇ を

$$
(3.13) \qquad \nabla\vec{a} = \frac{\partial}{\partial x}\vec{a}+\vec{a}P(x,t)
$$

により定義し，帰納的に ∇^j を $\nabla^j\vec{a}=\nabla(\nabla^{j-1}\vec{a})$ $(j\geqq 2)$ により定める．さて，(3.2)を x について逐次微分し，(3.1)を用いると，変形方程式系(3.6)の係数 $A^{(l)}(x,\ t)$ は

$$
(3.14) \qquad A^{(l)}(x,t) = \begin{pmatrix} \vec{a}^{(l)}(x,t) \\ \nabla\vec{a}^{(l)}(x,t) \\ \vdots \\ \nabla^{n-1}\vec{a}^{(l)}(x,t) \end{pmatrix} \qquad (l=1,2,\cdots,L)
$$

で与えられることがわかる．さらに，U 上の微分型式 $\Omega(x,t)$ を

$$
\Omega(x,t) = \sum_{l=1}^{L} A^{(l)}(x,t)dt_l
$$

と定義すると，$d\cdot$ を U 上の外微分として，(3.5)は次の 1 つの外微分方程式で表される．

$$
dY(x,t) = \Omega(x,t)Y(x,t)
$$

(3.12), (3.14), (3.13) で定義される行列を $P(x,t), A^{(l)}(x,t)$ とする．命題 3.4 を，単独高階微分方程式 (3.1) の変形微分方程式系 (3.3) に適用しよう．もちろん，変形微分方程式系 (3.3) が解の基本系 $\vec{\phi}=\vec{\varphi}(x,t)$ をもつための条件は，$P(x,t)$ と $A^{(l)}(x,t)$ に対して (3.7), (3.8) が成立することである．

ここで

$$\vec{p}(x,t) = (\, p_n(x,t),\, \cdots,\, p_1(x,t)\,) \tag{3.15}$$

とおき，(3.7) すなわち，ラックス表示 (3.11) を別の形に書き直しておこう．

命題 3.5　ラックス表示 (3.11) は，n 階連立微分方程式系

$$\nabla^n \vec{a}^{(l)} + p_1(x,t)\nabla^{n-1}\vec{a}^{(l)} + \cdots + p_n(x,t)\vec{a}^{(l)} + \frac{\partial}{\partial t_l}\vec{p}(x,t) = 0 \tag{3.16}$$

で表される．ここで，$l=1,\cdots,L$ である．　□

この命題で与えた微分方程式系 (3.16) を，**ラックスの方程式**という．フックス型単独高階微分方程式のモノドロミー保存変形，一般にホロノミック変形，の存在は，ラックスの方程式 (3.16) を満足する，x の有理関数の n 次ベクトル $\vec{a}^{(l)}$ の存在の問題にひとまず帰着した．

［命題 3.1 の証明］　微分方程式の確定特異点の集合を $\Xi'(t)$, $\boldsymbol{X}(t)=\mathbf{P}^1(\mathbf{C})\setminus\Xi'$ とする．ここでは，微分方程式の見かけの特異点は Ξ' に含まれている，とする．モノドロミーが t に依らないというのは局所的な条件だから，t の変域 U はある t_0 の適当な近傍であるとしてよい．

点 x_0 をすべての $t\in U$ に対し $x_0\in\boldsymbol{X}(t)$ となるようにとる．x_0 から出発し x_0 に終わる $\mathbf{P}^1(\mathbf{C})$ 内の閉じた道 γ は

$$\gamma\times U \subset \mathsf{X} = \bigcup_{t\in U} \boldsymbol{X}(t)$$

が成り立つとき，X 内の閉じた道ということにする．これはこの証明だけで使う用語である．U を十分小さくとっておけば，$\pi_1(x_0;\boldsymbol{X}(t))$ の元 $[\gamma_t]$ に対して，$[\gamma]=[\gamma_t]$ となるような X 内の閉じた道 γ を選ぶことができることは明らかであろう．

さて，(3.2) を $a_j^{(l)}(x,t)$ について解く．クラメールの公式により

$$a_j^{(l)}(x,t) = \frac{w_j^{(l)}(\vec{\varphi})}{w(\vec{\varphi})} \tag{3.17}$$

となる．ここで，分子の $w_j^{(l)}(\vec{\varphi})$ は，ロンスキアン $w(\vec{\varphi})$ の第 j ベクトル

$$\left.\frac{\partial^{j-1}\vec{\phi}}{\partial x^{j-1}}\right|_{\vec{\phi}=\vec{\varphi}(x,t)}$$

を(3.2)の右辺 $\left.\dfrac{\partial\vec{\phi}}{\partial t_l}\right|_{\vec{\phi}=\vec{\varphi}(x,t)}$ で置き換えたものである．

まず，$\vec{\phi}=\vec{\varphi}(x,t)$ のモノドロミー群が t に依らないとしよう．すると，X 内の閉じた道 γ に対し，$\Gamma(\gamma)$ を γ に対する回路行列とすると，$\vec{\varphi}$ の γ に沿っての解析接続 $\vec{\varphi}^{\gamma}$ は

$$\vec{\varphi}^{\gamma}(x,t) = \vec{\varphi}(x,t)\Gamma(\gamma)$$

という関係式を満たす．この式の両辺を t_l で微分して

$$\frac{\partial}{\partial t_l}\vec{\varphi}^{\gamma}(x,t) = \frac{\partial}{\partial t_l}\vec{\varphi}(x,t)\Gamma(\gamma)+\vec{\varphi}(x,t)\frac{\partial\Gamma(\gamma)}{\partial t_l} \tag{3.18}$$

を得るが，仮定から $\Gamma(\gamma)$ は t に依らないから

$$\frac{\partial}{\partial t_l}\vec{\varphi}^{\gamma}(x,t) = \frac{\partial}{\partial t_l}\vec{\varphi}(x,t)\Gamma(\gamma)$$

である．一方，同じ式を x で繰り返し微分すると

$$\frac{\partial^{j-1}}{\partial x^{j-1}}\vec{\varphi}^{\gamma}(x,t) = \frac{\partial^{j-1}}{\partial x^{j-1}}\vec{\varphi}(x,t)\Gamma(\gamma) \tag{3.19}$$

となり，したがって，2つの行列式 $w(\vec{\varphi}), w_j^{(l)}(\vec{\varphi})$ に対し

$$w\left(\vec{\varphi}^{\gamma}\right) = |\Gamma(\gamma)|\, w(\vec{\varphi})\,, \qquad w_j^{(l)}\left(\vec{\varphi}\right) = |\Gamma(\gamma)|\, w_j^{(l)}(\vec{\varphi})$$

が成り立つ．すなわち，$a_j^{(l)}(x,t)$ は x の関数として1価である．(3.17)から明らかなように，$a_j^{(l)}(x,t)$ の特異点は微分方程式の特異点の集合 $\varXi'$ に含まれる．各 $\xi\in\varXi'$ に対し u を $x=\xi$ のまわりの局所座標とする．$u=x-\xi$ あるいは $u=\dfrac{1}{x}$ である．命題2.2と(2.43)とにより，$x=\xi$ の近傍においてロンスキアン $w(\vec{\varphi})$ は，ある複素数 s があって

$$u^s\sum_{i=1}^{\infty} c_i u^i$$

という形に表される．また，微分方程式(3.1)に対する仮定(P2)から，$w_j^{(l)}(\vec{\varphi})$ もこれと同様な表示をもつ．したがって，$a_j^{(l)}(x,t)$ も $x=\xi$ の近傍で上と同じ表示をもつが，これは 1 価関数であるから，$x=\xi$ は $a_j^{(l)}(x,t)$ の高々極である．すなわち，$a_j^{(l)}(x,t)$ は x の有理関数であり，これで命題 3.1 が示された．■

［命題 3.2 の証明］　$a_j^{(l)}(x,t)$ は x の有理関数であるとしよう．(3.2)において $\vec{\phi}=\vec{\varphi}(x,t)$ とし，両辺を，X 内の閉じた道 γ に沿って解析接続する．その結果

$$\frac{\partial\vec{\varphi}^{\gamma}}{\partial t_l}=\sum_{j=1}^{n}a_j^{(l)}(x,t)\frac{\partial^{j-1}\vec{\varphi}^{\gamma}}{\partial x^{j-1}}$$

となるが，これに(3.18)，(3.19)を使うと

$$\vec{\varphi}\frac{\partial\Gamma(\gamma)}{\partial t_l}=\vec{0}$$

を得る．この式をさらに x で微分すると，$\vec{\varphi}(x,t)$ のロンスキー行列 $W(\vec{\varphi})$ は

$$W(\vec{\varphi})\frac{\partial\Gamma(\gamma)}{\partial t_l}=0$$

を満たすことになるが，$W(\vec{\varphi})$ は可逆行列であるから

$$\frac{\partial\Gamma(\gamma)}{\partial t_l}=0$$

これが証明すべき命題 3.2 の主張である．■

3.2　2 階フックス型微分方程式のラックスの方程式

高階微分方程式のモノドロミー保存変形に関する前節の結果を，2 階微分方程式の場合に詳しく調べてみよう．まず，変形微分方程式系(3.3)は

$$\begin{cases}\dfrac{\partial^2\vec{\phi}}{\partial x^2}+p_1(x,t)\dfrac{\partial\vec{\phi}}{\partial x}+p_2(x,t)\vec{\phi}=0\\[2ex]\dfrac{\partial\vec{\phi}}{\partial t_l}=a_1^{(l)}(x,t)\vec{\phi}+a_2^{(l)}(x,t)\dfrac{\partial\vec{\phi}}{\partial x}\end{cases}\qquad(3.20)$$

となる．まず，ラックスの方程式(3.16)を具体的に計算しよう．実際には，(3.20)の第 1 式を t で微分し，第 2 式を x で微分して，$\vec{\phi}$ とその導関数を消

去することにより，微分方程式系の係数のあいだに成り立つ関係式を求める．その結果は

$$2\frac{\partial a_1^{(l)}}{\partial x}+\frac{\partial^2 a_2^{(l)}}{\partial x^2}-\frac{\partial}{\partial x}\left(p_1 a_2^{(l)}\right)+\frac{\partial p_1}{\partial t_l}=0 \tag{3.21}$$

$$\frac{\partial^2 a_1^{(l)}}{\partial x^2}-2p_2\frac{\partial a_2^{(l)}}{\partial x}-\frac{\partial p_2}{\partial x}a_2^{(l)}+p_1\frac{\partial a_1^{(l)}}{\partial x}+\frac{\partial p_2}{\partial t_l}=0 \tag{3.22}$$

となる．ここで，$p_j=p_j(x,t)$, $a_j^{(l)}=a_j^{(l)}(x,t)$, $j=1,2$，および $l=1,\cdots,L$ である．

条件(3.21)は次のようにも書ける．

$$\frac{\partial p_1}{\partial t_l}=\frac{\partial c^{(l)}}{\partial x}, \qquad c^{(l)}=p_1 a_2^{(l)}-2a_1^{(l)}-\frac{\partial a_2^{(l)}}{\partial x} \tag{3.23}$$

リーマン球面 $\mathbf{P}^1(\mathbf{C})$ 上のフックス型微分方程式については，79 ページで

$$p_1(x,t)=\sum_{i=1}^{M}\frac{\alpha_i}{x-\xi_i} \tag{3.24}$$

と書かれることを見た．ただし，ここでは微分方程式の特異点の集合 Ξ' には見かけの特異点も含まれている，としている．前のように，確定特異点の個数を $m+1$，見かけの特異点の個数を g とすれば，$M=m+g$ である．さて，条件(3.23)は，α_i が $t=(t_1,\cdots,t_L)$ に依存しないということを意味する．実際，(3.24)から

$$\frac{\partial p_1}{\partial t_l}=\sum_{i=1}^{M}\left[\frac{\partial \alpha_i}{\partial t_l}\cdot\frac{1}{x-\xi_i}+\frac{\partial \xi_i}{\partial t_l}\cdot\frac{\alpha_i}{(x-\xi_i)^2}\right]$$

となるが，これが x の有理関数の導関数として表されるためには

$$\frac{\partial \alpha_i}{\partial t_l}=0 \qquad (i=1,\cdots,M,\quad l=1,\cdots,L)$$

でなければならない．α_i は，確定特異点 $x=\xi_i$ における特性指数の和で表される量だから，これらがモノドロミー保存変形において t について不変となるのは当然のことではある．

ここで，我々の考察の筋道を明確にするために，次の形の 2 階微分方程式のモノドロミー保存変形を調べてみよう．

$$\frac{d^2z}{dx^2}=r(x,t)z \tag{3.25}$$

前章 2.7 節 109 ページで紹介したように，R.Fuchs と R.Garnier はこの形の微分方程式について，フックスの問題を計算した．実は，すぐ後で見るように，変形微分方程式(3.20)の研究は，(3.25)のモノドロミー保存変形に帰着する．(3.25)の変形微分方程式系は，$b_1^{(l)}(x,t), b_2^{(l)}(x,t)$ を x の有理関数として

$$\begin{cases} \dfrac{\partial^2\vec{\psi}}{\partial x^2}=r\vec{\psi} \\ \dfrac{\partial\vec{\psi}}{\partial t_l}=b_1^{(l)}\vec{\psi}+b_2^{(l)}\dfrac{\partial\vec{\psi}}{\partial x} \qquad (l=1,\cdots,L) \end{cases} \tag{3.26}$$

と書ける．ここで，$b_j^{(l)}=b_j^{(l)}(x,t)$ $(j=1,2)$, $r=r(x,t)$ である．この微分方程式系のラックスの方程式は

$$2\frac{\partial b_1^{(l)}}{\partial x}+\frac{\partial^2 b_2^{(l)}}{\partial x^2}=0 \tag{3.27}$$

$$\frac{\partial^2 b_1^{(l)}}{\partial x^2}+2r\frac{\partial b_2^{(l)}}{\partial x}+\frac{\partial r}{\partial x}b_2^{(l)}-\frac{\partial r}{\partial t_l}=0 \tag{3.28}$$

という，少し簡単な形になる．これらの式から関数 $b_1^{(l)}$ を消去すると

$$\frac{\partial^3 b_2^{(l)}}{\partial x^3}-4r\frac{\partial b_2^{(l)}}{\partial x}-2\frac{\partial r}{\partial x}b_2^{(l)}+2\frac{\partial r}{\partial t_l}=0 \qquad (l=1,\cdots,L)$$

が得られる．この 3 階微分方程式系は，モノドロミー保存変形，ホロノミック変形，において重要な役割を果たす．そこで，x の有理関数 $r=r(x,t)$ に対して，非斉次線型微分方程式

$$\frac{\partial^3 w}{\partial x^3}-4r\frac{\partial w}{\partial x}-2\frac{\partial r}{\partial x}w+2\frac{\partial r}{\partial t_l}=0 \tag{3.29}$$

を考える．我々が考察している場合には，フックス型微分方程式(3.25)がモノドロミー保存変形を許すならば，(3.29)は x の有理関数 $w=b_2^{(l)}$ を解としてもつ．さらに，もしこの微分方程式が x の有理関数 $b_2^{(l)}$ を解としてもてば，$b_1^{(l)}$ は(3.27)により，自動的に x の有理関数となる．

この 2 つの有理関数 $b_1^{(l)}, b_2^{(l)}$ について変形微分方程式系(3.26)を考えると，

上で調べたラックスの方程式に加えて，積分可能条件

$$\frac{\partial}{\partial t_h}\left(\frac{\partial \vec{\psi}}{\partial t_l}\right)=\frac{\partial}{\partial t_l}\left(\frac{\partial \vec{\psi}}{\partial t_h}\right) \qquad (l,\ h=1,\cdots,L)$$

がある．この t_h, t_l に関する積分可能条件を，(3.26)を使って計算すると

$$c_1^{(l,h)}\vec{\psi}+c_2^{(l,h)}\frac{\partial \vec{\psi}}{\partial x}=0 \qquad (l,h=1,\cdots,L)$$

という形の方程式が得られるが，$\vec{\psi}$ は解の基本系であり，ロンスキー行列 $W(\vec{\psi})$ は可逆行列であるから，$c_1^{(l,h)}=c_2^{(l,h)}=0$ となる．この式を具体的に書き下したのが次の条件である．

$$\left(\frac{\partial}{\partial t_h}-b_2^{(h)}\frac{\partial}{\partial x}\right)b_1^{(l)}=\left(\frac{\partial}{\partial t_l}-b_2^{(l)}\frac{\partial}{\partial x}\right)b_1^{(h)}$$

$$\left(\frac{\partial}{\partial t_h}-b_2^{(h)}\frac{\partial}{\partial x}\right)b_2^{(l)}=\left(\frac{\partial}{\partial t_l}-b_2^{(l)}\frac{\partial}{\partial x}\right)b_2^{(h)} \tag{3.30}$$

ところが，第2の条件(3.30)の両辺を x で微分し，(3.27)を使うと，第1の条件が従うことはすぐわかる．したがって，(3.26)の完全積分可能条件は，$b_2^{(l)}$ に関するラックスの方程式(3.29)と条件(3.30)に帰着する．

再び，変形方程式系(3.20)の考察に戻る．(3.27)と(3.28)から $b_1^{(l)}$ を消去したように，(3.21)と

$$\begin{aligned} &2\frac{\partial^2 a_1^{(l)}}{\partial x^2}-4p_2\frac{\partial a_2^{(l)}}{\partial x}-2\frac{\partial p_2}{\partial x}a_2^{(l)}+2\frac{\partial p_2}{\partial t_l} \\ &\quad =p_1\frac{\partial^2 a_2^{(l)}}{\partial x^2}-p_1^2\frac{\partial a_2^{(l)}}{\partial x}-p_1\frac{\partial p_1}{\partial x}a_2^{(l)}+p_1\frac{\partial p_1}{\partial t_l} \end{aligned} \tag{3.31}$$

から $a_1^{(l)}$ を消去しよう．この式は，(3.22)を(3.21)により書き直したものである．少し面倒な計算の後，次の結果を得る．

命題 3.6 $a_2^{(l)}=a_2^{(l)}(x,t)$ は，次式で定義される，x の有理関数 $r=r(x,t)$ について，微分方程式(3.29)を満たす．

$$r(x,t)=-p_2(x,t)+\frac{1}{4}p_1(x,t)^2+\frac{1}{2}\frac{\partial}{\partial x}p_1(x,t) \tag{3.32}$$

□

一方，2 階線型常微分方程式

$$\frac{d^2y}{dx^2}+p_1(x,t)\frac{dy}{dx}+p_2(x,t)y=0 \tag{3.33}$$

において，1 階線型微分方程式

$$\frac{d\phi}{dx}+\frac{1}{2}p_1(x,t)\phi=0 \tag{3.34}$$

の解 $\phi=\phi(x,t)$ を 1 つとり，(3.33) の未知変数を

$$y=\phi(x,t)z \tag{3.35}$$

と変換する．このとき，z は (3.25) の形の微分方程式を満足するが，その係数 $r=r(x,t)$ はまさに (3.32) で与えられる．

(3.35) は 2 つの微分方程式の解の基本系の関係であり，各々が定めるモノドロミー群は関数 ϕ の回路行列の作用——といってもスカラー倍されるだけであるが——の違いしかない．もし (3.33) がモノドロミー保存変形を許すとすると，ϕ の作用がパラメータ t に依存しないならば，(3.25) もモノドロミー保存変形を許す．(3.25) と (3.35) の役割を入れ替えても同じである．ここで述べたことを，次のようにまとめておこう．

命題 3.7　2 階フックス型微分方程式 (3.33) のモノドロミー保存変形と，2 階フックス型微分方程式 (3.25) のモノドロミー保存変形とは，1 階フックス型微分方程式 (3.34) がモノドロミー保存変形を許すという条件の下で，同値である． □

実は，リーマン球面 $\mathbf{P}^1(\mathbf{C})$ 上定義された微分方程式の場合，命題 3.7 の条件は自動的に満たされている．実際，(3.34) を解くと，(3.24) より，解 ϕ は定数倍を除いて関数

$$\phi(x,\ t)=\prod_{i=1}^{M}(x-\xi_i)^{-\frac{1}{2}\alpha_i} \tag{3.36}$$

で与えられるから，この解のモノドロミー群は，M 個のスカラー

$$e^{-\pi\sqrt{-1}\alpha_i}$$

で生成される可換群である．これは t に依存しない．

x の有理関数 $a_2^{(l)}$ が(3.29)を満たすとすると，有理関数 $a_1^{(l)}$ を(3.23)で定めれば，(3.33)のモノドロミー保存変形に関する，ラックスの方程式が成立する．一方，微分方程式(3.25)の変形微分方程式系(3.26)において，この $a_2^{(l)}$ を $b_2^{(l)}$ として，上述の議論を繰り返すと，(3.25)のモノドロミー保存変形のラックスの方程式も成立する．

なお，変形方程式系(3.20)の第2式から，(3.30)と同様に，積分可能条件として

$$\left(\frac{\partial}{\partial t_h}-a_2^{(h)}\frac{\partial}{\partial x}\right)a_1^{(l)}=\left(\frac{\partial}{\partial t_l}-a_2^{(l)}\frac{\partial}{\partial x}\right)a_1^{(h)} \tag{3.37}$$

$$\left(\frac{\partial}{\partial t_h}-a_2^{(h)}\frac{\partial}{\partial x}\right)a_2^{(l)}=\left(\frac{\partial}{\partial t_l}-a_2^{(l)}\frac{\partial}{\partial x}\right)a_2^{(h)} \tag{3.38}$$

が得られる．ここで，(3.23)を考慮すると，(3.37)は

$$\left(\frac{\partial}{\partial x}-p_1\right)\left(\frac{\partial}{\partial t_h}-a_2^{(h)}\frac{\partial}{\partial x}\right)a_2^{(l)}=\left(\frac{\partial}{\partial x}-p_1\right)\left(\frac{\partial}{\partial t_l}-a_2^{(l)}\frac{\partial}{\partial x}\right)a_2^{(h)}$$

となる．したがって，(3.25)の完全積分可能条件は，$a_2^{(l)}$ に関するラックスの方程式(3.29)と条件(3.38)に帰着する．

他方，この章のはじめに述べた微分方程式(3.33)に関する仮定(P2)，(P3)の下では，次の結果が成り立つ．

命題 3.8　非斉次微分方程式(3.29)を満たす，x の有理関数は存在するとしてもただ1つである．　□

この命題の証明の前に，これから従う事実を整理しておこう．まず，$b_2^{(l)}=a_2^{(l)}$ でなければならない．結局，(3.33)の変形微分方程式系の完全積分可能条件は，条件(3.30)を満足する(3.29)の有理関数解 $b_2^{(l)}$ の存在に集約される．以上により，微分方程式(3.33)のモノドロミー保存変形は，変換(3.35)を通して，微分方程式(3.25)のモノドロミー保存変形に帰着された．

［命題 3.8 の証明］　$a^{(l)}$ と $b^{(l)}$ を(3.29)の解とし，$c^{(l)}=a^{(l)}-b^{(l)}$ とおくと，$c^{(l)}=c^{(l)}(x,t)$ は

$$\frac{\partial^3\phi}{\partial x^3}-4r\frac{\partial\phi}{\partial x}-2\frac{\partial r}{\partial x}\phi=0 \tag{3.39}$$

を満たす．ところで，微分方程式(3.25)の 1 次独立解を $\varphi_1(x,t), \varphi_2(x,t)$ とすると，(3.39)の 1 次独立解は

$$\varphi_1(x,t)^2, \qquad \varphi_1(x,t)\varphi_2(x,t), \qquad \varphi_2(x,t)^2$$

である．一方，仮定(P2), (P3)により，$\varphi_1(x,t), \varphi_2(x,t)$ は x の有理関数にはならない．よって，(3.39)を満足する有理関数解 $c(x,t)$ は $c\equiv 0$ に限る．すなわち，(3.29)の有理関数解は存在しても一意である．■

これまで，リーマン球面 $\mathbf{P}^1(\mathbf{C})$ 上定義された微分方程式について考えてきた．この節の残りの部分で，楕円曲線すなわち 1 次元複素トーラス $\boldsymbol{T}$ 上定義されたフックス型微分方程式のモノドロミー保存変形について述べる．$\boldsymbol{T}$ の普遍被覆リーマン面は $\mathbf{C}$ であり，微分方程式は楕円関数を使って，具体的に書き下すことができる．さらに，フックスの問題についても具体的な計算を行うことができる．以下，微分方程式(3.33)はフックス型で，係数 $p_1(x,t)$, $p_2(x,t)$ は $2\omega_1$ と $2\omega_3$ を周期とする 2 重周期有理型関数であるとする．また，$t=(t_1,\cdots,t_L)\in U$ とする．U は $\mathbf{C}^L$ の適当な領域である．

$x=\xi\in\boldsymbol{T}$ が(3.33)の確定特異点であるための条件は，局所的に与えられるから，$\mathbf{P}^1(\mathbf{C})$ の場合と同様である．すなわち，その条件は，$x=\xi$ が $p_1(x,t)$ の高々 1 位の極，$x=\xi$ が $p_2(x,t)$ の高々 2 位の極，となることである．そこで，(3.33)がトーラス $\boldsymbol{T}$ 上 M 個の確定特異点，ξ_m $(m=1,\cdots,M)$，をもっているとすると

$$p_1(x,t) = \beta + \sum_{m=1}^{M} \alpha_m\zeta(x-\xi_m), \qquad \sum_{m=1}^{M} \alpha_m = 0 \tag{3.40}$$

と表される．ここで，$\zeta(u)$ はワイエルストラスの ζ-関数で，ワイエルストラスの $\wp$-関数 $\wp(u)$ とは

$$\wp(u) = -\frac{d}{du}\zeta(u)$$

という関係で結ばれている．$\zeta(u)$ はもはや 2 重周期関数ではない．

さて，条件(3.23)は，$\boldsymbol{T}$ 上の微分方程式のラックスの方程式についても成立しなければならない．そのための条件を調べてみよう．上の式(3.40)を t_l で微分すると

$$\frac{\partial}{\partial t_l}p_1(x,t) = \frac{\partial \beta}{\partial t_l}+\sum_{m=1}^{M}\left[\frac{\partial \alpha_m}{\partial t_l}\zeta(x-\xi_m)+\alpha_m\frac{\partial \xi_m}{\partial t_l}\wp(x-\xi_m)\right]$$

となる．この右辺が，ある2重周期有理型関数の x に関する導関数となるためには

$$\frac{\partial \beta}{\partial t_l}=0, \qquad \frac{\partial \alpha_m}{\partial t_l}=0 \qquad (m=1,\cdots,M, \quad l=1,\cdots,L)$$

でなければならない．第2の条件は，各確定特異点 ξ_i における特性指数が t には依存しないという条件である．一方，第1の条件は，アクセサリー・パラメータ β に関するものである．これは自明な条件ではなく，特性指数だけからは決定できない．さて，これらの条件の下で

$$\frac{\partial p_1}{\partial t_l}=\frac{\partial}{\partial x}P, \qquad P=-\sum_{m=1}^{M}\left[\alpha_m\frac{\partial \xi_m}{\partial t_l}\zeta(x-\xi_m)\right]$$

と表される．右辺の関数 P が x の2重周期有理型関数となるためには，留数の和が0でなければならない．すなわち，

$$\sum_{m=1}^{M}\alpha_m\frac{\partial \xi_m}{\partial t_l}=\frac{\partial}{\partial t_l}\left(\sum_{m=1}^{M}\alpha_m\xi_m\right)=0$$

が成り立つことが必要である．これも，アクセサリー・パラメータに関する条件である．

次に，線型常微分方程式(3.25)のモノドロミー保存変形を考えよう．このときには，この微分方程式には $\dfrac{dz}{dx}$ の項が無い．それゆえ，トーラス $\boldsymbol{T}$ 上の微分方程式の場合にも，上述のアクセサリー・パラメータに関する条件は現れない．この事実と，命題3.7との関係を調べてみよう．結論を先に言うと，命題3.7における，1階フックス型微分方程式(3.34)がモノドロミー保存変形を許す，という条件が今度は意味をもってくる．

$p_1(x,t), p_2(x,t)$ が2重周期有理型関数であるときも，微分方程式(3.34)は解ける．解は定数倍を除いて，関数

$$\phi(x,t)=e^{-\frac{1}{2}\beta x}\prod_{m=1}^{M}\sigma(x-\xi_m)^{-\frac{1}{2}\alpha_m}$$

で与えられる．ここで，$\sigma(u)$ はワイエルストラスの σ-関数であり

$$\zeta(u) = \frac{d}{du} \log \sigma(u)$$

となっている．$\sigma(u)$ は $\mathbf{C}$ 上の整関数であるが，2 重周期関数ではない．さて，σ-関数の性質から，$p_1(x,t)$ の周期 $2\omega_1, 2\omega_3$ について，$\phi(x,t)$ には次の関係式が成り立つ．

$$\phi(x+2\omega_h, t) = \theta_h \phi(x,t)$$

$$\theta_h = \exp\left[-\beta\omega_h + \eta_h \sum_{m=1}^{M} \alpha_m \xi_m\right] \qquad (h=1,3)$$

ここで，$\eta_h = \zeta(\omega_h)$ である．さて，(3.34)のモノドロミーが t に依存しないための条件は，上の θ_h が t_l $(l=1,\cdots,L)$ に依らない，ということである．そこで，θ_h を t_l で微分すると

$$-\frac{\partial\beta}{\partial t_l}\omega_h + \eta_h \frac{\partial}{\partial t_l}\left(\sum_{m=1}^{M} \alpha_m \xi_m\right) = 0 \qquad (h=1,3)$$

という関係式が得られる．ところが，ルジャンドルの関係式

$$\eta_1\omega_3 - \eta_3\omega_1 = \frac{1}{2}\pi\sqrt{-1}$$

を使うと，この関係式は

$$\frac{\partial\beta}{\partial t_l} = 0, \qquad \frac{\partial}{\partial t_l}\left(\sum_{m=1}^{M} \alpha_m \xi_m\right) = 0 \qquad (i=1,\cdots,M, \quad l=1,\cdots,L)$$

に導かれる．これは，トーラス $\boldsymbol{T}$ 上定義された微分方程式(3.33)のモノドロミー保存変形を考える際に，上でラックスの方程式から得た条件とまったく同じものである．

3.3 変形微分方程式系の解

前節で 2 階微分方程式について調べたことを，$\mathbf{P}^1(\mathbf{C})$ 上定義された n 階フックス型微分方程式

$$\frac{d^n y}{dx^n} + \sum_{j=1}^{n} p_j(x,t) \frac{d^{n-j} y}{dx^{n-j}} = 0 \tag{3.41}$$

に関する結果に拡張する．この方程式に対し，111 ページの条件(P2), (P3)を仮定する．まず，1 階微分方程式

$$\frac{d\phi}{dx}+\frac{1}{n}p_1(x,t)\phi=0 \tag{3.42}$$

の解 $\phi=\phi(x,t)$ をとって，微分方程式(3.41)を変換

$$y=\phi(x,t)z \tag{3.43}$$

により，$n-1$ 階微分の項 $\dfrac{d^{n-1}z}{dx^{n-1}}$ が無い形に変形する．その微分方程式を

$$\frac{d^n z}{dx^n}+\sum_{j=2}^{n} q_j(x,t)\frac{d^{n-j}z}{dx^{n-j}}=0 \tag{3.44}$$

と書く．この微分方程式のリーマンデータを

$$\left(\mathbf{P}^1(\mathbf{C}),\Xi',\hat{\rho}'\right)$$

とする．(3.44)の解の基本系 $\vec{\psi}=\vec{\psi}(x,t)$ のロンスキー行列を $W(\vec{\psi})$，ロンスキアンを $w(\vec{\psi})$ と書く．このとき，$w(\vec{\psi})$ は，命題 2.2 により，x には依らない．よって，閉じた道 γ に沿っての，$\vec{\psi}$ の解析接続を $\vec{\psi}^{\gamma}$ とすると $w(\vec{\psi}^{\gamma})=w(\vec{\psi})$ である．一方，回路行列 $\Gamma(\gamma)$ は，$W(\vec{\psi}^{\gamma})=\Gamma(\gamma)W(\vec{\psi})$ により定義されるが，両辺の行列式を考えて

$$\det\,\Gamma(\gamma)=1$$

すなわち，(3.44)の形の微分方程式の解の基本系のモノドロミー群は，行列式 1 の行列全体，$SL(n,\mathbf{C})$，の部分群である．言い換えれば，モノドロミー群は表現

$$\rho':\pi_1(x_0;\boldsymbol{X}')\ \rightarrow\ SL(n,\mathbf{C})$$

を定める．ここで，$\boldsymbol{X}'=\mathbf{P}^1(\mathbf{C})\backslash\Xi'$ である．この意味で，線型微分方程式(3.44)を **SL 型**という．

命題 3.7 と同様，次の命題が成り立つ．

命題 3.9　n 階フックス型微分方程式(3.41)のモノドロミー保存変形と，n 階フックス型微分方程式(3.44)のモノドロミー保存変形とは，1 階フックス型微分方程式(3.42)がモノドロミー保存変形を許すという条件の下で，同値で

ある． □

$\mathbf{P}^1(\mathbf{C})$ 上の微分方程式について，1 階微分方程式(3.42)がモノドロミー保存変形を許すことは，2 階微分方程式のとき(3.34)の解を利用して示したのと同様に，(3.42)を解けばすぐわかることである．ここでは，(3.42)のモノドロミー保存変形のラックスの方程式を書き下しておこう．

(3.41)の変形微分方程式系は 112 ページの(3.3)で与えられた．これを，(3.12)，(3.14)の表示を用いて，連立変形微分方程式系に書き直す．この微分方程式系は，基本解行列 $Y=Y(x,t)$ を用いて

$$(3.6)\qquad \begin{cases} \dfrac{\partial Y}{\partial x}=P(x,t)Y \\ \dfrac{\partial Y}{\partial t_l}=A^{(l)}(x,t)Y \qquad (l=1,2,\cdots,L) \end{cases}$$

と表されるのであった．いまの場合，基本解行列としては，(3.41)の解の基本系 $\vec{\varphi}(x,t)$ のロンスキー行列 $Y=W(\vec{\varphi})$ をとればよい．さて，微分方程式系(3.6)の完全積分可能条件は，113 ページ命題 3.4 で与えた．すなわち

$$(3.7)\qquad \frac{\partial}{\partial t_l}P(x,t)-\frac{\partial}{\partial x}A^{(l)}(x,t)=\left[A^{(l)}(x,t),P(x,t)\right]$$

$$(3.8)\qquad \frac{\partial}{\partial t_l}A^{(h)}(x,t)-\frac{\partial}{\partial t_h}A^{(l)}(x,t)=\left[A^{(l)}(x,t),A^{(h)}(x,t)\right]$$

である．ここで，(3.7)の両辺の行列についてそのトレースをとり，(3.12)を用いると

$$(3.45)\qquad \frac{\partial}{\partial t_l}p_1(x,t)+n\frac{\partial}{\partial x}c^{(l)}(x,t)=0$$

$$c^{(l)}(x,t)=\frac{1}{n}\mathrm{Trace}A^{(l)}(x,t) \qquad (l=1,2,\cdots,L)$$

を得る．この式は，1 階微分方程式系

$$(3.46)\qquad \begin{cases} \dfrac{\partial\phi}{\partial x}+\dfrac{1}{n}p_1(x,t)\phi=0 \\ \dfrac{\partial\phi}{\partial t_l}-c^{(l)}(x,t)\phi=0 \end{cases}$$

の積分可能条件であり，(3.45)は方程式系(3.46)のラックスの方程式に他ならない．

さて，$\vec{\varphi}=\vec{\varphi}(x,t)$ を(3.41)の解の基本系で，モノドロミー群が t に依存しないもの，としよう．$\vec{\varphi}(x,t)$ は，変形微分方程式系(3.3)の解の基本系である．このとき，微分方程式(3.2)の係数 $a_j^{(l)}(x,t)$ は公式(3.17)で与えられる．$\vec{\psi}(x,y)$ を，(3.41)の別の解の基本系であるとすると，n 次可逆行列 $G(t)$ がとれて

$$\vec{\psi}(x,t)=\vec{\varphi}(x,t)G(t) \tag{3.47}$$

となる．我々は t について解析的な解の基本系のみを考えているから，$G(t)$ の各成分は t の解析関数である．さて，$\vec{\varphi}(x,t)$ の，ある閉じた道 γ に対する回路行列を $\Gamma(\gamma)$ とすると，$\vec{\psi}(x,t)$ の対応する回路行列は $G(t)^{-1}\Gamma(\gamma)G(t)$ である．特に，$g(t)$ を t のスカラー関数，G を t に依存しない定数行列として

$$G(t)=g(t)G \tag{3.48}$$

となっているとしよう．もちろん，考えている領域で $g(t)\neq 0$ である．このとき，(3.47)で定義される解の基本系 $\vec{\psi}(x,t)$ のモノドロミー群も t に依存しない．さらに，$\vec{\psi}(x,t)$ に対して

$$b_j^{(l)}(x,t)=\frac{w_j^{(l)}(\vec{\psi})}{w(\vec{\psi})}$$

により，x の有理関数 $b_j^{(l)}(x,t)$ を定めると，$\vec{\psi}(x,t)$ は，$b_j^{(l)}(x,t)$ を係数とする，変形微分方程式系の解である．ここで，$w_j^{(l)}(\vec{\psi})$ は，ロンスキアン $w(\vec{\psi})$ の第 j 列ベクトル $\dfrac{\partial^{j-1}\vec{\psi}}{\partial x^{j-1}}$ を $\dfrac{\partial\vec{\psi}}{\partial t_l}$ で置き換えたものであった．上式の右辺に(3.47)と(3.48)を代入すると，$j=2,\cdots,n$ については

$$w_j^{(l)}(\vec{\psi})=g(t)^n(\det G)\cdot w_j^{(l)}(\vec{\varphi}) \qquad (l=1,\cdots,L)$$
$$w(\vec{\psi})=g(t)^n(\det G)\cdot w(\vec{\varphi})$$

が成り立ち，$j\geqq 2$ のとき $a_j^{(l)}(x,t)=b_j^{(l)}(x,t)$ である．一方，$j=1$ のときは

$$w_1^{(l)}(\vec{\psi}) = g(t)^{n-1}\frac{\partial g}{\partial t_l}(t)(\det G)\cdot w(\vec{\varphi})+g(t)^n(\det G)\cdot w_1^{(l)}(\vec{\varphi}) \quad (l=1,\cdots,L)$$

となる．すなわち

$$b_1^{(l)}(x,t) = \frac{\partial}{\partial t_l}\log g(t)+a_1^{(l)}(x,t)$$

である．実は，ここで述べたことの逆が成り立つ．

命題 3.10 関係(3.47)で結ばれている2つの解の基本系 $\vec{\varphi}(x,t), \vec{\psi}(x,t)$ のモノドロミー群がともに t に依存しないならば，(3.48)が成立する． □

この命題により，変形微分方程式系の係数

$$a_j^{(l)}(x,t) \qquad (j=2,\cdots,n, \quad l=1,\cdots,L)$$

は，微分方程式(3.41)だけで決まり，モノドロミー群が t に依存しない解の基本系の選び方には依らない．我々は $n=2$ の場合にこの事実を，ラックスの方程式を用いて確かめたのであった．

この節の残りを使って，命題3.10を証明しよう．そのために3つの命題を準備する．まず，単独高階微分方程式(3.41)を，(3.12), (3.14)により連立微分方程式系に書き直し，変形微分方程式系(3.6)を考えよう．$\vec{\varphi}(x,t)$ と $\vec{\psi}(x,t)$ を，命題3.10の条件を満たす，(3.41)の解の基本系とする．このとき，$\vec{\varphi}(x,t)$ に対し，$Y=W(\vec{\varphi})$ の満足する変形微分方程式系の係数を $A_1^{(l)}(x,t)$，同様に $\vec{\psi}(x,t)$ から決まる変形微分方程式系の係数を $A_2^{(l)}(x,t)$ とする．この2種類の行列 $A_1^{(l)}, A_2^{(l)}$ について，(3.7)と(3.8)が成立する．

$$B^{(l)}(x,t) = A_1^{(l)}(x,t)-A_2^{(l)}(x,t)$$

とおくと，(3.7)よりこれは行列微分方程式

$$\frac{\partial}{\partial x}B^{(l)}(x,t)+\left[B^{(l)}(x,t), P(x,t)\right] = 0 \tag{3.49}$$

を満たす．

ここで一般に，Z を未知行列とし，行列微分方程式

$$\frac{dZ}{dx}+\left[Z, P(x)\right] = 0 \tag{3.50}$$

を考えよう．いま，$Y(x)$ を微分方程式

$$\frac{dY}{dx} = P(x)Y \tag{3.51}$$

の基本解行列，B_0 を x には依存しない可逆行列としたとき，(3.50)の一般解は

$$Z(x) = Y(x)B_0Y(x)^{-1}$$

で与えられる．これは計算で簡単に確かめることができるから，詳細は省略する．この結果をいま考えている場合に適用すると，次のことがわかる．

補題 3.1　行列微分方程式(3.49)の一般解は，(3.51)の基本解行列 $Y=Y(x,t)$ により

$$B^{(l)}(x,t) = Y(x,t)B_0^{(l)}(t)Y(x,t)^{-1}$$

で与えられる．ここで $B_0^{(l)}(t)$ は，成分が t の解析関数である可逆行列である．

□

さらに，微分方程式(3.41)に対する仮定(P3)の下で，次のことが成り立つ．

補題 3.2　$B_0^{(l)}(t)$ $(l=1,\cdots,L)$ はスカラー行列である．　□

したがって，スカラー関数 $f_0^{(l)}(t)$ により，$B_0^{(l)}(t)=f_0^{(l)}(t)I_n$ と表すことができる．I_n は n 次単位行列である．このとき，(3.47)の行列 $G(t)$ について次のことが成り立つ．

補題 3.3　行列 $G(t)$ は微分方程式系

$$\frac{\partial}{\partial t_l}G(t) = -f_0^{(l)}(t)G(t) \qquad (l=1,\cdots,L) \tag{3.52}$$

を満たす．この方程式系は完全積分可能である．　□

補題 3.2，補題 3.3 を仮定すれば，命題 3.10 の証明は簡単である．

［命題 3.10 の証明］　微分方程式(3.52)の完全積分可能条件から

$$\frac{\partial}{\partial t_l}g(t) = -f_0^{(l)}(t)g(t) \qquad (l=1,\cdots,L) \tag{3.53}$$

というスカラー関数 $g(t)$ が存在する．この関数を用いて，(3.52)の一般解は

(3.48)で与えられる. ■

[補題3.2の証明] $\Xi'(t)$ を微分方程式(3.51)の特異点の集合, $\boldsymbol{X}'(t)=\mathbf{P}^1(\mathbf{C})\backslash\Xi'(t)$ とする. $\boldsymbol{X}'(t)$ 内の閉じた道 γ に沿って, (3.51)の基本解行列 $Y(x,t)$ を解析接続すると

$$Y^{\gamma}(x,t)=Y(x,t)\Gamma(\gamma)$$

となる. $\Gamma(\gamma)$ は γ に対する回路行列である. 一方, $B^{(l)}(x,t)$ は x の有理関数であるから, $B^{(l)\gamma}(x,t)=B^{(l)}(x,t)$, したがって, 補題3.1より

$$B^{(l)}(x,t)=Y(x,t)\Gamma(\gamma)B_0^{(l)}(t)\Gamma(\gamma)^{-1}Y(x,t)^{-1}$$

となる. すなわち, 任意の道 γ に対し, 回路行列 $\Gamma(\gamma)$ は

$$\Gamma(\gamma)B_0^{(l)}(t)=B_0^{(l)}(t)\Gamma(\gamma)$$

を満たす. ところが, 条件(P3)により, $Y(x,t)$ のモノドロミー群は既約である. よって, 表現論でよく知られたシューアの補題により, $B_0^{(l)}(t)$ はスカラー行列である. ■

さて, 前のように $B_0^{(l)}(t)=f_0^{(l)}(t)I_n$ と書くと, 補題3.1から

$$B^{(l)}(x,t)=f_0^{(l)}(t)I_n=A_1^{(l)}(x,t)-A_2^{(l)}(x,t) \tag{3.54}$$

が成り立つ. ここで, 単独高階微分方程式(3.41)の変形微分方程式系(3.3)に戻って考えよう. 行列 $A_1^{(l)},A_2^{(l)}$ の具体形(3.14)を考慮すれば, 補題3.2から

$$a_j^{(l)}(x,t) \qquad (j=2,\cdots,n, \quad l=1,\cdots,L)$$

は確かに, 解の基本系の選び方には依らず決まってしまうことがわかる.

[補題3.3の証明] (3.47)において, $\vec{\varphi}(x,t),\vec{\psi}(x,t)$ のロンスキー行列 $W(\vec{\varphi})$, $W(\vec{\psi})$ をそれぞれ $Y_1(x,t),Y_2(x,t)$ と書くと,

$$Y_2(x,t)=Y_1(x,t)G(t)$$

である. さて, 関数 $A_1^{(l)}(x,t),A_2^{(l)}(x,t)$ の定義により

$$A_1^{(l)}(x,t)=\left(\frac{\partial}{\partial t_l}Y_1(x,t)\right)Y_1(x,t)^{-1}$$

$$A_2^{(l)}(x,t)=\left(\frac{\partial}{\partial t_l}Y_2(x,t)\right)Y_2(x,t)^{-1}$$

が成り立つから，これら3つの式を(3.54)に代入しよう．簡単な計算で

$$f_0^{(l)}(t)I_n=-Y_1(x,t)\left(\frac{\partial}{\partial t_l}G(t)\right)G(t)^{-1}Y_1(x,t)^{-1}$$

となる．(3.52)はこの式から直ちに従う．次に(3.52)が完全積分可能であることは

$$\frac{\partial}{\partial t_l}f_0^{(h)}(t)-\frac{\partial}{\partial t_h}f_0^{(l)}(t)=0 \qquad (l,h=1,\cdots,L)$$

を示せばよい．ところが，$A_1^{(l)}(x,t), A_2^{(l)}(x,t)$ ともに(3.8)を満足するから，辺々引いて(3.54)を用いると

$$\begin{aligned}&\left(\frac{\partial}{\partial t_l}f_0^{(h)}(t)-\frac{\partial}{\partial t_h}f_0^{(l)}(t)\right)I_n\\&=\left[A_1^{(l)},\ A_1^{(h)}\right]-\left[A_2^{(l)},\ A_2^{(h)}\right]\\&=\left[A_2^{(l)}+f_0^{(l)}I_n,\ A_2^{(h)}+f_0^{(h)}I_n\right]-\left[A_2^{(l)},\ A_2^{(h)}\right]\\&=0\end{aligned}$$

となる．これが証明すべきことであった． ■

3.4 シュレージンガー系

まず，n 次連立微分方程式系(3.4)のモノドロミー保存変形についてこれまでわかったことをまとめよう．微分方程式系(3.4)のリーマンデータを

$$\left(\mathbf{P}^1(\mathbf{C}), \Xi', \hat{\rho}'\right)$$

とし，111ページの条件(P2),(P3)を仮定する．

微分方程式系(3.4)の基本解行列 $Y=Y(x,t)$ で，そのモノドロミー群がパラ

メータ $t=(t_1, \cdots, t_L)$ に依存しないものが存在するならば，x の有理関数を成分とする行列 $A^{(l)}(x,t)$ $(l=1, \cdots, L)$ が存在して，$Y(x,t)$ は変形微分方程式系(3.6)の解となる．この微分方程式系の完全積分可能条件は，(3.7)と(3.8)である．(3.4)のモノドロミー保存変形はこの条件の研究に帰着する．前節最後に述べた命題3.10，補題3.2，補題3.3によれば，(3.7),(3.8)を満足する x の有理関数を成分とする行列が2種類，$A_1^{(l)}$ と $A_2^{(l)}$，存在するときには，スカラー関数 $g(t)$ が存在して

$$A_2^{(l)}(x,t) = A_1^{(l)}(x,t) + \left(\frac{\partial}{\partial t_l} \log g(t) \right) I_n \qquad (l = 1, \cdots, L)$$

となる．この節では，具体的な例について，(3.4)のモノドロミー保存変形を調べよう．

まず，有理関数を成分とする行列 $A^{(l)}(x,t)$ の形を決めることを考えてみよう．$x=\xi$ を確定特異点とすると，基本解行列 $Y(x,t)$ は，条件(P2)により

$$Y(x,t) = \Phi(x,t)\,(x-\xi)^{\mathsf{A}}\,G(t) \tag{3.55}$$

と表される．ここで，A は対角行列で，t に依存しない．また，$\Phi=\Phi(x,t)$ の各成分は $x=\xi$ の近傍において，x と t について正則，$G(t)$ は各成分が U 上正則である可逆行列である．$Y=Y(x,t)$ の表示(3.55)については，単独高階微分方程式の場合と同様に求めることができるから，ここでは既知として話を進める．(3.55)を(3.6)の第2式に代入すると

(3.56)

$$\begin{aligned} A^{(l)}(x,t) &= \frac{\partial Y}{\partial t_l} Y^{-1} \\ &= \frac{\partial \Phi}{\partial t_l}\Phi^{-1} - \frac{1}{x-\xi}\frac{\partial \xi}{\partial t_l}\Phi \mathsf{A} \Phi^{-1} + \Phi(x-\xi)^{\mathsf{A}}\frac{\partial G}{\partial t_l}G^{-1}(x-\xi)^{-\mathsf{A}}\Phi^{-1} \end{aligned}$$

となる．この表示から，次の結果が得られる．詳しい説明は省略する．

命題 3.11 (1) 行列 $A^{(l)}(x,t)$ は，微分方程式(3.4)の正則点，すなわち $P(x,t)$ の正則点，では正則となる．
(2) (3.4)の確定特異点 $x=\xi$ においては，もし ξ が t_l に依存しなければ，$x=\xi$ で $A^{(l)}(x,t)$ は正則となる．

(3) 確定特異点の位置 ξ が t_l に依存すれば，$x=\xi$ は $A^{(l)}(x,t)$ の 1 位の極である．□

以下，第 2 章第 5 節の結果を使って，行列型のシュレージンガー型微分方程式

$$\frac{dY}{dx} = \left(\sum_{l=1}^{L} \frac{\mathsf{A}_l}{x-t_l}\right) Y \tag{3.57}$$

のモノドロミー保存変形について調べてみよう．計算の細部に立ち入ることはせず，筋道を紹介する．

変形のパラメータ t_l としては，確定特異点の位置をとる．すなわち

$$t = (t_1, t_2, \cdots, t_L)$$

とする．$t=(1,\cdots,t_L)$ の変域 $U\subset\mathbf{C}^L$ は必要に応じて小さくとっておく．また

$$\mathsf{A}_\infty = -\sum_{l=1}^{L} \mathsf{A}_l$$

は，対角化可能であるとし，あらかじめ対角行列にとっておく．$Y=Y(x,t)$ を(3.57)の基本解行列で，そのモノドロミー群は t に依存しないとする．(3.56)により $A^{(l)}(x,t)$ を定めれば，命題 3.11 により，$A^{(l)}(x,t)$ は $t=t_l$ のみで 1 位の極をもち，それ以外の $\mathbf{P}^1(\mathbf{C})$ 上の各点で正則である．我々は，ここで L.Schlesinger にならって，$x=\infty$ の近傍において

$$Y(x,t) = \left(\sum_{j=0}^{\infty} \varPhi_j x^{-j}\right) x^{-\mathsf{A}_\infty}, \qquad \varPhi_0 = I_n$$

と表されている，と仮定する．すると，(3.56)から

$$A^{(l)}(\infty,t) = O$$

である．一方，$x=t_l$ における解の表示(3.55)を(3.57)に代入すると

$$\varPhi(t_l,t)\mathsf{A}\varPhi(t_l,t)^{-1} = \mathsf{A}_l$$

が得られる．上の 2 つの式から，結局

$$A^{(l)}(x,t) = -\frac{\mathsf{A}_l}{x-t_l}$$

となることがわかる．詳しい説明は省略したが，上で述べたような考察により次の命題が得らる．

命題 3.12 シュレージンガー型微分方程式(3.57)の変形微分方程式は以下で与えられる．

$$\begin{cases} \dfrac{\partial Y}{\partial x} = \left(\displaystyle\sum_{l=1}^{L} \frac{\mathsf{A}_l}{x-t_l} \right) Y \\ \dfrac{\partial Y}{\partial t_l} = \left(-\dfrac{\mathsf{A}_l}{x-t_l} \right) Y \end{cases}$$

□

次に，命題 3.12 の変形微分方程式系の完全積分可能条件(3.7)を具体的に計算する．まず

$$\sum_{h=1}^{L} \frac{1}{x-t_h} \frac{\partial \mathsf{A}_h}{\partial t_l} = \left[-\frac{\mathsf{A}_l}{x-t_l},\ \sum_{h=1}^{L} \frac{\mathsf{A}_h}{x-t_h} \right]$$

となるが，右辺を丁寧に変形すると

$$\sum_{h=1\,(h\neq l)}^{L} \frac{[\mathsf{A}_h, \mathsf{A}_l]}{t_h-t_l} \left(\frac{1}{x-t_h} - \frac{1}{x-t_l} \right)$$

を得る．ここで，$\dfrac{1}{x-t_h}$ の係数を比較すれば，A_h に関する微分方程式系

$$\frac{\partial \mathsf{A}_h}{\partial t_l} = \frac{[\mathsf{A}_h, \mathsf{A}_l]}{t_h-t_l} \qquad (h \neq l) \tag{3.58}$$

$$\frac{\partial \mathsf{A}_l}{\partial t_l} = -\sum_{h=1\,(h\neq l)}^{L} \frac{[\mathsf{A}_h, \mathsf{A}_l]}{t_h-t_l} \tag{3.59}$$

が成立することがわかる．

定義 3.1 非線型偏微分方程式系(3.58), (3.59)を**シュレージンガー系**という．□

他方，条件(3.8)は $h=l$ のときは自明であり，$h\neq l$ のときは微分方程式系

$$-\frac{1}{x-t_h} \frac{\partial \mathsf{A}_h}{\partial t_l} + \frac{1}{x-t_l} \frac{\partial \mathsf{A}_l}{\partial t_h} = \frac{[\mathsf{A}_l, \mathsf{A}_h]}{t_l-t_h} \left(\frac{1}{x-t_l} - \frac{1}{x-t_h} \right)$$

が従う．この両辺の係数を等しいとおいて得られる微分方程式系は上の(3.58)と同じものである．すなわち，条件(3.8)は(3.7)に含まれている．

命題 3.13 シュレージンガー系(3.58), (3.59)は完全積分可能である. □

［証明］ df を，関数 $f(t)$ の $t=(t_1,\cdots,t_L)$ に関する微分とする．すなわち

$$dA_l = \sum_{h=1}^{L} \frac{\partial A_l}{\partial t_h} dt_h$$

である．さらに微分 1 型式 Ω_l を

$$\Omega_l = \sum_{h=1\ (h\neq l)}^{L} \frac{[A_h, A_l]}{t_h - t_l} dt_h - \sum_{h=1\ (h\neq l)}^{L} \frac{[A_l, A_h]}{t_l - t_h} dt_l$$

により定める．するとシュレージンガー系(3.58), (3.59)は 1 種類のパッフ型式

$$dA_l = \Omega_l \qquad (l = 1, \cdots, L)$$

で表される．命題 3.13 に主張する完全積分可能性を示すには

$$d\Omega_l = 0 \qquad (l = 1, \cdots, L)$$

を示せばよい．このことは，それほど簡単ではないにしても，とにかく直接計算で確かめることができる． ∎

与えられたモノドロミーを実現する線型フックス型微分方程式として，常にシュレージンガー型微分方程式(3.57)がとれるか，という問題の考察はまだ終わっていない．行列のサイズが 2×2 の場合にはこの問題の答えは肯定的である．必ずしもシュレージンガー型微分方程式で実現できるとは限らないモノドロミーはどのようなものであろうか．一般の場合には，モノドロミーを勝手に与えると，連立微分方程式系でも見かけの特異点が必要であり，確かにそのような例も知られている．この反例で与えたモノドロミーは可約である．

では既約なモノドロミーを実現する線型フックス型微分方程式に限ったら，そのモノドロミーはシュレージンガー型微分方程式で実現できるだろうか．このことが証明されるならば，単独高階微分方程式のモノドロミー保存変形の結果得られる微分方程式はシュレージンガー系に含まれることになる．

少なくともわかることは，モノドロミー保存変形を許すということから，シュレージンガー型微分方程式は十分広いクラスのフックス型微分方程式である，ということである．

シュレージンガー系にはいくつかの第一積分が存在する．たとえば

$$\mathrm{Trace}\,\mathsf{A}_l\ ,\qquad \sum_{h=1}^{L}\mathsf{A}_h$$

等である．これらは，モノドロミー保存変形の不変量であり，実際(3.58)，(3.59)の形からも直接見てとれることである．しかし，シュレージンガー系から種々の積分を用いて変数を減らしていく操作を実行することは得策とは言えない．何か見通しがない限り微分方程式の形は複雑になるばかりである．したがって，単独高階フックス型微分方程式のモノドロミー保存変形は別の指導原理を求めて，別個に考察するのが理論上も実際上も良い方法である．

単独高階フックス型微分方程式のモノドロミー保存変形において，重要な役割を果たすのは，x の有理関数 $a_n^{(l)}(x,t)$ である．これらはラックスの方程式(3.16)を満たす．我々の対象である，パンルヴェ方程式は 2 階微分方程式のモノドロミー保存変形に関係している．第 3 章第 2 節で調べたように，$a_2^{(l)}(x,t)$ のラックスの方程式は 3 階の非斉次線型微分方程式(3.29)であった．また，単独高階微分方程式のモノドロミー保存変形は，変換(3.43)により SL 型の場合に帰着するのであった．また，与えられた微分方程式の 2 つの解の基本形 $\vec{\varphi}(x,t),\vec{\psi}(x,t)$ で，そのモノドロミー群が t に依存しないものが存在すれば，それらは(3.47)，(3.48)という，簡単な変換で移りあう．したがって，変形微分方程式系は本質的に 1 つである．

以降の節において，具体的に 2 階フックス型微分方程式のモノドロミー保存変形を調べる．次節では，パンルヴェ VI 型方程式の多変数化である，ガルニエ系を説明する．2 次のシュレージンガー型微分方程式のモノドロミー保存変形との関係，$n=2$ のシュレージンガー系とガルニエ系の関係等についても述べる．

パンルヴェ VI 型方程式と結びついたフックス型微分方程式は第 2.8 節で既に触れた．重複を恐れずもう一度書く．

$$\frac{d^2y}{dx^2}+p_1(x,t)\frac{dy}{dx}+p_2(x,t)y=0 \tag{3.60}$$

$$p_1(x,t)=\frac{1-\kappa_0}{x}+\frac{1-\kappa_1}{x-1}+\frac{1-\theta}{x-t}-\frac{1}{x-\lambda} \tag{3.61}$$

$$(3.62)\qquad p_2(x,t) = \frac{\kappa}{x(x-1)} + \frac{\lambda(\lambda-1)\mu}{x(x-1)(x-\lambda)} - \frac{t(t-1)H}{x(x-1)(x-t)}$$

$$\kappa = \chi\,(\chi+\kappa_\infty) = \frac{1}{4}\,(\kappa_0+\kappa_1+\theta-1)^2 - \frac{1}{4}\kappa_\infty^2$$

ここで，H は λ,μ,t の関数として次式で与えられた．

$$(3.63)\qquad \begin{aligned} t(t-1)H &= \lambda(\lambda-1)(\lambda-t)\mu^2 \\ &\quad -\{\kappa_0(\lambda-1)(\lambda-t)+\kappa_1\lambda(\lambda-t)+(\theta-1)\lambda(\lambda-1)\} \\ &\quad +\kappa(\lambda-t) \end{aligned}$$

我々は，フックス型微分方程式(3.60), (3.61), (3.62)に関するフックスの問題を再考察する．目標となるのは次の定理である．

定理 3.1　(3.60), (3.61), (3.62)のモノドロミー保存変形は，ハミルトン系

$$(3.64)\qquad \frac{d\lambda}{dt} = \frac{\partial H}{\partial \mu}, \qquad \frac{d\mu}{dt} = -\frac{\partial H}{\partial \lambda}$$

で与えられる．ここで，$H=H(t;\lambda,\mu)$ は(3.63)で定められる．　□

すなわち，(3.60), (3.61), (3.62)の解の基本形で，そのモノドロミー群が t に依存しないものが存在するための必要十分条件は，2つのアクセサリー・パラメータ λ,μ が非線型常微分方程式系(3.64)を満足すること，である．

(3.64)を(3.63)により表し，連立微分方程式から μ を消去すると，パンルヴェ方程式 $\mathrm{P_{VI}}$ が得られる．ハミルトン系からパンルヴェ方程式を導く計算は初等的ではあるが筆算で確かめるのは簡単ではない．一方，この定理の主張するハミルトン系を導入することで，古典的な R.Fuchs や R.Garnier の結果は，その見通しがよくなり計算量も少なくなる．さらに非線型微分方程式自体を扱うときにも，ハミルトン系に書かれるということは，力学系の考え方が使えるなど，なかなか便利である．上の定理に述べた事実を指導原理として，ガルニエ系の計算を実行する．

3.5　ガルニエ系

まず，この節以下で考察する 2 階フックス型線型常微分方程式

$$\frac{d^2y}{dx^2}+p_1(x,t)\frac{dy}{dx}+p_2(x,t)y=0 \tag{3.33}$$

の形を定めよう．107 ページで考察した微分方程式のリーマン図式は(2.73)で与えられたが，ここで対象となる微分方程式(3.33)のリーマン図式は

(3.65)

$$\left\{\begin{matrix} x=0 & x=1 & x=t_l & x=\lambda_k & x=\infty \\ 0 & 0 & 0 & 0 & \varepsilon \\ \kappa_0 & \kappa_1 & \theta_l & 2 & \varepsilon+\kappa_\infty \end{matrix}\right\}$$

である．ただし，$k,l=1,2,\cdots,g$ とする．

前節では，モノドロミー保存変形すなわちホロノミック変形のパラメータを $t=(t_1,t_2,\cdots,t_L)$ としていた．ここでは，$L=g$ の場合を考察する．すなわち，変形のパラメータとしては，確定特異点の位置 $x=t_l$ をとり，さらに，変形パラメータの次元 g は，見かけの特異点の個数と一致している場合を考えるのである．当面 $t=(1,\cdots,t_g)$ の変域 $U\subset\mathbf{C}^g$ は必要に応じて小さくとっておく．

リーマン図式からわかるように，微分方程式(3.33)-(3.65)は $\mathbf{P}^1(\mathbf{C})$ 上に $2g+3$ 個の確定特異点をもつ．

特異点の集合は

$$\Xi(t)=\{0,1,\infty,t_1,\cdots,t_g\}\,,\qquad \Lambda(t)=\{\lambda_1(t),\cdots,\lambda_g(t)\}$$

の和集合 $\Xi(t)\cup\Lambda(t)$ である．我々は，確定特異点の位置

$$t=(\,t_1,t_2,\cdots,t_g\,)$$

をパラメータとして，(3.33)のモノドロミー保存変形を考察する．結局これからの考察は，見かけの特異点の位置 λ_k が変形パラメータにどのように依存するか，ということに帰着するので，先走って $\Lambda(t)$ と書いている．

各確定特異点における特性指数 $\kappa_0, \kappa_1, \theta_l, \chi, \chi+\kappa_\infty$ の間には，フックスの関係式

$$\kappa_0+\kappa_1+\sum_{l=1}^{g}\theta_l+\kappa_\infty+2\chi = 1 \tag{3.66}$$

が成り立っている．

微分方程式(3.33)に対する条件(P1), (P2), (P3)は常に仮定する．念のために繰り返しておく．

(P1) Ξ の各点を確定特異点，Λ の各点を見かけの特異点としてもつ．

(P2) 各 $x=\xi_l\in\Xi(t)$ における特性指数のどの2つも，差が整数ではない．

(P3) モノドロミー $\hat{\rho}(t)$ は既約である．

(P2)により，どの $\kappa_0, \kappa_1, \theta_l, \kappa_\infty$ も整数ではない．また，(P3)は，微分方程式(3.33)が既約である，すなわち

$$\left(\frac{d}{dx}+r_1(x,t)\right)\left(\frac{d}{dx}+r_2(x,t)\right)y = 0$$

という形には表せない，という仮定と同等である．ここで，$r_1(x,t), r_2(x,t)$ は x の有理関数である．

以上の仮定の下で，(3.33)の係数は次のように書かれる．

$$p_1(x,t) = \frac{1-\kappa_0}{x}+\frac{1-\kappa_1}{x-1}+\sum_{l=1}^{g}\frac{1-\theta_l}{x-t_l}-\sum_{k=1}^{g}\frac{1}{x-\lambda_k} \tag{3.67}$$

$$\begin{aligned} p_2(x,t) = {} & \frac{\kappa}{x(x-1)}+\sum_{k=1}^{g}\frac{\lambda_k(\lambda_k-1)\mu_k}{x(x-1)(x-\lambda_k)} \\ & -\sum_{l=1}^{g}\frac{t_l(t_l-1)H_l}{x(x-1)(x-t_l)} \end{aligned} \tag{3.68}$$

$$\kappa = \chi\,(\chi+\kappa_\infty) = \frac{1}{4}\left(\kappa_0+\kappa_1+\sum_{l=1}^{g}\theta_l-1\right)^2-\frac{1}{4}\kappa_\infty^2$$

$g=1$ とすると，(3.33), (3.67), (3.68)は前出の(3.60), (3.61), (3.62)になる．これはR.Fuchsの考察した，パンルヴェ方程式 $P_{\rm VI}$ に対応する場合である．

$P_{\rm VI}$ の拡張である，$t=(t_1, \cdots, t_g)$ の関数 $\lambda=(\lambda_1, \cdots, \lambda_g)$ が満たす2階非線型偏微分方程式系は，R.Garnierにより1912年に求められた．これを書くために，少し記号を準備する．

$$\mathsf{T}(x) = x(x-1)\prod_{l=1}^{g}(x-t_l) \tag{3.69}$$

$$\mathsf{L}(x) = \prod_{k=1}^{g}(x-\lambda_k) \tag{3.70}$$

とおく．x の多項式 $\mathsf{T}(x), \mathsf{L}(x)$ の導関数を $\mathsf{T}'(x), \mathsf{L}'(x)$，2 階導関数を $\mathsf{T}''(x)$, $\mathsf{L}''(x)$ 等と書く．たとえば

$$\mathsf{L}'(\lambda_k) = \prod_{p=1\ (l\neq k)}^{g}(\lambda_k-\lambda_p)$$

である．次の完全積分可能非線型偏微分方程式系を**ガルニエ系**という．

$$\begin{aligned}\frac{\partial^2\lambda_k}{\partial t_l^2} =& \frac{1}{2}\left[\frac{\mathsf{T}'(\lambda_k)}{\mathsf{T}(\lambda_k)}-\frac{1}{2}\frac{\mathsf{L}''(\lambda_k)}{L'(\lambda_k)}\right]\left(\frac{\partial\lambda_k}{\partial t_l}\right)^2-\left[\frac{1}{2}\frac{\mathsf{T}''(t_l)}{\mathsf{T}'(t_l)}-\frac{\mathsf{L}'(t_l)}{\mathsf{L}(t_l)}\right]\frac{\partial\lambda_k}{\partial t_l}\\ &+\frac{1}{2}\sum_{p=1\ (p\neq k)}^{g}\left[\frac{\mathsf{T}(\lambda_k)\mathsf{L}'(\lambda_p)(\lambda_p-t_l)^2}{\mathsf{T}(\lambda_p)\mathsf{L}'(\lambda_k)(\lambda_k-t_l)^2(\lambda_k-\lambda_p)}\left(\frac{\partial\lambda_p}{\partial t_l}\right)^2\right]\\ &-\sum_{p=1\ (p\neq k)}^{g}\left[\frac{\lambda_k-t_l}{(\lambda_p-t_l)(\lambda_p-\lambda_k)}\frac{\partial\lambda_k}{\partial t_l}\frac{\partial\lambda_p}{\partial t_l}\right]+\frac{\mathsf{L}(t_l)^2\mathsf{T}(\lambda_k)}{2\mathsf{T}'(t_l)^2(\lambda_k-t_l)^2\mathsf{L}'(\lambda_k)}I_{k,l}\end{aligned}$$

$$\frac{\mathsf{T}'(t_l)(t_l-\lambda_k)}{\mathsf{L}(t_l)}\frac{\partial\lambda_k}{\partial t_l}-\frac{\mathsf{T}'(t_h)(t_h-\lambda_k)}{\mathsf{L}(t_h)}\frac{\partial\lambda_k}{\partial t_h} = \frac{(t_l-t_h)\mathsf{T}(\lambda_k)}{(\lambda_k-t_l)(\lambda_k-t_h)\mathsf{L}'(\lambda_k)}$$

ここで，$h, k, l=1, 2, \cdots, g$ であり，第 1 式では

$$\begin{aligned}I_{k,l} =& \kappa_\infty^2+\frac{\mathsf{T}'(0)}{\mathsf{L}(0)}\frac{\kappa_0^2}{\lambda_k}+\frac{\mathsf{T}'(1)}{\mathsf{L}(1)}\frac{\kappa_1^2}{\lambda_k-1}\\ &+\sum_{h=1\ (h\neq l)}^{g}\frac{\mathsf{T}'(t_h)}{\mathsf{L}(t_h)}\frac{\theta_l^2}{\lambda_k-t_h}+\frac{\mathsf{T}'(t_l)}{\mathsf{L}(t_l)}\frac{\theta_l^2}{\lambda_k-t_l}\end{aligned}$$

とおいた．これを見ただけで，R.Garnier の計算がどんなに精緻を極めたものであったかがわかるであろう．ガルニエ系はパンルヴェ VI 型方程式の g 変数への拡張であり，確かに $g=1$ とすると $\mathrm{P_{VI}}$ になる．

我々の目的は，線型常微分方程式(3.33), (3.67), (3.68)のモノドロミー保存変形を再考察し，ガルニエ系をハミルトン系に書き直すことである．これは，パンルヴェ VI 型方程式のハミルトン系表示を与える定理 3.1 の拡張である．

まず，考察する微分方程式の含むアクセサリー・パラメータは，λ_k と

(3.71) $$H_l = -\operatorname*{Res}_{x=t_l} p_2(x,t) \qquad (l=1,\cdots,g)$$

(3.72) $$\mu_k = \operatorname*{Res}_{x=\lambda_k} p_2(x,t) \qquad (k=1,\cdots,g)$$

の，$3g$ 個である．一方，仮定(P1)により $x=\lambda_k$ は微分方程式の見かけの特異点であり，したがって $3g$ 個のアクセサリー・パラメータの間には g 個の関係式が成り立つ．このことから，(3.71)の H_l は，$t=(t_1,\cdots,t_g)$, $\lambda=(\lambda_1,\cdots,\lambda_g)$, $\mu=(\mu_1,\cdots,\mu_g)$ の有理関数となることがわかる．以上のことはフロベニウスの方法により確かめることができる．実際，H_l の具体形が次のようになることを次節において示す．

(3.73) $$H_l = M_l\left[\sum_{k=1}^{g} M^{k,l}\left\{\mu_k^2 - A_{k,l}\mu_k + \frac{\kappa}{\lambda_k(\lambda_k-1)}\right\}\right]$$

$$A_{k,l} = \frac{\kappa_0}{\lambda_k} + \frac{\kappa_1}{\lambda_k-1} + \sum_{h=1}^{g}\frac{\theta_h-\delta_{hl}}{\lambda_k-t_h}$$

ここで，δ_{hl} はクロネッカーのデルタであり，また

(3.74) $$M_l = -\frac{\mathsf{L}(t_l)}{\mathsf{T}'(t_l)}$$

(3.75) $$M^{k,l} = \frac{\mathsf{T}(\lambda_k)}{\mathsf{L}'(\lambda_k)(\lambda_k-t_l)}$$

とおいた．上の有理式 $M_l, M^{k,l}$ は我々の計算において重要な役割を果たす．以上の準備のもとで定理を書く．この定理は，2階線型常微分方程式のホロノミックな変形を考察するときの指導原理となる．

定理 3.2 線型常微分方程式(3.33), (3.67), (3.68)に関するフックスの問題は，完全積分可能な多時間ハミルトン系

G_g $$\frac{\partial\lambda_k}{\partial t_l} = \frac{\partial H_l}{\partial\mu_k}, \qquad \frac{\partial\mu_k}{\partial t_l} = -\frac{\partial H_l}{\partial\lambda_k}$$

によって解かれる．ここで，H_l は(3.73)の有理式で与えられる． □

定義 3.2 ハミルトニアン(3.73)に関する多時間ハミルトン系 G_g を ***g*-次ガルニエ系**という． □

定理 3.1 は，定理 3.2 で $g=1$ の場合である．とくに G_g は(3.64)に帰着す

る．多時間ハミルトン系 G_g から μ_k を消去すれば，ガルニエ系，すなわち上に書いた長い 2 階偏微分方程式系，が得られることになる．

定理 3.2 は，微分方程式(3.33)を同値な SL 型微分方程式

$$\frac{d^2y}{dx^2}=r(x,t)y \tag{3.76}$$

に変換し，方程式(3.76)のモノドロミー保存変形を計算することによって証明される．この微分方程式のリーマン図式は次のようになっている．

$$\left\{\begin{array}{ccccc} x=0 & x=1 & x=t_l & x=\lambda_k & x=\infty \\ \dfrac{1+\kappa_0}{2} & \dfrac{1+\kappa_1}{2} & \dfrac{1+\theta_l}{2} & \dfrac{3}{2} & \dfrac{1+\kappa_\infty}{2} \\ \dfrac{1-\kappa_0}{2} & \dfrac{1-\kappa_1}{2} & \dfrac{1-\theta_l}{2} & -\dfrac{1}{2} & \dfrac{1-\kappa_\infty}{2} \end{array}\right\}$$

節を改めて，変数 $t=(t_1,\cdots,t_g)\in U$ についてのモノドロミー保存変形の考察を続ける．U は $\mathbf{C}^g$ の適当な領域である．

この節の残りの部分では，125 ページに引き続いて，トーラス $\boldsymbol{T}$ 上定義された，SL 型 2 階線型常微分方程式

$$\frac{d^2y}{dx^2}=r(x,t)y \tag{3.76}$$

のモノドロミー保存変形について簡単に触れておこう．$\boldsymbol{T}$ 上，この微分方程式が $g+1$ 個の確定特異点をもつとする．確定特異点の集合を前のように Ξ と書き，$\boldsymbol{X}=\boldsymbol{T}\backslash\Xi$ とおく．SL 型微分方程式のモノドロミーは，基本群 $\pi(\boldsymbol{X})$ の $\mathbf{C}^2$ 上の表現類であるが，各回路行列の行列式は 1 である．このとき，モノドロミーの含む独立なパラメータの個数は

$$\mathsf{M}^{(1)}=3g+3$$

であることがわかる．一方，SL 型微分方程式(3.76)は

$$\mathsf{E}^{(1)}=2g+2$$

個のパラメータに依存する．したがって，微分方程式(3.76)は，Ξ に加えて

$$g+1=\mathsf{M}^{(1)}-\mathsf{E}^{(1)}$$

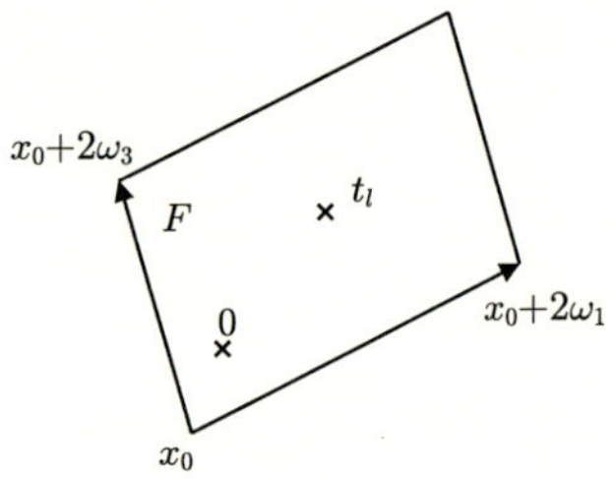

図 3.1

個の見かけの特異点をもつ，と仮定し，この下でモノドロミー保存変形を考えよう．種数 $p \geqq 2$ の一般のコンパクトリーマン面 $\boldsymbol{R}$ の場合と異なり，我々の考察の特徴は，$p=1$ のとき，すなわちトーラス $\boldsymbol{T}$ 上の微分方程式は 2 重周期関数を用いてすべての量を具体的に書き下すことができる，ということである．微分方程式(3.76)の係数 $r(x,t)$ は周期 $2\omega_1, 2\omega_3$ をもつ 2 重周期関数とし，Ω を $2\omega_1$ と $2\omega_3$ で生成される $\mathbf{C}$ 内の周期格子であるとする．$\mathbf{C}$ における離散群 Ω の基本領域，すなわち周期平行 4 辺形 $\boldsymbol{F}$ を 1 つとる．トーラス $\boldsymbol{T}$ は 1 次元の解析的同型をもつから，Ω の各点が微分方程式(3.76)の確定特異点である，としてよい．そこで，$0 \in \boldsymbol{F}$ なるように $\boldsymbol{F}$ を選び，また，(3.76)のその他の確定特異点を $t_l \in \boldsymbol{F}$ $(l=1, \cdots, g)$ とする(図 3.1)．

このようにして，$t=(t_1, \cdots, t_g) \in U$ を変形のパラメータとしてモノドロミー保存変形の変数を考察する．U は $\mathbf{C}^g$ の適当な領域である．また，$\lambda_k \in \boldsymbol{F}$ $(k=0,1,\cdots,g)$ を(3.76)の見かけの特異点である，とすると，モノドロミー保存変形により，λ_k が t の関数として与えられる．この関数を定める微分方程式系は楕円関数を用いることによって書き表されるであろう．

3.6 ガルニエ系のハミルトン表示

以下この節において定理 3.2 の証明を行う．ただし，細かい計算には立ち入らず，筋道を示すことを第 1 の目標としよう．記号等は前節のものを踏襲して用いる．

まず，ハミルトニアン H_l の形(3.73)を，フロベニウスの方法により決定する．$x=\lambda_k$ を微分方程式(3.33)の見かけの特異点とし，局所座標 $u=x-\lambda_k$ をとる．$u=0$ の近傍で(3.33)を

$$u^2\frac{d^2y}{du^2}+q_1(u,t)\,u\frac{dy}{du}+q_2(u,t)\,y=0 \tag{3.77}$$

と書く．確定特異点 $u=0$ における特性指数は $0,2$ であり，これが非対数的であるための条件は，ベキ級数解

$$y=1+y_1u+y_2u^2+\cdots \tag{3.78}$$

が存在することである．そこで，(3.77)の係数を

$$q_1(u,t)=-1+a_ku+a_k'u^2+\cdots,\qquad q_2(u,t)=\mu_ku+b_ku^2+b_k'u^3+\cdots$$

と展開し，この表示と(3.78)を(3.77)に代入する．未定係数法により

$$y_1=\mu_k,\qquad j(j-2)y_j=R_j\,(y_1,\cdots,y_{j-1})\qquad (j=2,\cdots)$$

となるから，ベキ級数解(3.78)が存在するための条件は

$$R_2(y_1)=\mu_ky_1+a_ky_1+b_k=\mu_k^2+a_k\mu_k+b_k=0 \tag{3.79}$$

であることがわかる．一方，(3.67),(3.68)を使って具体的に計算すると

$$a_1=\frac{1-\kappa_0}{\lambda_k}+\frac{1-\kappa_1}{\lambda_k-1}+\sum_{l=1}^{g}\frac{1-\theta_l}{\lambda_k-t_l}-\sum_{p=1\,(p\neq k)}^{g}\frac{1}{\lambda_k-\lambda_p}$$

$$b_1=\frac{\kappa}{\lambda_k(\lambda_k-1)}+\sum_{p=1\,(p\neq k)}^{g}\frac{\lambda_p(\lambda_p-1)\mu_p}{\lambda_k(\lambda_k-1)(\lambda_k-\lambda_p)}-\frac{2\lambda_k-1}{\lambda_k(\lambda_k-1)}\mu_k$$
$$-\sum_{l=1}^{g}\frac{t_l(t_l-1)H_l}{\lambda_k(\lambda_k-1)(\lambda_k-t_l)}$$

である．これを(3.79)に代入して整理した式は

$$\sum_{l=1}^{g}E_{kl}H_l=\mu_k^2+\hat{a}_k\mu_k+\hat{b}_k \tag{3.80}$$
$$E_{kl}=\frac{t_l(t_l-1)}{\lambda_k(\lambda_k-1)(\lambda_k-t_l)}$$

という形をしているから，これを H_l に関する連立1次方程式と思って解けば

よい．次のことが成立する．

補題 3.4 行列 $E=((E_{kl}))$ の逆行列を $F=((F_{lk}))$ とすると，

$$F_{lk} = M_l M^{k,l} \tag{3.81}$$

$$M_l = -\frac{\mathsf{L}(t_l)}{\mathsf{T}'(t_l)}, \quad M^{k,l} = \frac{\mathsf{T}(\lambda_k)}{\mathsf{L}'(\lambda_k)\,(\lambda_k - t_l)}$$

となる． □

補題に出てくる，t, λ, μ の有理関数 $M_l, M^{k,l}$ は，それぞれ(3.74)，(3.75)で与えられたものである．(3.81)により，(3.80)を H_l について解けば(3.73)が得られる．そのとき，関係式

$$\sum_{k=1}^{g} \frac{M^{k,l}}{\lambda_k(\lambda_k - 1)} = 1$$

などを用いて計算することになるが，(3.73)を導く計算の詳細は省略する．

［補題 3.4 の証明］ 線型代数の演習問題であるから，簡単に証明しておこう．x の有理関数

$$\mathsf{Z}_l(x) = \frac{\mathsf{T}(x)}{x(x-1)(x-t_l)\mathsf{L}(x)}$$

を考える．ここで，$\mathsf{T}(x), \mathsf{L}(x)$ は，(3.69)，(3.70)で与えられる x の多項式，すなわち

$$\mathsf{T}(x) = x(x-1)\prod_{l=1}^{g}(x-t_l), \quad \mathsf{L}(x) = \prod_{k=1}^{g}(x-\lambda_k)$$

である．$\mathsf{Z}_l(x)$ は $x=\lambda_k$ $(k=1, \cdots, N)$ に，1 位の極をもつ．さらに，有理関数 $\mathsf{Z}_l(x)$ の分母は g 次多項式，分子は $g-1$ 次多項式，であることに注意してこの有理関数を部分分数展開する．実際

$$\operatorname*{Res}_{x=\lambda_k} \mathsf{Z}_l(x) = \frac{\mathsf{T}(\lambda_k)}{\lambda_k(\lambda_k-1)(\lambda_k-t_l)\mathsf{L}'(\lambda_k)} = \frac{M^{k,l}}{\lambda_k(\lambda_k-1)}$$

より，次の式が得られる．

$$\mathsf{Z}_l(x) = \sum_{k=1}^{g} \frac{M^{k,l}}{\lambda_k(\lambda_k-1)} \cdot \frac{1}{x-\lambda_k}$$

ここで，まず

$$\mathsf{Z}_l(t_h) = \sum_{k=1}^{g} \frac{M^{k,l}}{\lambda_k(\lambda_k-1)} \cdot \frac{1}{t_h-\lambda_k} = -\sum_{k=1}^{g} \frac{M^{k,l}E_{kh}}{t_h(t_h-1)}$$

となることに気がつく．他方，定義式から

$$\mathsf{Z}_l(t_l) = \frac{\mathsf{T}'(t_l)}{t_l(t_l-1)\mathsf{L}(t_l)} = \frac{-1}{t_l(t_l-1)M_l}$$

$$\mathsf{Z}_l(t_h) = 0 \qquad (h \neq l)$$

であるから，結局

$$1 = \sum_{k=1}^{g} E_{kl}M_lM^{k,l}$$

$$0 = \sum_{k=1}^{g} E_{kh}M_lM^{k,l} \qquad (h \neq l)$$

が得られる．これは(3.81)を意味している．

(3.80), (3.81)から H_l を求めれば(3.73)が得られる． ■

以下，前節から考察している2階フックス型線型常微分方程式

(3.33) $$\frac{d^2y}{dx^2} + p_1(x,t)\frac{dy}{dx} + p_2(x,t)y = 0$$

のモノドロミー保存変形の計算に戻ろう．係数は(3.67), (3.68)により与えられていた．我々は，$x=\lambda_R$ が見かけの特異点である，という仮定を使って，H_l を他の変数の有理関数として具体的に求めたところである．

ここで，第3.2節において調べたことを思いだそう．(3.33)に対して

(3.32) $$r(x,t) = -p_2(x,t) + \frac{1}{4}p_1(x,t)^2 + \frac{1}{2}\frac{\partial}{\partial x}p_1(x,t)$$

とし，SL型方程式

(3.25) $$\frac{d^2z}{dx^2} = r(x,t)z$$

を併せて考える．ここで124ページの考察を補題の形にまとめておこう．

補題 3.5 (3.33)がモノドロミー保存変形を定めることと，(3.25)がそうなることは同値であり，さらにこれは，以下の偏微分方程式系が x の有理関数を解としてもつことと同値である．

$$(3.82)\qquad \frac{\partial^3}{\partial x^3}w_l-4r(x,t)\frac{\partial}{\partial x}w_l-2\frac{\partial r}{\partial x}(x,t)w_l+2\frac{\partial r}{\partial t_l}(x,t)=0$$

$$(3.83)\qquad \left(\frac{\partial}{\partial t_h}-w_h\frac{\partial}{\partial x}\right)w_l=\left(\frac{\partial}{\partial t_l}-w_l\frac{\partial}{\partial x}\right)w_h \qquad (h,l=1,\cdots,g)$$

□

実際，命題3.8により(3.82)，(3.83)の有理関数解 $w_l=a_2^{(l)}(x,t)$ は存在すれば唯一であり，それに対して $a_1^{(l)}(x,t)$ を(3.23)により定めると，変形方程式系

$$(3.20)\qquad \begin{cases} \dfrac{\partial^2\vec{\phi}}{\partial x^2}+p_1(x,t)\dfrac{\partial\vec{\phi}}{\partial x}+p_2(x,t)\vec{\phi}=0 \\ \dfrac{\partial\vec{\phi}}{\partial t_l}=a_1^{(l)}(x,t)\vec{\phi}+a_2^{(l)}(x,t)\dfrac{\partial\vec{\phi}}{\partial x} \end{cases}$$

は完全積分可能である．さらに次の命題も成り立つ．

命題 3.14 偏微分方程式系(3.82)の有理関数解 w_l は，(3.83)を満たす．□

この命題により，モノドロミー保存変形は(3.82)の考察に帰着される．証明のために

$$L=\frac{\partial^3}{\partial x^3}-4r(x,t)\frac{\partial}{\partial x}-2\frac{\partial r}{\partial x}(x,t)$$

とおく．計算によって次の補題の成立を確認することができる．

補題 3.6 任意の解析関数 f,g に対して次式が成り立つ．

$$2\frac{\partial f}{\partial x}L(g)-2\frac{\partial g}{\partial x}L(f)+f\frac{\partial}{\partial x}L(g)-g\frac{\partial}{\partial x}L(f)=L\left(f\frac{\partial g}{\partial x}-g\frac{\partial f}{\partial x}\right)$$

□

[命題3.14の証明] (3.82)に有理関数解 w_l が存在するとして

$$L(w_l)+2\frac{\partial r}{\partial t_l}(x,t)=0$$

から，積分可能条件として

$$(3.84)\qquad 0=\frac{\partial}{\partial t_h}L(w_l)-\frac{\partial}{\partial t_l}L(w_h)=L\left(\frac{\partial w_l}{\partial t_h}-\frac{\partial w_h}{\partial t_l}\right)+L_{hl}$$

が成り立っている．ここで

$$L_{hl} = -4\frac{\partial r}{\partial t_h}\frac{\partial w_l}{\partial x}+4\frac{\partial r}{\partial t_l}\frac{\partial w_h}{\partial x}-2w_l\frac{\partial^2 r}{\partial x\partial t_h}+2w_h\frac{\partial^2 r}{\partial x\partial t_l}$$

であるが，計算して補題 3.6 を使うと

$$\begin{aligned} L_{hl} &= 2\frac{\partial w_l}{\partial x}L(w_h)-2\frac{\partial w_h}{\partial x}L(w_l)+w_l\frac{\partial}{\partial x}L(w_h)-w_h\frac{\partial}{\partial x}L(w_l) \\ &= L\left(w_l\frac{\partial w_h}{\partial x}-w_h\frac{\partial w_l}{\partial x}\right) \end{aligned}$$

したがって(3.84)より

$$L\left(\frac{\partial w_l}{\partial t_h}-\frac{\partial w_h}{\partial t_l}+w_l\frac{\partial w_h}{\partial x}-w_h\frac{\partial w_l}{\partial x}\right)=0$$

となる．命題 3.8 の証明で見たように，仮定(P2)，(P3)によれば，3 階線型常微分方程式 $L(w)=0$ は非自明な有理関数解をもたない．すなわち

$$\frac{\partial w_l}{\partial t_h}-\frac{\partial w_h}{\partial t_l}+w_l\frac{\partial w_h}{\partial x}-w_h\frac{\partial w_l}{\partial x}=0$$

以上の議論は，(3.83)が(3.82)の積分可能条件に他ならないことを示している．

■

そこで，(3.32)を用いて $r(x,t)$ を計算しよう．実際，$r(x,t)$ は $x=0, x=1$, $x=t$ で高々 2 位の極をもつ有理関数である．特性指数を考慮すれば，$r(x,t)$ は

(3.85)
$$\begin{aligned} r(x,t) &= \frac{\alpha_0}{x^2}+\frac{\alpha_1}{(x-1)^2}+\frac{\alpha_\infty}{x(x-1)} \\ &\quad +\sum_{l=1}^{g}\left[\frac{\beta_l}{(x-t_l)^2}+\frac{t_l(t_l-1)K_l}{x(x-1)(x-t_l)}\right] \\ &\quad +\sum_{k=1}^{g}\left[\frac{3}{4(x-\lambda_k)^2}-\frac{\lambda_k(\lambda_k-1)\nu_k}{x(x-1)(x-\lambda_k)}\right] \end{aligned}$$

という形をしている．他方，(3.32)に(3.67)と(3.68)を代入して，係数の関係を調べる．すると

$$\alpha_0=\frac{1}{4}(\kappa_0^2-1),\quad \alpha_1=\frac{1}{4}(\kappa_1^2-1),\quad \beta_l=\frac{1}{4}(\theta_l^2-1)$$

$$\alpha_\infty = -\frac{1}{4}\left(\kappa_0^2+\kappa_1^2+\sum_{l=1}^{g}\theta_l^2-\kappa_\infty^2-1\right)-\frac{g}{2}$$

(3.86) $$K_l = H_l+\frac{1-\theta_l}{2}W_l, \qquad \nu_k = \mu_k+\frac{1}{2}\omega_k$$

となる．ただし，(3.86)では次のようにおいた．

$$W_l = \frac{1-\kappa_0}{t_l}+\frac{1-\kappa_1}{t_l-1}+\sum_{h=1\,(h\neq l)}^{g}\frac{1-\theta_h}{t_l-t_h}+\sum_{k=1}^{g}\frac{1}{\lambda_k-t_l}$$

$$\omega_k = \frac{1-\kappa_0}{\lambda_k}+\frac{1-\kappa_1}{\lambda_k-1}+\sum_{l=1}^{g}\frac{1-\theta_l}{\lambda_k-t_l}-\sum_{p=1\,(p\neq k)}^{g}\frac{1}{\lambda_k-\lambda_p}$$

ここで(3.86)を，変換

(3.87) $$(\lambda,\mu,H,t)\mapsto(\lambda,\nu,K,t)$$

を定義する，と見る．このとき

$$\left(\frac{\partial}{\partial\lambda_p}\right)\omega_k-\left(\frac{\partial}{\partial\lambda_k}\right)\omega_p = 0$$

$$(1-\theta_h)\left(\frac{\partial}{\partial t_l}\right)W_h-(1-\theta_l)\left(\frac{\partial}{\partial t_h}\right)W_l = 0$$

$$(1-\theta_l)\left(\frac{\partial}{\partial\lambda_k}\right)W_l+\left(\frac{\partial}{\partial t_l}\right)\omega_k = 0$$

となることに注意すると

$$\sum_{k=1}^{g}d\mu_k\wedge d\lambda_k-\sum_{l=1}^{g}dH_l\wedge dt_l$$
$$= \sum_{k=1}^{g}d\nu_k\wedge d\lambda_k-\sum_{l=1}^{g}dK_l\wedge dt_l$$

が成り立つことがわかる．ただし $\left(\frac{\partial}{\partial t_h}\right), \left(\frac{\partial}{\partial\lambda_p}\right)$ 等の記号は，W_l や ω_k に陽に現れる変数 t_h, λ_p についての偏微分を表す．

定理3.2が示している多時間ハミルトン系は，自由度 g，すなわち $2g$ 個の正準変数 $\lambda=(\lambda_1,\cdots,\lambda_g)$, $\mu=(\mu_1,\cdots,\mu_g)$ の g 次元時間 $t=(t_1,\cdots,t_g)$ に関する微分方程式系である．これら $3g$ 個の変数と g 個のハミルトニアン $H=(H_1,$

$\cdots, H_g)$ からなる組

$$\mathcal{H} = (\lambda, \mu, H, t)$$

を，**g-次ガルニエ系のハミルトン構造**という．

ハミルトン系に関わる諸概念は，自然なやり方で拡張すれば，g=1 の場合がほとんどそのまま通用する．一般に

$$\Omega = \sum_{k=1}^{g} d\mu_k \wedge d\lambda_k - \sum_{l=1}^{g} dH_l \wedge dt_l \tag{3.88}$$

を多時間ハミルトン系の**基本 2 次型式**と呼ぶ．ハミルトン構造の変換

$$\mathcal{H} \;\rightarrow\; \mathcal{H}' = (\lambda', \mu', H', t')$$

が**正準変換**であるとは，ハミルトン系をハミルトン系に移す，ということである．すなわち

$$\Omega' = \sum_{k=1}^{g} d\mu'_k \wedge d\lambda'_k - \sum_{l=1}^{g} dH'_l \wedge dt'_l$$

を $\mathcal{H}'$ の基本 2 次型式とすると，正準変換とは $\Omega=\Omega'$ が成り立つ変換である．

以上の考察により，次の結果が示された．これは後で使われる．

補題 3.7　変換(3.87)は正準変換である．□

次に，$a_2^{(l)}(x,t)$ の形を決める．シュレージンガー型の方程式系に関係する命題 3.11 に対応して，次の補題が成り立つ．

補題 3.8　$a_2^{(l)}(x,t)$ は次の性質をもつ．

(1) ξ が t_l に依存しないとき，x=ξ で少なくとも 1 位の零点をもつ．

(2) x=t_l は正則点．

(3) x=λ_k は高々 1 位の極．□

これにより

$$a_2^{(l)}(x,t) = M_l(t) \frac{\mathsf{T}(x)}{\mathsf{L}(x)(x-t_l)} \tag{3.89}$$

とおくことができる．$\mathsf{T}(x), \mathsf{L}(x)$ は(3.69)，(3.70)の多項式である．係数 $M_l(t)$ は，方程式(3.82)から決めることができる．すなわち，(3.85)，(3.89)を(3.82)に代入して，$(x-t_l)^{-3}$ の係数を比較すると次式が得られる．

$$a_2^{(l)}(t_l, t) = -1$$

したがって，

$$M_l(t) = -\frac{\mathsf{L}(t_l)}{\mathsf{T}'(t_l)} = M_l$$

となる．これは(3.74)で与えられたものと同じである．

［補題 3.8 の証明］ 補題 3.5 によって，(3.25)について考えればよい．(3.25)の解の基本系 $\vec{z}=\vec{\psi}(x,t)$ で，そのモノドロミー群が t に依らないものをとる．$w(\vec{\psi})$ を，この解のロンスキアンとすると，微分方程式(3.25)の形から，これは x には依らない．一方，(3.20)の第 2 式から

$$w(\vec{\psi})\cdot a_2^{(l)}(x,t) = \det\left(\vec{\psi}(x,t), \frac{\partial}{\partial t_l}\vec{\psi}(x,t)\right) \tag{3.90}$$

となる．$x=x_0$ が(3.25)の正則点ならば，有理関数 $a_2^{(l)}(x,t)$ も $x=x_0$ で正則である．

特異点 $x=\xi$ の近傍における $a_2^{(l)}(x,t)$ の様子を局所的に調べる．(3.25)の解の基本系として

$$\vec{\psi}(x,t) = \left((x-\xi)^{\sigma}(1+\mathcal{O}(x-\xi)),\quad (x-\xi)^{1-\sigma}(1+\mathcal{O}(x-\xi))\right)$$

をとる．この解の基本系 $\vec{\psi}$ の，$x=\xi$ のまわりの局所モノドロミーは t に依らず，また

$$w(\vec{\psi}) = 1-2\sigma, \quad \det\begin{pmatrix} \vec{\psi} \\ \dfrac{\partial\vec{\psi}}{\partial t_l} \end{pmatrix} = (2\sigma-1)\frac{d\xi}{dt}+\mathcal{O}(x-\xi)$$

となる．仮定(P2)から $1-2\sigma\neq 0$ であり，したがって，$x=\xi$ の近傍で

$$a_2^{(l)}(x,t) = \frac{\partial\xi}{\partial t_l}+\mathcal{O}(x-\xi)$$

と表される．命題 3.8 の証明から，これが $a_2^{(l)}(x,t)$ を局所的に定める．特異点 $\xi=\infty$ についても同様である．これで補題 3.8 の(1)，(2)が示された．

見かけの特異点 $x=\lambda$ の近傍では，斉次方程式(3.39)の解を考慮する必要がある．すなわち，再び命題 3.8 の証明から，$x=\lambda$ の近傍で

$$a_2^{(l)}(x,t) = \frac{\partial\xi}{\partial t_l}+\mathcal{O}(x-\xi)+\phi$$

となることがわかるが，ここで(3.39)の解 ϕ は，(3.25)の 2 つの解の積であり

$$\phi = (x-\lambda)^{\sigma'}(c+\mathcal{O}(x-\lambda)), \quad c\in\mathbf{C}$$

という形をしている．見かけの特異点 $x=\lambda$ では $\sigma'=3,1$ または -1 であり，このことから補題 3.8 の(3)が従う． ■

最後に，(3.85), (3.89)を，微分方程式系(3.82), (3.83)に代入することにより，次の補題が証明される．

補題 3.9 (3.85), (3.89)が成立するための条件は，アクセサリー・パラメータ $\lambda=(\lambda_1,\cdots,\lambda_g)$, $\nu=(\nu_1,\cdots,\nu_g)$ が，$K=(K_1,\cdots,K_g)$ をハミルトニアンとするハミルトン系

$$\frac{\partial\lambda_k}{\partial t_l}=\frac{\partial K_l}{\partial\nu_k}, \qquad \frac{\partial\nu_k}{\partial t_l}=-\frac{\partial K_l}{\partial\lambda_k} \qquad (k,l=1,\cdots,g) \tag{3.91}$$

を満たすことである． □

この補題が，定理 3.2 の証明の中心となる．証明の方針は，係数の比較だけだが，計算はめんどうで若干の技巧を要する．

微分方程式系(3.91)は，(3.82)だけから導かれる．(3.83)からは

$$\begin{aligned}\frac{\lambda_k-t_l}{M_l}\frac{\partial\lambda_k}{\partial t_l}-\frac{\lambda_k-t_h}{M_h}\frac{\partial\lambda_k}{\partial t_h} \\ = \frac{(t_l-t_h)\mathsf{T}(\lambda_k)}{(\lambda_k-t_l)(\lambda_k-t_h)\mathsf{L}'(\lambda_k)} \qquad (h,k,l=1,\cdots,g)\end{aligned} \tag{3.92}$$

という式が出るが，命題 3.14 に示した通り，これは(3.82)の積分可能条件であり，この意味で(3.91)に含まれる．第 3.8 節 166 ページ，(3.109)において，(3.92)の意味について述べる．

計算の見通しを良くするために，(3.83)から(3.92)を直接導いてみよう．

$$A_{hl} = \frac{1}{a_2^{(h)}a_2^{(l)}}\left(\frac{\partial a_2^{(l)}}{\partial t_h}-\frac{\partial a_2^{(h)}}{\partial t_l}\right)-\frac{\partial}{\partial x}\log\frac{a_2^{(l)}}{a_2^{(h)}}$$

とおく．(3.83)は $A_{hl}=0$ と同じである．

補題 3.10　A_{hl} は x の有理関数で，g 個の点 $x=0,1,t_p$ $(p\neq h,l)$ で高々 1 位の極，$x=\infty$ で少なくとも 1 位の零点をもつ．□

［証明］　補題 3.8 により

$$a_2^{(l)}(x,t)=M_l\frac{\mathsf{T}(x)}{\mathsf{L}(x)(x-t_l)},\qquad M_l=-\frac{\mathsf{L}(t_l)}{\mathsf{T}'(t_l)}$$

であったから，計算して

$$\frac{\partial}{\partial x}\log a_2^{(l)}=\frac{1}{x}+\frac{1}{x-1}+\sum_{p=1\,(\neq l)}^{g}\frac{1}{x-t_p}-\sum_{k=1}^{g}\frac{1}{x-\lambda_k}$$

$$\frac{\partial}{\partial t_h}\log a_2^{(l)}=\frac{\partial}{\partial t_h}\log M_l-\frac{1}{x-t_h}+\sum_{k=1}^{g}\frac{1}{x-\lambda_k}\frac{\partial\lambda_k}{\partial t_h}$$

を得る．これと $a_2^{(l)}(t_l,t)=-1$ より，補題の主張が従う．■

一方，$A_{hl}(x)$ は $x=\lambda_k$ で正則で

$$A_{hl}(\lambda_k)=\frac{(\lambda_k-t_h)\mathsf{L}'(\lambda_k)}{M_h\mathsf{T}(\lambda_k)}\frac{\partial\lambda_k}{\partial t_h}-\frac{(\lambda_k-t_l)\mathsf{L}'(\lambda_k)}{M_l\mathsf{T}(\lambda_k)}\frac{\partial\lambda_k}{\partial t_l}+\frac{1}{\lambda_k-t_l}-\frac{1}{\lambda_k-t_h}$$

となる．補題 3.10 により，零点と極の個数を数えればわかるように，有理関数として $A_{hl}(x)=0$ となるための条件は

$$A_{hl}(\lambda_k)=0\qquad(k=1,2,\cdots,g)$$

であり，この式を整理して(3.92)が成り立つことがわかった．

この節の残りで補題 3.9 の証明の概略を紹介する．本体の条件を解析するために

$$A_l=\frac{1}{2}a_2^{(l)}\frac{\partial^3a_2^{(l)}}{\partial x^3}-\frac{\partial}{\partial x}\left(r(x,t)a_2^{(l)}\right)^2+a_2^{(l)}\frac{\partial r}{\partial t_l}(x,t)$$

とおき，すぐ上の議論と同様に $A_l=0$ となる条件を絞り込んでいく．

補題 3.11　有理関数 A_l は次の性質をもつ．

(1)　$x=0,1,t_h$ $(h\neq l)$ で正則

(2)　$x=\lambda_k$ は高々 4 位の極

(3)　$x=t_l$ は高々 1 位の極

(4) $x=\infty$ は少なくとも 2 位の零点 □

[証明] $u=x-\xi$ を特異点 $x=\xi$ における局所座標として

$$r(x,t)=\frac{\alpha}{u^2}+\frac{\beta}{u}+\cdots$$

と展開する．$\dfrac{\partial\alpha}{\partial t_l}=0$ であるから

$$\frac{\partial r}{\partial t_l}(x,t)=\frac{2\alpha}{u^3}\,\frac{\partial\xi}{\partial t_l}+\frac{\beta}{u^2}\,\frac{\partial\xi}{\partial t_l}+\frac{1}{u}\,\frac{\partial\beta}{\partial t_l}$$

もし $\dfrac{\partial\xi}{\partial t_l}=0$ ならば，このような $x=\xi$ については $a_2^{(l)}(\xi,t)=0$ であるから，(1) が従う．

$\xi=t_l$ ならば，$a_2^{(l)}(t_l,t)=-1+\eta u+\cdots$ という形だから

$$a_2^{(l)}\frac{\partial r}{\partial t_l}(x,t)=-\frac{2\alpha}{u^3}+\frac{2\alpha\eta-\beta}{u^2}+\frac{1}{u}\mathcal{O}(1)$$

$$r(x,t)\left(a_2^{(l)}\right)^2=\frac{\alpha}{u^2}+\frac{\beta-2\alpha\eta}{u}+\mathcal{O}(1)$$

となる．ここで $\mathcal{O}(1)$ は $u=0$ で正則な部分を表す．これを代入すれば，$x=t_l$ の近傍で

$$A_l=\frac{1}{u}\mathcal{O}(1)$$

となり，(3)が示された．

次に $u=\dfrac{1}{x}$ とすると，$u=0$ の近傍で $\dfrac{\partial}{\partial x}=-u^2\dfrac{\partial}{\partial u}$ より

$$\frac{1}{M_l}a_2^{(l)}=\frac{1}{u}+a+bu+\cdots,\quad \frac{1}{M_l}\frac{\partial^3a_2^{(l)}}{\partial x^3}=-6bu^4+\cdots$$

$$r(x,t)=cu^2+fu^3+\cdots,\quad \frac{\partial r}{\partial t_l}(x,t)=\frac{\partial f}{\partial t_l}u^3,\quad \frac{\partial c}{\partial t_l}=0$$

と表され，これから(4)がわかる．

最後に $u=x-\lambda_k$ として

$$a_2^{(l)}=M_l\left[M^{k,l}u^{-1}+\sum_{p=1}^{\infty}M^{k,l,p}u^p\right]$$

$$r(x,t)=\frac{3}{4}u^{-2}-\nu_ku^{-1}+\sum_{p=1}^{\infty}r_{k,\,p}u^p$$

と展開すれば

$$\frac{1}{2}a_2^{(l)}\frac{\partial^3 a_2^{(l)}}{\partial x^3} = -3\left(M_l M^{k,l}\right)^2 u^{-5}+\cdots$$

$$r(x,t)\left(a_2^{(l)}\right)^2 = \frac{3}{4}\left(M_l M^{k,l}\right)^2 u^{-4}+\cdots$$

より，(1)も成り立つ． ∎

以上のことから，有理関数 $A_l(x)$ は

$$A_l(x) = \frac{W_l}{x-t_l}+\sum_{k=1}^{g}\sum_{q=1}^{4}\frac{W_q^{k,l}}{(x-\lambda_k)^q}$$

と書かれる．ここで

(3.93) $W_q^{k,l}=0 \qquad (k,\ l=1,\ \cdots,\ g),\quad (q=1,\ 2,\ 3,\ 4)$

が成立するならば，補題3.11(4)から必然的に $W_l=0$ であり，$A_l(x)=0$ が従う．そこで条件(3.93)を1つ1つ書き下していく．

$W_4^{k,l}=0 \qquad \dfrac{\partial\lambda_k}{\partial t_l}-M_l\left[2M^{k,l}\nu_k-M^{k,l.0}\right]=0$

$W_3^{k,l}=0 \qquad r_{k,0}-\nu_k^2=0$

$W_2^{k,l}=0 \qquad \dfrac{\partial\nu_k}{\partial t_l}-M_l\left[M^{k,l}r_{k,1}+M^{k,l.1}\nu_k-\dfrac{3}{2}M^{k,l,2}\right]=0$

そして最後に $W_1^{k,l}=0$ から

$$M^{k,l}\frac{\partial}{\partial t_l}r_{k,0}-M^{k,l,0}\frac{\partial\nu_k}{\partial t_l} = \left(M^{k,l}r_{k,1}+M^{k,l,1}\nu_k-\frac{3}{2}M^{k,l,2}\right)\frac{\partial\lambda_k}{\partial t_l}$$

を得る．まず，$W_3^{k,l}=0$ は，2階線型常微分方程式(3.25)の特異点 $x=\lambda_k$ が非対数的である，という条件と同一であり，新しい束縛条件は与えない．また $W_1^{k,l}=0$ は，$W_4^{k,l}=W_2^{k,l}=0$ から

$$M^{k,l}\frac{\partial}{\partial t_l}r_{k,0}-\left(2M^{k,l}\nu_k-\frac{1}{M_l}\frac{\partial\lambda_k}{\partial t_l}\right)\frac{\partial\nu_k}{\partial t_l} = \frac{1}{M_l}\frac{\partial\nu_k}{\partial t_l}\cdot\frac{\partial\lambda_k}{\partial t_l}$$

すなわち次のようにも表され，これも非対数的条件 $W_3^{k,l}=0$ に含まれている．

$$\frac{\partial}{\partial t_l}r_{k,0}-2\nu_k\frac{\partial \nu_k}{\partial t_l}=0$$

したがって，本質的な条件は方程式系 $W_4^{k,l}=W_2^{k,l}=0$ である．ここで，ハミルトニアン K_l の具体形(3.86)を用いて直接計算で確認すれば，この方程式系がハミルトン系(3.91)に他ならないことがわかる．この部分の確認は読者にお任せする．以上の説明により補題 3.9 が確かに成り立つことを認め，先に進むことにしよう．

3.7　ガルニエ系の完全積分可能性

定理 3.2 の証明を完了するために，次の事実が成り立つことを確認しなくてはいけない．

補題 3.12　(3.91)は完全積分可能である．　□

この結果をひとまず認めておこう．そうすると，以上によって SL 型の方程式のモノドロミー保存変形は，完全積分可能ハミルトン系(3.91)で与えられることがわかった．定理 3.2 は，これからただちに従う．すなわち，λ,μ についての方程式は(3.91)から，変換(3.87)を経由することによって得られる．一方これは，補題 3.7 で見たように，正準変換である．したがって求めるガルニエ系，すなわち $H=(H_1,\cdots,H_g)$ をハミルトニアンとするハミルトン系 G_g が得られる．以上のような筋道で，証明が完了する．

以下本節の残りの部分では，g-次ガルニエ系

$$\mathrm{G}_g \qquad \frac{\partial\lambda_k}{\partial t_l}=\frac{\partial H_l}{\partial \mu_k},\qquad \frac{\partial\mu_k}{\partial t_l}=-\frac{\partial H_l}{\partial \lambda_k}$$

の完全積分可能性を確認する．まず G_g が次の全微分方程式系で表されることに注意する．

(3.94)

$$d\lambda_k=\sum_{l=1}^{g}\frac{\partial H_l}{\partial \mu_k}dt_l,\quad d\mu_k=-\sum_{l=1}^{g}\frac{\partial H_l}{\partial \lambda_k}dt_l\qquad (k=1,\cdots,g)$$

我々はこの全微分方程式系(3.94)も ***g*-次ガルニエ系**と呼び，同じ記号 G_g で

表す．このとき，G_g が完全積分可能であるための条件は

$$(3.95)\qquad d\left(\sum_{l=1}^{g}\frac{\partial H_l}{\partial\mu_k}\,dt_l\right)=d\left(\sum_{l=1}^{g}\frac{\partial H_l}{\partial\lambda_k}\,dt_l\right)=0$$

が成り立つことである．さて，一般に λ,μ と t の関数 F,G のポアソン括弧式を

$$\{F,G\}=\sum_{k=1}^{g}\left[\frac{\partial F}{\partial\lambda_k}\cdot\frac{\partial G}{\partial\mu_k}-\frac{\partial F}{\partial\mu_k}\cdot\frac{\partial G}{\partial\lambda_k}\right]$$

で定義しよう．次に，g 個のハミルトニアン $H=(H_1,\cdots,H_g)$ に対し

$$\Phi=\sum_{l=1}^{g}H_l dt_l$$

という1型式を考える．ここで，関数 F と1型式 Φ のポアソン括弧式を

$$\{F,\Phi\}=\sum_{l=1}^{g}\{F,H_l\}\,dt_l$$

により定める．このとき，g-次ガルニエ系 G_g は次の形に書かれる．

$$d\lambda_k=\{\lambda_k,\Phi\}\,,\qquad d\mu_k=\{\mu_k,\Phi\}$$

Ω を基本2次型式(3.88)とする．$g=1$ のときは Ω にハミルトン系(3.64)の解を代入すると $\Omega=0$ となる．一般の多時間ハミルトン系については，$g>1$ のとき，(3.94)が完全積分可能であるための条件は(3.95)であり，ハミルトン系が完全積分可能であったとしても，Ω に(3.94)を代入して $\Omega=0$ が得られるとは限らない．ただし，我々が考察している g-次ガルニエ系の場合には，Ω に(3.94)の解を代入すると $\Omega=0$ となる．

上の(3.95)から，多時間ハミルトン系

$$(3.96)\qquad \frac{\partial\lambda_k}{\partial t_l}=\frac{\partial H_l}{\partial\mu_k},\qquad \frac{\partial\mu_k}{\partial t_l}=-\frac{\partial H_l}{\partial\lambda_k}$$

が，偏微分方程式系として完全積分可能であるための条件は，$h,k,l=1,\cdots,g$ に対して，次式が成り立つことである．

$$(3.97)\qquad \frac{\partial}{\partial t_h}\left(\frac{\partial H_l}{\partial\mu_k}\right)-\frac{\partial}{\partial t_l}\left(\frac{\partial H_h}{\partial\mu_k}\right)=0$$

$$\frac{\partial}{\partial t_h}\left(\frac{\partial H_l}{\partial \lambda_k}\right)-\frac{\partial}{\partial t_l}\left(\frac{\partial H_h}{\partial \lambda_k}\right)=0 \tag{3.98}$$

この条件について少し詳しく調べてみよう．まず，λ_k, μ_k, t_l の関数である F に対し，λ_k, μ_k が方程式系(3.96)の解であるとして F を t_l で微分すると

$$\frac{\partial F}{\partial t_l}=\sum_{k=1}^{g}\frac{\partial \lambda_k}{\partial t_l}\frac{\partial F}{\partial \lambda_k}+\sum_{k=1}^{g}\frac{\partial \mu_l}{\partial t_l}\frac{\partial F}{\partial \mu_k}+\left(\frac{\partial}{\partial t_l}\right)F$$

となる．ここで $\left(\frac{\partial}{\partial t_l}\right)$ は，λ_k, μ_k 等も定数とみて，t_l で偏微分する，という意味である．ポアソン括弧式を使ってこの計算結果を書き直すと

$$\frac{\partial F}{\partial t_l}=\{F, H_l\}+\left(\frac{\partial}{\partial t_l}\right)F \tag{3.99}$$

が得られる．このことを用いて，完全積分可能条件(3.97)を計算する．実際

$$\Omega_{hl}=\{H_h, H_l\}+\left(\frac{\partial}{\partial t_l}\right)H_h-\left(\frac{\partial}{\partial t_h}\right)H_l \tag{3.100}$$

とおくと，(3.97)の左辺について

$$\frac{\partial}{\partial t_h}\left(\frac{\partial H_l}{\partial \mu_k}\right)-\frac{\partial}{\partial t_l}\left(\frac{\partial H_h}{\partial \mu_k}\right)+\left(\frac{\partial}{\partial \mu_k}\right)\Omega_{hl}=0$$

が成り立つ．同様に(3.98)の左辺から

$$\frac{\partial}{\partial t_h}\left(\frac{\partial H_l}{\partial \lambda_k}\right)-\frac{\partial}{\partial t_l}\left(\frac{\partial H_h}{\partial \lambda_k}\right)+\left(\frac{\partial}{\partial \lambda_k}\right)\Omega_{hl}=0$$

となる．すなわち，完全積分可能条件(3.95)は

$$\sum_{h,l=1}^{g}\left(\frac{\partial}{\partial \mu_k}\right)\Omega_{hl}dt_h\wedge dt_l=\sum_{h,l=1}^{g}\left(\frac{\partial}{\partial \lambda_k}\right)\Omega_{hl}dt_h\wedge dt_l=0 \tag{3.101}$$

と書かれる．ここで，基本 2 次型式(3.88)を Ω_{hl} を使って表す．

補題 3.13 次の式が成り立つ．

$$\Omega=\sum_{h<l}\Omega_{hl}dt_h\wedge dt_l$$

□

一般には，H_l は λ_k, μ_k, t_h の関数であるから Ω_{hl} もそうである．もし，Ω_{hl} が λ_k, μ_k に依らないように H_l が与えられていれば，H_j をハミルトニアンとする多時間ハミルトン系(3.94)は(3.101)より，完全積分可能となる．

［補題 3.13 の証明］　Ω_{hl} を補題が成り立つように定めたとして，(3.94)や

$$dH_l = \sum_{h=1}^{g} \frac{\partial H_l}{\partial t_h} dt_h$$

などを使って丁寧に計算すると

$$\Omega_{hl} = \{H_l, H_h\} - \frac{\partial H_l}{\partial t_h} + \frac{\partial H_h}{\partial t_l}$$

を得る．ここで，(3.99)を使うと確かに(3.100)が得られる．さらに，次の式が成り立つこともわかる．

$$(3.102) \qquad 2\Omega_{hl} = \frac{\partial H_l}{\partial t_h} - \frac{\partial H_h}{\partial t_l} + \left(\frac{\partial}{\partial t_h}\right) H_l - \left(\frac{\partial}{\partial t_l}\right) H_h$$

■

これまでの考察は一般的な多時間ハミルトン系に関することであるが，ガルニエ系について補題の主張が正しいことを見るためには，ハミルトニアン H_l あるいは K_l の具体形が必要である．もちろん，正準変換により基本 2 次型式 Ω は不変であるから，補題 3.12 は，K_l か H_l のどちらかについて確かめればよい．(3.73), (3.86) などを使って計算すると，ガルニエ系について

$$\Omega_{hl} = 0$$

となっていることがわかる．前節補題 3.8 によれば，変形方程式の係数 $a_2^{(l)} = a_2^{(l)}(x, t)$ は，$x = t_h$ $(h \neq l)$ のまわりで次のような展開をもつ．

$$a_2^{(l)} = M_l u(a_0^{l,h} + a_1^{l,h} u + \cdots), \quad u = x - t_h$$

$$a_0^{l,h} = \frac{1}{M_h(t_l - t_h)}, \quad a_1^{l,h} = -\sum_{k=1}^{g} \frac{M^{k,l}}{(\lambda_k - t_h)^2}$$

このとき，補題 3.11 で考察した有理関数 $A_l = A_l(x)$ については，当然

$$A_l(t_h) = 0, \quad h \neq l$$

である．この条件を，線型常微分方程式(3.25)の係数 $r = r(x, t)$ が

$$r = \frac{\beta_h}{u^2} + \frac{K_h}{u} + \cdots, \quad u = x - t_h$$

と書かれることを使って具体的に書き表すと

$$\frac{\partial K_h}{\partial t_l} = M_l\left[a_0^{l,h}K_h+2a_1^{l,h}\beta_h\right]$$

となる．これを使って(3.102)の右辺が K_l について恒等的に 0 となることを確かめる．細かい計算は省略する．

3.8　ガルニエ系とシュレージンガー系

本章を締めくくるにあたり，g-次ガルニエ系 G_g と 2×2 シュレージンガー系との関係について調べておこう．

$$\vec{y} = \begin{pmatrix} y_1 \\ y_2 \end{pmatrix}$$

についての，シュレージンガー型方程式

$$\frac{d\vec{y}}{dx} = \left(\frac{B_0}{x}+\frac{B_1}{x-1}+\sum_{l=1}^{g}\frac{A_l}{x-t_l}\right)\vec{y} \tag{3.103}$$

を考える．このフックス型方程式について次のような仮定をおく．

$$\det B_\Delta = \det A_l = 0 \qquad (\Delta = 0, 1, \quad l = 1, \cdots, g)$$

$$B_0+B_1+\sum_{l=1}^{g}A_l = -\begin{pmatrix} \chi_\infty & 0 \\ 0 & \chi_\infty+\kappa_\infty-1 \end{pmatrix} \tag{3.104}$$

前述のように，これは一般性を失わない．また

$$\mathrm{Trace}\ B_\Delta = \kappa_\Delta, \qquad \mathrm{Trace}\ A_l = \theta_l$$

とおく．これらのパラメータの間には，フックスの関係式

$$\kappa_0+\kappa_1+\sum_{l=1}^{g}\theta_l+2\chi_\infty+\kappa_\infty = 1$$

が成り立っている．

ここで(3.103)のモノドロミー保存変形を考えると，シュレージンガー系

$$\frac{\partial B_\Delta}{\partial t_l} = \frac{[B_\Delta, A_l]}{\Delta - t_l} \qquad (\Delta = 0, 1)$$
$$\frac{\partial A_l}{\partial t_h} = \frac{[A_l, A_h]}{t_l - t_h} \qquad (h \neq l)$$
$$\frac{\partial A_l}{\partial t_l} = -\sum_{h=1\,(h\neq l)}^{g} \frac{[A_h, A_l]}{t_h - t_l} - \sum_{\Delta=0,1} \frac{[B_\Delta, A_l]}{\Delta - t_l}$$

が得られる．これから G_g の得られることは，次の補題により保証される．

補題 3.14 (3.103)から y_2 を消去すると，$y=y_1$ は，(3.33)，(3.67)，(3.68)の，2 階単独フックス型方程式を満たす． □

計算は 94 ページ以下で見たものとほとんど同じである．行列 B_Δ, A_j の成分をそれぞれ $B_\Delta^{\alpha\beta}, A_j^{\alpha\beta}$ ($\alpha\beta$=1, 2) と書く．また微分方程式(3.103)の右辺の係数を $R(x,t)$，その成分を $R^{\alpha\beta}=R^{\alpha\beta}(x,t)$ とおく．すると，とくに(3.104)から

$$R^{12} = \frac{B_0^{12}}{x} + \frac{B_1^{12}}{x-1} + \sum_{l=1}^{g} \frac{A_l^{12}}{x-t_l} = \frac{X \cdot \mathsf{L}(x)}{\mathsf{T}(x)}$$

ここに

$$X = B_1^{12} + \sum_{l=1}^{g} t_l A_l^{12} \tag{3.105}$$

また，$\mathsf{T}(x), \mathsf{L}(x)$ は多項式(3.69)，(3.70)である．

g 個の見かけの特異点 λ_k は，有理関数 $R^{12}(x,t)$ の零点として現れる．他のアクセサリー・パラメータについては，詳しいことは 94 ページの計算を参照することにして，ここでは計算結果だけ書く．

$$\mu_k = \frac{B_0^{11}}{\lambda_k} + \frac{B_1^{11}}{\lambda_k - 1} + \sum_{l=1}^{g} \frac{A_l^{11}}{\lambda_k - t_l}$$

$$\begin{aligned} H_l = &\sum_{k=1}^{g} \frac{A_l^{11}}{\lambda_k - t_l} + \frac{1}{t_l}\left(B_0^{11} + A_l^{11} - \kappa_0 \theta_l\right) + \frac{1}{t_l - 1}\left(B_1^{11} + A_l^{11} - \kappa_1 \theta_l\right) \\ &+ \sum_{h=1\,(h\neq l)}^{g} \frac{1}{t_l - t_h}\left(A_h^{11} + A_l^{11} - \theta_l \theta_h\right) \\ &+ \mathrm{Trace}\left[A_l \left(\frac{B_0}{t_l} + \frac{B_1}{t_l - 1} + \sum_{h=1\,(h\neq l)}^{g} \frac{A_h}{t_l - t_h}\right)\right] \end{aligned}$$

などが得られる．ここまでの考察にはモノドロミー保存変形は入っていない．

以下，パラメータ $\kappa_0, \kappa_1, \kappa_\infty, \theta_l$ を固定する．このとき，次の補題が成り立つ．

補題 3.15　行列 B_Δ, A_l $(\Delta=0,1,\quad l=1,\cdots,g)$ は，(3.105)で与えられる量 X を除いて (λ_k, μ_k) で決定される．　□

［証明］　まず，$R^{12}(\lambda_k, t)=0$ から

$$\frac{B_0^{12}}{\lambda_k}+\frac{B_1^{12}}{\lambda_k-1}+\sum_{l=1}^{g}\frac{A_l^{12}}{\lambda_k-t_l}=0$$

これを(3.104)を用いて整理すると

$$\sum_{l=1}^{g} E_{kl}A_l^{12}=-\frac{X}{\lambda_k(\lambda_k-1)}$$

ここで E_{kl} は(3.80)で与えられたものである．すなわち

$$E_{kl}=\frac{t_l(t_l-1)}{\lambda_k(\lambda_k-1)(\lambda_k-t_l)}$$

補題 3.4 の場合と同様にこの連立 1 次方程式を解く．ここでも(3.69), (3.70)の多項式を使う．恒等式

$$\sum_{k=1}^{g}\frac{M^{k,l}}{\lambda_k(\lambda_k-1)}=1 \qquad (3.106)$$

$$M^{k,l}=\frac{\mathsf{T}(\lambda_k)}{\mathsf{L}'(\lambda_k)\,(\lambda_k-t_l)}$$

を用いると

$$A_l^{12}=-M_lX\,,\qquad M_l=-\frac{\mathsf{L}(t_l)}{\mathsf{T}'(t_l)}$$

となる．この M_l は，g-次ガルニエ系の計算でも大切な量であった．なお，(3.106)は，補題 3.4 の証明に用いた x の有理関数 $Z_l(x)$ についていえば

$$\operatorname*{Res}_{x=\infty} Z_l(x)dx=-1$$

という式にほかならない．次に $M^{(\Delta)}$ $(\Delta=0,1)$ を

$$-\frac{\Lambda(x)}{T(x)}=\frac{M^{(0)}}{x}+\frac{M^{(1)}}{x-1}+\sum_{l=1}^{g}\frac{M_l}{x-t_l}$$

により導入する．念のために繰り返せば，M_l はすぐ上に書いたものと同じで，さらに

$$M^{(0)} = -\frac{\mathsf{L}(0)}{\mathsf{T}'(0)}\,,\quad M^{(1)} = -\frac{\mathsf{L}(1)}{\mathsf{T}'(1)}$$

である．これらの式を使うと

$$B_{\Delta}^{12} = -M^{(\Delta)}X$$

となることがわかる．以下は省略するが，他も同様である．このようにして，$B_{\Delta}^{\alpha\beta}, A_{l}^{\alpha\beta}$ が，x と (λ_k, μ_k) で表される．この計算にも，ガルニエ系 G_g は使われない．　■

ガルニエ系 G_g を満足する $\lambda_k{=}\lambda_k(t)$, $\mu_k{=}\mu_k(t)$ をとる．すると，もう1つの変量 X の意味が明らかになる．ここでも次の量が大切な役割を果たす．

(3.107)
$$M_l = -\frac{\mathsf{L}(t_l)}{\mathsf{T}'(t_l)}$$

補題 3.16　M_l を(3.107)で定められるものとすると，(3.105)で与えられる x は，完全積分可能系

(3.108)
$$d\log X = -\kappa_{\infty}\sum_{l=1}^{g} M_l dt_l$$

を満たす．　□

計算は省略する．(3.108)を示すのには，(λ_k, μ_k) が g-次ガルニエ系の解であるという事実が必要となる．このとき，上の補題3.15によって B_{Δ}, A_l を定める．このようにして得られるシュレージンガー型の方程式も，モノドロミー保存変形を許す．すなわち B_{Δ}, A_l は，シュレージンガー系を満たす．この事実が本質的に使われる．シュレージンガー系から出発すれば，単独2階フックス型線型方程式のモノドロミー保存変形として，ガルニエ系を得ることになる．

(3.108)の積分可能条件は

(3.109)
$$\frac{\partial M_h}{\partial t_l} = \frac{\partial M_l}{\partial t_h}$$

で与えられる．(3.74)を用いて計算すると，この条件は，前々節(3.92)で与えた，(3.83)から得られる方程式系と同等であることがわかる．

以上をまとめて次のことがわかった．前節で調べたガルニエ系の完全積分可

能性は，この結果からも保証される．

定理 3.3 ガルニエ系 G_g は，2×2 シュレージンガー系と同等である． □

4　ホロノミック変形とハミルトン構造

ハミルトン関数と τ-関数

4.1　パンルヴェ方程式のハミルトニアン

前章定理3.1の結果から，パンルヴェ VI 型方程式

$$P_{\mathrm{VI}}\quad \frac{d^2\lambda}{dt^2}=\frac{1}{2}\left(\frac{1}{\lambda}+\frac{1}{\lambda-1}+\frac{1}{\lambda-t}\right)\left(\frac{d\lambda}{dt}\right)^2-\left(\frac{1}{t}+\frac{-1}{t-1}\frac{1}{\lambda-t}\right)\frac{d\lambda}{dt}$$
$$+\frac{\lambda(\lambda-1)(\lambda-t)}{t^2(t-1)^2}\left[\alpha+\beta\frac{t}{\lambda^2}+\gamma\frac{t-1}{(\lambda-1)^2}+\delta\frac{t(t-1)}{(\lambda-t)^2}\right]$$

はハミルトン系

$$(4.1)\qquad \frac{d\lambda}{dt}=\frac{\partial H}{\partial\mu},\qquad \frac{d\mu}{dt}=-\frac{\partial H}{\partial\lambda}$$

で表されることがわかった．ハミルトニアン H は次の式で定められる．

$$t(t-1)H=\lambda(\lambda-1)(\lambda-t)\mu^2-\left\{\kappa_0(\lambda-1)(\lambda-t)+\kappa_1\lambda(\lambda-t)+(\theta-1)\lambda(\lambda-1)\right\}$$
$$+\kappa(\lambda-t)$$

ここで，$\alpha,\beta,\gamma,\delta$ と κ_Δ,θ との関係は

$$\alpha=\frac{1}{2}\kappa_\infty^2,\quad \beta=-\frac{1}{2}\kappa_0^2,\quad \gamma=\frac{1}{2}\kappa_1^2,\quad \delta=\frac{1}{2}(1-\theta^2)$$
$$\kappa=\frac{1}{4}(\kappa_0+\kappa_1+\theta-1)^2-\frac{1}{4}\kappa_\infty^2$$

で与えられる．パンルヴェ VI 型方程式 P_{VI} に付随する，このハミルトニアンを H_{VI} と書く．

さらに，ハミルトン系(4.1)は，方程式系

$$(4.2)\qquad \frac{\partial^2 y}{\partial x^2}+p_1(x,t)\frac{\partial y}{\partial x}+p_2(x,t)y=0$$

$$\frac{\partial y}{\partial t} = a_1(x,t)y + a_2(x,t)\frac{\partial y}{\partial x} \tag{4.3}$$

の積分可能条件として得られる．これが定理3.1の主張であった．変形方程式系(4.2), (4.3)は繰り返し出てくる重要な方程式であるから，その係数を再び書く．

$$p_1 = \frac{1-\kappa_0}{x} + \frac{1-\kappa_1}{x-1} + \frac{1-\theta}{x-t} - \frac{1}{x-\lambda} \tag{4.4}$$

$$p_2 = \frac{\kappa}{x(x-1)} - \frac{t(t-1)H_{\mathrm{VI}}}{x(x-1)(x-t)} + \frac{\lambda(\lambda-1)\mu}{x(x-1)(x-\lambda)} \tag{4.5}$$

$$a_2 = \frac{\lambda-t}{t(t-1)} \cdot \frac{x(x-1)}{x-\lambda} \tag{4.6}$$

$$a_1 = \frac{1}{2}\left(-\frac{\partial a_2}{\partial x} + p_1 a_2 + \frac{1-\theta}{x-t} - \frac{1}{x-\lambda}\frac{d\lambda}{dt}\right) \tag{4.7}$$

上の式のうち(4.6), (4.7)は定理3.2の証明で，ガルニエ系について求めたものにおいて，$g=1$ とすれば得られる．

2階線型常微分方程式の変形方程式系をうまく選ぶと，その積分可能条件としてパンルヴェ方程式が得られる，という事実は，全てのパンルヴェ方程式 $\mathrm{P_I}$～$\mathrm{P_{VI}}$ について成立する．すなわち，$\mathrm{P_J}$ によって，パンルヴェ方程式のひとつを表すものと約束すると，次の命題が成立する．

命題 4.1 $\mathrm{P_J}$ は，ハミルトニアン H_{J} に対するハミルトン系(4.1)と同等である．ここで H_{J} は，正準変数 (λ, μ) の，t の有理関数を係数とする多項式である． □

命題 4.2 上の命題で与えられるハミルトン系は，変形方程式系(4.2), (4.3)の完全積分可能条件として得られる． □

ただし，一般には(4.2)は，フックス型ではない，不確定特異点をもつ線型常微分方程式である．以下この節ではパンルヴェ方程式の退化を利用して命題4.1が成り立つことを確認する．この手法を利用して，次節で命題4.2を証明する．

$\mathrm{P_{VI}}$ 以外のパンルヴェ方程式は次のようなものであった．

$\mathrm{P_V}$

$$\frac{d^2\lambda}{dt^2}=\left(\frac{1}{2\lambda}+\frac{1}{\lambda-1}\right)\left(\frac{d\lambda}{dt}\right)^2-\frac{1}{t}\frac{d\lambda}{dt}+\frac{(\lambda-1)^2}{t^2}\left(\alpha\lambda+\frac{\beta}{\lambda}\right)+\gamma\frac{\lambda}{t}+\delta\frac{\lambda(\lambda+1)}{\lambda-1}$$

$\mathrm{P_{IV}}$ $$\frac{d^2\lambda}{dt^2}=\frac{1}{2\lambda}\left(\frac{d\lambda}{dt}\right)^2+\frac{3}{2}\lambda^3+4t\lambda^2+2\left(t^2-\alpha\right)\lambda+\frac{\beta}{\lambda}$$

$\mathrm{P_{III}}$ $$\frac{d^2\lambda}{dt^2}=\frac{1}{\lambda}\left(\frac{d\lambda}{dt}\right)^2-\frac{1}{t}\frac{d\lambda}{dt}+\frac{1}{t}\left(\alpha\lambda^2+\beta\right)+\gamma\lambda^3+\frac{\delta}{\lambda}$$

$\mathrm{P_{II}}$ $$\frac{d^2\lambda}{dt^2}=2\lambda^3+t\lambda+\alpha$$

$\mathrm{P_I}$ $$\frac{d^2\lambda}{dt^2}=6\lambda^2+t$$

ただし，$\mathrm{P_{III}}$ に対して $\gamma\delta\neq0$，$\mathrm{P_V}$ について $\delta\neq0$ という仮定をおく．$\mathrm{P_{III}}$ で $\gamma\delta=0$ の場合は第 4.3 節で，$\mathrm{P_V}$ で $\delta=0$ の場合は次節で，それぞれ考察する．

まず結論を先取りして，各パンルヴェ方程式に付随するハミルトニアン H_{J} を与えよう．

$$H_{\mathrm{V}}=\frac{1}{t}\left[\lambda(\lambda-1)^2\mu^2-\left\{\kappa_0(\lambda-1)^2+\theta\lambda(\lambda-1)-\eta t\lambda\right\}\mu+\kappa(\lambda-1)\right]$$
$$H_{\mathrm{IV}}=2\lambda\mu^2-\{\lambda^2+2t\lambda+2\kappa_0\}\mu+\theta_\infty\lambda$$
$$H_{\mathrm{III}}=\frac{1}{t}\left[2\lambda^2\mu^2-\{2\eta_\infty t\lambda^2+(2\theta_0+1)\lambda-2\eta_0 t\}\mu+\eta_\infty(\theta_0+\theta_\infty)t\lambda\right]$$
$$H_{\mathrm{II}}=\frac{1}{2}\mu^2-\left(\lambda^2+\frac{1}{2}t\right)\mu-\frac{1}{2}(2\alpha+1)\lambda$$
$$H_{\mathrm{I}}=\frac{1}{2}\mu^2-2\lambda^3-t\lambda$$

これらをハミルトニアンとするハミルトン系を考え，ここから μ を消去することにより，λ が $\mathrm{P_J}$ を満足することは，直接確かめることができる．とはいっても，たとえば $\mathrm{P_{VI}}$ のハミルトン系から μ を，手計算で消去することは，一本道の計算ではあるが容易ではない．

パンルヴェ方程式とくらべると，定数は次のように関係している．

$$H_{\mathrm{V}} : \alpha = \frac{1}{2}\kappa_\infty^2, \quad \beta = -\frac{1}{2}\kappa_0^2, \quad \gamma = -\eta(1+\theta), \quad \delta = -\frac{1}{2}\eta^2$$

$$\kappa = \frac{1}{4}(\kappa_0+\theta)^2 - \frac{1}{4}\kappa_\infty^2$$

$$H_{\mathrm{IV}} : \alpha = -\kappa_0+2\theta_\infty+1, \quad \beta = -2\kappa_0^2$$

$$H_{\mathrm{III}} : \alpha = -4\eta_\infty\theta_\infty, \quad \beta = 4\eta_0(1+\theta), \quad \gamma = 4\eta_\infty^2, \quad \delta = -4\eta_0^2$$

ここでは，ハミルトニアン H_{J} を，第1章で与えたような，パンルヴェ方程式の退化図式を利用して決めてみよう．まず $\mathrm{P_{VI}}$ のハミルトニアン H_{VI} において

$$\begin{gathered} \lambda = \lambda_1, \quad \mu = \mu_1 \\ t = 1+\varepsilon t_1, \quad H_{\mathrm{VI}} = \varepsilon^{-1}H(\varepsilon) \\ \kappa_1 = \eta_1\varepsilon^{-1}+\theta_1+1, \quad \theta = -\eta_1\varepsilon^{-1} \end{gathered} \tag{4.8}$$

とおくと，計算により

$$\begin{aligned} H(\varepsilon) = \frac{1}{t_1(1+\varepsilon t_1)}\Big[&\lambda_1(\lambda_1-1)(\lambda_1-1-\varepsilon t_1)\mu_1^2 \\ &-\{\kappa_0(\lambda_1-1)(\lambda_1-1-\varepsilon t_1)+\theta_1\lambda_1(\lambda_1-1)-(\eta_1+\varepsilon\theta_1+\varepsilon)t_1\lambda_1\}\mu_1 \\ &+\Big\{\frac{1}{4}(\kappa_0+\theta_1)^2-\frac{1}{4}\kappa_\infty^2\Big\}(\lambda_1-1-\varepsilon t_1)\Big] \end{aligned}$$

となることがわかる．(4.8)で定義される変換は正準変換である．実際

$$d\mu\wedge d\lambda - dH_{\mathrm{VI}}\wedge dt = d\mu_1\wedge d\lambda_1 - dH(\varepsilon)\wedge dt_1$$

となっている．$H(\varepsilon)$ は $\varepsilon=0$ で正則だから， $\varepsilon\to0$ とすると

$$\begin{aligned} H(0) = \frac{1}{t_1}\Big[&\lambda_1(\lambda_1-1)^2\mu_1^2 - \{\kappa_0(\lambda_1-1)^2+\theta_1\lambda_1(\lambda_1-1)-\eta_1t_1\lambda_1\}\mu_1 \\ &+\Big\{\frac{1}{4}(\kappa_0+\theta_1)^2-\frac{1}{4}\kappa_\infty^2\Big\}(\lambda_1-1)\Big] \end{aligned}$$

この λ_1, μ_1 に関する多項式は，パンルヴェ V 型方程式のハミルトニアン H_{V} と同じ形をしている．そこで，λ_1, μ_1, t_1 および θ_1, η_1 を，添字1をなくして $\lambda, \mu, t, \theta, \eta$ などと書くと，

$$\lim_{\varepsilon\to 0} H(\varepsilon) = H_{\mathrm{V}}$$

となっている．これからも記号の簡略化のため，上の操作を

$$(4.9)\qquad (\lambda, \mu, H_{\mathrm{VI}}, t) :\Rightarrow (\lambda, \mu, \varepsilon^{-1} H_{\mathrm{V}}, 1+\varepsilon t)$$
$$\kappa_1 :\Rightarrow \eta\varepsilon^{-1}+\theta+1, \quad \theta :\Rightarrow -\eta\varepsilon^{-1} \qquad (\varepsilon \to 0)$$

と表すことにする．H_{VI} にパラメータ ε に依存した正準変換(4.9)を施し，極限 $\varepsilon\to 0$ をとることによって H_{V} が得られたのである．

ハミルトニアンの正準変換とこれに引き続く極限操作は，微分方程式系であるハミルトン系の極限操作，とみなすことができるから，第1章14ページの命題1.5が適用できる．すなわち，$H(\varepsilon)$ をハミルトニアンとするハミルトン系の解が正則な領域で，$H(0)$ をハミルトニアンとするハミルトン系の解も正則である．したがって22ページの命題1.9に述べたように，パンルヴェ VI 型方程式が動く分岐点をもたないことが保証されていれば，パンルヴェ V 型方程式も，必然的に，動く分岐点をもたない方程式である． ∎

この操作をつづけていって H_{J} のすべてが，H_{VI} から求まる．この計算は，パンルヴェ方程式の退化図式をもとにして行われるが，上の例でみるとおり，計算の実行はずっと楽である．

定義 4.1　H_{J} をハミルトニアンとする，パンルヴェ方程式 $\mathrm{P_J}$ に付随するハミルトン系(4.1)を**パンルヴェ系**という． □

以下では，H_{J} をハミルトニアンとするパンルヴェ系を $\mathrm{H_J}$ と表す．

命題4.1より詳しく，次の命題が成り立つ．

命題 4.3　パンルヴェ系 $\mathrm{H_J}$ に対し，退化図式

$$\begin{array}{ccccccccc} \mathrm{H_{VI}} & \to & \mathrm{H_{V}} & \to & \mathrm{H_{III}} & & & & \\ & & & \searrow & & \searrow & & & \\ & & & & \mathrm{H_{IV}} & \to & \mathrm{H_{II}} & \to & \mathrm{H_{I}} \end{array}$$

が成立する．ここで

$$\mathrm{H_J} \to \mathrm{H_{J'}}$$

なる退化は，パラメータ ε に依存する正準変換と，これに引き続く極限操作 $\varepsilon\to 0$ により得られる． □

退化 $\mathrm{H_{VI}}\to\mathrm{H_V}$ については上ですでに調べてある．以下これと同じように，パンルヴェ系の退化を与える変換を示す．

$\mathrm{H_V}\to\mathrm{H_{IV}}$:

$$(\lambda, \mu, H_{\mathrm{V}}+\kappa, t) :\Rightarrow \left(\frac{\varepsilon}{\sqrt{2}}\lambda, \frac{\sqrt{2}}{\varepsilon}\mu, \frac{1}{\sqrt{2}\varepsilon}H_{\mathrm{IV}}, 1+\sqrt{2}\varepsilon t\right)$$

$$\eta :\Rightarrow -\varepsilon^{-2}, \quad \theta :\Rightarrow \varepsilon^{-2}+2\theta_\infty-\kappa_0, \quad \kappa_\infty :\Rightarrow \varepsilon^{-2} \qquad (\varepsilon\to 0)$$

$\mathrm{H_{IV}}\to\mathrm{H_{II}}$:

$$(\lambda, \mu, H_{\mathrm{IV}}, t) :\Rightarrow$$

$$\left(\varepsilon^{-3}(1+2^{\frac{2}{3}}\varepsilon^2\lambda), 2^{-\frac{2}{3}}\varepsilon\mu, 2^{\frac{2}{3}}\varepsilon^{-1}H_{\mathrm{II}}-\frac{1}{2}(2\alpha+1)\frac{1}{\varepsilon^3}, -\frac{1-2^{-\frac{2}{3}}\varepsilon^4 t}{\varepsilon^3}\right)$$

$$\kappa_0 :\Rightarrow \frac{1}{2}\varepsilon^{-6}, \quad \theta_\infty :\Rightarrow -\frac{1}{2}(2\alpha+1) \qquad (\varepsilon\to 0)$$

$\mathrm{H_{II}}\to\mathrm{H_I}$:

$$\left(\lambda, \mu-\lambda^2-\frac{t}{2}, H_{\mathrm{II}}+\frac{1}{2}\lambda+\frac{1}{8}t^2, t\right) :\Rightarrow$$

$$\left(\varepsilon^{-5}+\varepsilon\lambda, \varepsilon^{-1}\mu, \varepsilon^{-2}H_{\mathrm{I}}-\frac{1}{2}t\varepsilon^{-8}-\frac{3}{2}\varepsilon^{-20}, -6\varepsilon^{-10}+\varepsilon^2 t\right)$$

$$\alpha :\Rightarrow 4\varepsilon^{-15} \qquad (\varepsilon\to 0)$$

$\mathrm{H_V}\to\mathrm{H_{III}}$: これは 2 つのステップにわかれる．まず

$$(\lambda, \mu, H_{\mathrm{V}}, t) :\Rightarrow (1+\varepsilon\lambda, \varepsilon^{-1}\mu, H_{\mathrm{III'}}, t)$$

$$\kappa_0 :\Rightarrow \varepsilon^{-1}\eta_\infty, \quad \eta :\Rightarrow \varepsilon\eta_0, \quad \theta :\Rightarrow \theta_0, \quad \kappa_\infty :\Rightarrow \eta_\infty\varepsilon^{-1}-\theta_\infty \qquad (\varepsilon\to 0)$$

によって，ハミルトニアン

$$H_{\mathrm{III}}=\frac{1}{t}\left[\lambda^2\mu^2-\{\eta_\infty\lambda^2+\theta_0\lambda-\eta_0 t\}\mu+\frac{1}{2}\eta_\infty(\theta_0+\theta_\infty)\lambda\right]$$

が得られる．このハミルトニアンが定めるパンルヴェ系 $\mathrm{H_{III'}}$ は，非線型方程式

$$\mathrm{P_{III'}}\qquad \frac{d^2\lambda}{dt^2}=\frac{1}{\lambda}\left(\frac{d\lambda}{dt}\right)^2-\frac{1}{t}\frac{d\lambda}{dt}+\frac{\lambda^2}{4t^2}(\gamma\lambda+\alpha)+\frac{\beta}{4t}+\frac{\delta}{4\lambda}$$

と等価である．ここでさらに

$$(4.10)\qquad (\lambda,\mu,H_{\mathrm{III'}},t):\Rightarrow\left(t\lambda,t^{-1}\mu,\frac{1}{2t}\left(H_{\mathrm{III}}+\frac{\lambda\mu}{t}\right),t^2\right)$$

なる正準変換をほどこして $\mathrm{H_{III}}$ が得られる．

$\mathrm{H_{III}}\to\mathrm{H_{II}}$：

$$(\lambda,\mu,H_{\mathrm{III}},t):\Rightarrow\left(1+2\varepsilon\lambda,\frac{1}{2}\varepsilon^{-1}\mu,\varepsilon^{-2}H_{\mathrm{II}},1+\varepsilon^2 t\right)$$

$$\eta_0:\Rightarrow-\frac{1}{4}\varepsilon^{-3},\quad \eta_\infty:\Rightarrow\frac{1}{4}\varepsilon^{-3}$$

$$\theta_0:\Rightarrow-\frac{1}{2}\varepsilon^{-3}-2\alpha-1,\quad \theta_\infty:\Rightarrow-\frac{1}{2}\varepsilon^{-3}\qquad(\varepsilon\to 0)$$

以上により命題 4.3，したがって命題 4.1 は確かめられたことになる．

命題 4.2 の考察は，引き続いて次節以降に行う．

4.2　ホロノミック変形とパンルヴェ方程式 $\mathrm{P_{V'}}$

フックス型方程式の変形方程式系(4.2)，(4.3)，(4.4)-(4.7)から出発する．ここで，ハミルトニアンの退化 $H_{\mathrm{VI}}\to H_{\mathrm{V}}$ に対応する，パラメータ ε に依存する正準変換

$$(\lambda,\mu,H_{\mathrm{VI}},t):\Rightarrow(\lambda,\mu,\varepsilon^{-1}H_{\mathrm{V}},1+\varepsilon t)$$

$$\kappa_1:\Rightarrow\eta\varepsilon^{-1}+\theta+1,\quad \theta:\Rightarrow-\eta\varepsilon^{-1}\qquad(\varepsilon\to 0)$$

を行う．すると，(4.4)，(4.5)は，計算の結果，ともに $\varepsilon=0$ で正則となることがわかる．$\varepsilon=0$ とした結果は

(4.11)
$$p_1 = \frac{1-\kappa_0}{x} + \frac{\eta t}{(x-1)^2} + \frac{1-\theta}{x-1} - \frac{1}{x-\lambda}$$

(4.12)
$$p_2 = \frac{\kappa}{x(x-1)} - \frac{tH_{\mathrm{V}}}{x(x-1)^2} + \frac{\lambda(\lambda-1)\mu}{x(x-1)(x-\lambda)}$$
$$\kappa = \frac{1}{4}(\kappa_0+\theta)^2 - \frac{1}{4}\kappa_\infty^2$$

である．このようにして得られる線型常微分方程式

(4.13)
$$\frac{d^2y}{dx^2} + p_1(x,t)\frac{dy}{dx} + p_2(x,t)y = 0$$

はもはやフックス型ではない．方程式(4.13), (4.11), (4.12)は，$x=0$, $x=1$, $x=\infty$ で特異点をもち，$x=0$, $x=\infty$ は確定特異点であるが，$x=1$ は 1 級の不確定特異点である．

さらに，変形方程式に上の置き換えを施し

$$\frac{\partial y}{\partial t} = \varepsilon a_1(x, 1+\varepsilon t)y + \varepsilon a_2(x, 1+\varepsilon t)\frac{\partial y}{\partial x}$$

とすると，右辺は $\varepsilon=0$ で正則である．ここで，$\varepsilon\to 0$ とし，その極限をあらためて

$$\frac{\partial y}{\partial t} = a_1(x,t)y + a_2(x,t)\frac{\partial y}{\partial x}$$

と書くと，計算により

(4.14)
$$a_2(x,t) = \frac{\lambda-1}{t}\cdot\frac{x(x-1)}{x-\lambda}$$

を得る．また，(4.7)を使って置き換えと極限を実行すれば

$$a_1(x,t) = \frac{1}{2}\left(-\frac{\partial a_2}{\partial x} + p_1 a_2 + \frac{\eta}{x-1} - \frac{1}{x-\lambda}\frac{d\lambda}{dt}\right)$$

となる．具体形は(4.11), (4.12), (4.14)を用いて求めることになる．

H_{VI} の場合と同様，a_2 の満たす方程式

(4.15)
$$\frac{\partial^3 a_2}{\partial x^3} - 4r(x,t)\frac{\partial a_2}{\partial x} - 2\frac{\partial r}{\partial x}(x,t)a_2 + 2\frac{\partial r}{\partial t}(x,t) = 0$$

が変形方程式系の完全積分可能条件として得られる．ただし，

$$r(x,t) = -p_2(x,t)+\frac{1}{4}p_1(x,t)^2+\frac{1}{2}\frac{\partial p_1}{\partial x}(x,t) \tag{4.16}$$

である．(4.15)に(4.11), (4.12), (4.14)を代入して，具体的な計算を実行し，H_{V} をハミルトニアンとするハミルトン系(4.1)の得られることを，直接計算によって確かめることはできる．この計算はハミルトン系 $\mathrm{H_{VI}}$ の場合と同様であり，ここで繰り返す必要はないだろう．

以上の考察により，パンルヴェ系 $\mathrm{H_V}$ は，$\mathrm{H_{VI}}$ の退化として得られるだけでなく，変形方程式系からも得られることがわかった．

線型常微分方程式(4.13)がフックス型の場合，変形方程式系はモノドロミー保存を表している．他方，必ずしもフックス型ではない場合には，モノドロミーの保存だけでは不十分である．実際，次の命題が成り立つ．

命題 4.4　パラメータ $t=(t_1, \cdots, t_g)$ をもつ，x の有理関数を係数とする線型常微分方程式

$$\frac{d^2y}{dx^2}+p_1(x,t)\frac{dy}{dx}+p_2(x,t)y = 0 \tag{4.13}$$

の解の基本系 $\vec{y}=\vec{\varphi}(x,t)$ で，そのモノドロミー群と，不確定特異点におけるストークス係数が t に依らないようなものが存在するための必要十分条件は，x の有理関数 $a_1^{(l)}(x,t)$, $a_2^{(l)}(x,t)$ が存在して，方程式系

$$\frac{\partial^2y}{\partial x^2}+p_1(x,t)\frac{\partial y}{\partial x}+p_2(x,t)y = 0$$

$$\frac{\partial y}{\partial t_l} = a_1^{(l)}(x,t)y+a_2^{(l)}(x,t)\frac{\partial y}{\partial x} \qquad (l = 1, \cdots, g) \tag{4.17}$$

が完全積分可能となることである．　□

これからは第3.1節112ページの用語を使って，命題4.4に与えた変形方程式系はもとの線型常微分方程式の，ホロノミックな変形を与えるということにする．もちろん，一般の n 階方程式，連立方程式系についても命題4.4と同様の結果が成立する．

［命題4.4の証明］　一般に，そのモノドロミー群が t に依らないような解の基本系が存在すれば，変形方程式系の係数 $a_1^{(l)}, a_2^{(l)}$ は不確定特異点のまわりで x

の1価関数である．この事実の証明は，確定特異点の場合と同様である．さらに，不確定特異点 $x=\xi$ のまわりで定義されるストークス係数も t に依らないならば，$a_1^{(l)}, a_2^{(l)}$ は $x=\xi$ で有理型となる．このことを，第2.3節の記述に従って，不確定特異点 $x=\infty$ の場合について説明しよう．第3.2節120ページと同様の考察により，$a_2^{(l)}$ を考えれば十分である．

いま，m 個の角領域

$$S_p = S_p(0\,; R\,; \theta_p, \theta'_p) = \{|x| > R,\ \theta_p < \arg(x-x_0) < \theta'_p\}$$

を，領域 $U=\{|x|>r_0\}$ を覆うようにとる．ここで

$$\theta_{p-1} < \theta_p < \theta'_{p-1} < \theta'_p\,, \quad \theta_{-1} = \theta_m\,, \quad \theta'_{-1} = \theta'_m \qquad (p = 1, \cdots, m)$$

である．線型常微分方程式の1次独立解 $\vec{y}_p(x,t)=(\,y_p(x,t),\ y_p^{\circ}(x,t))$ が，角領域 S_p において

$$(4.18) \quad y_p(x,t) \approx \hat{Y}\,, \qquad y_p^{\circ}(x,t) \approx \hat{Y}^{\circ} \qquad x \to \infty \qquad x \in S_p$$

と漸近展開されているとする．$\hat{Y}$ と $\hat{Y}^{\circ}$ は，不確定特異点 $x=\infty$ のまわりで構成された形式解である．この形式解に対して角領域 S_p で(4.18)によって定められる1次独立解の間には

$$(4.19) \qquad \vec{y}_p(x,t) = \vec{y}_{p-1}(x,t)C_{p-1} \quad (x \in S_{p-1} \cap S_p)$$

という関係が成り立っている．ここで

$$C_1,\ C_2,\ \cdots,\ C_m = C_{-1}$$

は，x に依らない2次可逆行列で，これがストークス係数である．角領域 S_p を十分大きくとっておけば，C_p は一意に決まる．$x=\infty$ のまわりを正の向きに1周する道を γ と書くと

$$\Gamma(\gamma) = C_m^{-1} C_{m-1}^{-1} \cdots C_1^{-1}$$

が，$x=\infty$ のまわりの回路行列である．

もしストークス係数 C_p が t にも依らないならば，(4.19)から

$$\frac{\partial}{\partial t_l}\vec{y}_p(x,t) = \left(\frac{\partial}{\partial t_l}\vec{y}_{p-1}(x,t)\right)C_{p-1}+\vec{y}_{p-1}(x,t)\frac{\partial}{\partial t_l}C_{p-1}$$
$$= \left(\frac{\partial}{\partial t_l}\vec{y}_{p-1}(x,t)\right)C_{p-1}$$

が成り立つ．したがって，(4.17)より解の基本形 $\vec{y}_p=\vec{y}_p(x,t)$ に対して

(4.20)
$$a_2^{(l)}(x,t) = \frac{w_2^{(l)}(\vec{y}_p)}{w(\vec{y}_p)} = \frac{w_2^{(l)}(\vec{y}_{p-1})}{w(\vec{y}_{p-1})}$$

となる．ここで，$w_2^{(l)}(\vec{y}_p)$ は，ロンスキアン $w(\vec{y}_p)$ において，$\dfrac{\partial}{\partial x}\vec{y}_p$ を $\dfrac{\partial}{\partial t_l}\vec{y}_p$ で置き換えたものである．(4.20)の右辺において，$\vec{y}_p$ を形式解のベクトル $(\hat{Y},\hat{Y}^\circ)$ で置き換えて得られるものを $\hat{f}$ と書くと，(4.20)より

(4.21)
$$a_2^{(l)}(x,t) \approx \hat{f} \qquad x\to\infty \qquad x\in U$$

である．一方，形式解を実際に代入して計算すると，$\hat{f}$ は x^{-1} の形式的ローラン級数で表される．形式解を代入して $a_2^{(l)}(x,t)$ が不確定特異点のまわりで有理型となることは，後に具体例で見ることにし，ここではこれ以上の詳細には立ち入らない．ところが，(4.21)の漸近展開は $x=\infty$ の近傍全体 U で成り立っており，したがって $\hat{f}$ は収束する．

以上のことから，大域的にそのモノドロミーとストークス係数が t に依らないような解の基本系が存在するならば，$a_1^{(l)}$ と $a_2^{(l)}$ は x の有理関数である．■

線型常微分方程式(4.13)，(4.11)，(4.12)において，独立変数を

(4.22)
$$x :\Rightarrow \frac{x}{x-1}$$

と置き換える．併せて

(4.23)
$$\lambda :\Rightarrow \frac{\lambda}{\lambda-1}$$

$$\mu :\Rightarrow -(\lambda-1)^2\mu-\chi(\lambda-1), \quad H :\Rightarrow H+\frac{1}{t}\chi(\chi+\theta)$$
$$\chi = -\frac{1}{2}\,(\kappa_0+\theta+\kappa_\infty)$$

とし，従属変数を

$$y :\Rightarrow (x-1)^{\chi} y \tag{4.24}$$

と変換する．こうすると再び(4.13)の形の微分方程式が得られるが，その係数は

$$p_1 = -\eta t + \frac{1-\kappa_0}{x} + \frac{1-\kappa_\infty}{x-1} - \frac{1}{x-\lambda} \tag{4.25}$$

$$p_2 = -\frac{t(\eta\chi x+H)}{x(x-1)} + \frac{\lambda(\lambda-1)\mu}{x(x-1)(x-\lambda)} \tag{4.26}$$

となる．これは，$x=0$, $x=1$ に確定特異点を，$x=\infty$ に 1 級の不確定特異点をもつ，線型常微分方程式である．これらの置き換えによって，H は次の式で与えられることも容易に計算で確かめることができる．

$$tH = \lambda(\lambda-1)\mu^2 - \{\kappa_0(\lambda-1)+\kappa_\infty\lambda+\eta t\lambda(\lambda-1)\}\mu - \chi\eta t\lambda \tag{4.27}$$

ここで，パンルヴェ方程式 $\mathrm{P_V}$ で未知変数 λ を(4.23)により置き換える．こうすると次の微分方程式が得られるが，これを $\mathrm{P_{V'}}$ と名付ける．

$$\mathrm{P_{V'}} \quad \frac{d^2\lambda}{dt^2} = \frac{1}{2}\left(\frac{1}{\lambda}+\frac{1}{\lambda-1}\right)\left(\frac{d\lambda}{dt}\right)^2 - \frac{1}{t}\frac{d\lambda}{dt} - \frac{1}{t^2}\left(\alpha\frac{\lambda-1}{\lambda}+\beta\frac{\lambda}{\lambda-1}\right) - \frac{\gamma}{t}\lambda(\lambda-1) - \delta\lambda(\lambda-1)(2\lambda-1)$$

必要に応じて，$\mathrm{P_V}$ の代わりにこれと同値な $\mathrm{P_{V'}}$ を考察する．(4.27)の与えるハミルトニアンを $H_{\mathrm{V'}}$ と書こう．線型常微分方程式(4.13), (4.25), (4.26)のホロノミック変形により，パンルヴェ系 $\mathrm{H_{V'}}$ が定まるが，このときの変形方程式の係数 $a_2(x,t)$ は

$$a_2(x,t) = \frac{1}{t}\cdot\frac{x(x-1)}{x-\lambda} \tag{4.28}$$

となる．これは変数変換(4.22), (4.24)を使って(4.14)から計算すればよい．

次に，線型常微分方程式(4.13), (4.25), (4.26)について，不確定特異点 $x=\infty$ における形式解を，第 2.3 節 70 ページ，命題 2.9 の方法で求めると

$$\hat{Y}=x^{-\chi}\hat{\phi},\quad \chi=-\frac{1}{2}\left(\kappa_0+\theta+\kappa_\infty\right),\quad \hat{\phi}=\sum_{k=0}^{\infty}c_kx^{-k},\quad c_0=1$$

$$\hat{Y}^\circ=e^{\eta tx}x^{-\chi^\circ-1}\hat{\phi}^\circ,\quad \chi^\circ=-\frac{1}{2}\left(\kappa_0-\theta+\kappa_\infty\right),\quad \hat{\phi}^\circ=\sum_{k=0}^{\infty}c_k^\circ x^{-k},\quad c_0^\circ=1$$

となる．形式解のベクトル $\vec{Y}=(\hat{Y},\hat{Y}^\circ)$ について，命題 4.4 の証明にでていたロンスキアン $w(\vec{Y})$ と，x-微分を t-微分に置き換えた $w_2(\vec{Y})$ を形式的に計算する．

$$w(\vec{Y})=e^{\eta tx}x^{-\chi-\chi^\circ-1}[\eta t+\cdots],\quad w_2(\vec{Y})=e^{\eta tx}x^{-\chi-\chi^\circ}[\eta+\cdots]$$

であるから，(4.21) より

$$a_2(x,t)=\frac{x}{t}[1+\cdots]$$

が得られる．この結果は (4.28) を保証する．

さて，$\mathrm{P_V}$ の考察においては $\delta\neq0$ としていた．この仮定の下に $\mathrm{P_V}$ のハミルトニアン H_{V} が求まったのである．$\mathrm{P_{V'}}$ と $H_{\mathrm{V'}}$ の対応にも，$\delta\neq0$ が仮定されている．では，$\delta=0$ の場合はどうするのか，ここでこの疑問に答えておく．

命題 4.5　175 ページで与えたパンルヴェ系 $\mathrm{H_{III'}}$ において

$$\lambda:\Rightarrow\eta_\infty\lambda,\quad \mu:\Rightarrow\eta_\infty^{-1}\mu$$

とし，さらに λ を消去すると，μ は次の微分方程式を満たす．

$$\begin{aligned}\frac{d^2\mu}{dt^2}=&\frac{1}{2}\left(\frac{1}{\mu}+\frac{1}{\mu-1}\right)\left(\frac{d\mu}{dt}\right)^2-\frac{1}{t}\frac{d\mu}{dt}\\&-\frac{1}{8t^2}\left((\theta_0-\theta_\infty)^2\frac{\mu-1}{\mu}-(\theta_0+\theta_\infty)^2\frac{\mu}{\mu-1}\right)-\frac{\eta_0\eta_\infty}{t}\mu(\mu-1)\end{aligned}$$

□

すなわち，$\mathrm{P_{V'}}$ で $\delta=0$ のときは，$\mathrm{P_{III'}}$ を考えることに帰着し，仮定 $\delta=0$ は単に方程式のタイプを区別しているだけ，ということがわかった．一方，$\mathrm{P_{III'}}$，あるいは $\mathrm{P_{III}}$，についての仮定 $\gamma\delta\neq0$ は本質的である．ここで除外された場合については，次節の最後に述べることにする．

ここで再びフックス型線型常微分方程式 (4.2)，(4.4)，(4.5) に戻る．今度は

パラメータの置き換え

$$\kappa_\infty :\Rightarrow \eta\varepsilon^{-1}+\theta, \qquad \theta :\Rightarrow 1-\eta\varepsilon^{-1}$$

と，変数変換

$$(4.29) \qquad t :\Rightarrow 1+\varepsilon^{-1}t^{-1}, \quad H_{\mathrm{VI}} :\Rightarrow -\varepsilon t^2\left(H+\chi_1\frac{\varepsilon^{-1}\eta+(\chi_1+\theta)\eta t}{t(\varepsilon t+1)}\right)$$
$$\chi_1 = -\frac{1}{2}(\kappa_0+\kappa_1+\theta)$$

を施し，$\varepsilon\to 0$ とすると，(4.13)の形の線型常微分方程式で，$x=0$, $x=1$ に確定特異点，$x=\infty$ に 1 級の不確定特異点をもつものが得られる．その係数は

$$p_1 = -\eta t+\frac{1-\kappa_0}{x}+\frac{1-\kappa_1}{x-1}-\frac{1}{x-\lambda}$$
$$p_2 = -\frac{t(\eta\chi_1 x+H)}{x(x-1)}+\frac{\lambda(\lambda-1)\mu}{x(x-1)(x-\lambda)}$$

となる．この線型常微分方程式も，$x=0$, $x=1$ に確定特異点，$x=\infty$ に 1 級の不確定特異点をもつ．さらに，H は次の式で与えられることがわかる．

$$tH = \lambda(\lambda-1)\mu^2-\{\kappa_0(\lambda-1)+\kappa_1\lambda+\eta t\lambda(\lambda-1)\}\mu-\chi_1\eta t\lambda$$

これを(4.27)と比較すると，κ_1 と κ_∞ が，したがって χ_1 と χ も，入れ替わっているだけである．(4.29)は正準変換であるから，H をハミルトニアンとするハミルトン系は，やはりパンルヴェ系 $\mathrm{H_{VI}}$ の退化として与えられるものである．このようにしても $\mathrm{P_{V'}}$ に付随するハミルトン系が得られる．

4.3　変形方程式系の合流とパンルヴェ系の退化

ここで線型常微分方程式(4.13), (4.11), (4.12)にもどって，$x=1$ という不確定特異点がどのようにして現れたか考えてみよう．$\varepsilon\to 0$ という極限をとる直前の方程式は，$x=1$ という確定特異点の近くに，別の確定特異点 $x=1+\varepsilon t$ があり，$\varepsilon\to 0$ のとき，これら 2 つの確定特異点がぶつかり一緒になって $x=1$ に不確定特異点ができた，と考えるのが自然である．これを，線型常微分

方程式の特異点の**合流**という．すなわち線型方程式(4.13),(4.11),(4.12)は，線型方程式(4.13),(4.4),(4.5)から，特異点の合流により得られたのである．前者の線型方程式をL_{VI}，後者の線型方程式をL_{V}と表そう．今後，L_{V}はL_{VI}から合流で得られる，と簡単に言っても誤解はないだろう．これを図式的に

$$L_{\mathrm{VI}} \to L_{\mathrm{V}}$$

と表すことにしよう．完全積分系である変形方程式系について有効な合流の操作は積分可能条件，すなわちパンルヴェ系の退化，を自動的に導く．

上に述べたように，線型方程式L_{VI}のモノドロミー保存変形は，P_{VI}に付随するハミルトン系を導き，L_{V}のホロノミック変形はP_{V}に付随するハミルトン系を導く．パンルヴェ系$H_{\mathrm{VI}}, H_{\mathrm{V}}$については，ハミルトン系の退化と，線型常微分方程式の合流とが，ホロノミック変形を通して完全に対応している．このことは，ほかのパンルヴェ系についても同様である．すなわち次のことが成立する．

命題 4.6 命題4.3で与えたパンルヴェ系の退化図式に対応して，線型方程式の合流の図式

$$\begin{array}{ccccccc} L_{\mathrm{VI}} & \to & L_{\mathrm{V}} & \to & L_{\mathrm{III}} & & \\ & & & \searrow & & \searrow & \\ & & & & L_{\mathrm{IV}} & \to & L_{\mathrm{II}} & \to & L_{\mathrm{I}} \end{array}$$

が成立する．ここで

$$L_{\mathrm{J}} \to L_{\mathrm{J}'}$$

は，特異点の合流を表す．さらに，各L_{J}のホロノミック変形はP_{J}に付随するハミルトン系を導く．特異点の合流によって変形方程式系は，変形方程式系へと移る． □

以下，合流を定義するために必要な変換と，線型常微分方程式L_{J}の係数$p_1(x,t), p_2(x,t)$を具体的に与える．

$L_{\mathrm{V}} \to L_{\mathrm{IV}}$：$L_{\mathrm{V}}$において，方程式の係数に本章4.1節で与えた正準変換

$$(\lambda,\mu,H_{\mathrm{V}}+\kappa,t):\Rightarrow\left(\frac{\varepsilon}{\sqrt{2}}\lambda,\frac{\sqrt{2}}{\varepsilon}\mu,\frac{1}{\sqrt{2}\varepsilon}H_{\mathrm{IV}},1+\sqrt{2}\varepsilon t\right)$$
$$\eta:\Rightarrow-\varepsilon^{-2},\quad \theta:\Rightarrow\varepsilon^{-2}+2\theta_\infty-\kappa_0,\quad \kappa_\infty:\Rightarrow\varepsilon^{-2}\qquad(\varepsilon\to0)$$

を施し，加えてこれと同時に，$x=\dfrac{\varepsilon}{\sqrt{2}x_1}$ とおき $\varepsilon\to0$ とする．その上で，記号の節約のため x_1 を改めて x と書く．この手続きを前と同じように

$$x:\Rightarrow\frac{\varepsilon}{\sqrt{2}x}\qquad(\varepsilon\to0)$$

と表す．なお，以下で考える合流のプロセスにおいてハミルトニアンの変換は，前節に与えたものと同じで，これを線型方程式の変換と同時に行う．

さて $\mathrm{L_V}$ に対して，この置き換えと引き続く極限操作の結果として得られる線型常微分方程式の係数は

$$p_1=\frac{1-\kappa_0}{x}-\frac{x+2t}{2}-\frac{1}{x-\lambda}$$
$$p_2=\frac{1}{2}\theta_\infty-\frac{H_{\mathrm{IV}}}{2x}+\frac{\lambda\mu}{x(x-\lambda)}$$

である．これのホロノミック変形を与えるには，$a_2=a_2(x,t)$ を与えれば十分である．これも(4.14)から計算して，

$$a_2=\frac{2x}{x-\lambda}$$

となる．

$\mathrm{L_V}\to\mathrm{L_{III}}$：この合流も，対応するパンルヴェ方程式のハミルトニアンの退化にあわせ，2つのステップにわかれる．まず，ハミルトニアン $H_{\mathrm{III'}}$ を導く変換を行い，さらに常微分方程式の独立変数を

$$x:\Rightarrow1+\varepsilon x\qquad(\varepsilon\to0)$$

と変換する．極限操作により得られる線型方程式が $\mathrm{L_{III'}}$ である．その係数は

$$p_1 = \frac{\eta_0 t}{x^2} + \frac{1-\theta_0}{x} - \eta_\infty - \frac{1}{x-\lambda}$$
$$p_2 = \frac{\eta_\infty(\theta_0+\theta_\infty)}{2x} - \frac{tH_{\mathrm{III}'}}{x^2} + \frac{\lambda\mu}{x(x-\lambda)}$$

となる．ここでさらに

$$x :\Rightarrow tx$$

とし，ハミルトン系の正準変換(4.10)を施すと，線型常微分方程式 $\mathrm{L_{III}}$ が得られる．

$$p_1 = \frac{\eta_0 \tau}{x^2} + \frac{1-\theta_0}{x} - \eta_\infty t - \frac{1}{x-\lambda}$$
$$p_2 = \frac{\eta_\infty(\theta_0+\theta_\infty)t}{2x} - \frac{tH_{\mathrm{III}}+\lambda\mu}{2x^2} + \frac{\lambda\mu}{x(x-\lambda)}$$

$\mathrm{L_{III}} \to \mathrm{L_{II}}$： 線型常微分方程式の独立変数の変換と，極限操作の結果として得られる方程式の係数のみを書く．

$$x :\Rightarrow 1+2\varepsilon x \quad (\varepsilon \to 0)$$
$$p_1 = -2x^2 - t - \frac{1}{x-\lambda}$$
$$p_2 = -(2\alpha+1)x - 2H_{\mathrm{II}} + \frac{\mu}{x-\lambda}$$

$\mathrm{L_{IV}} \to \mathrm{L_{II}}$： 独立変数の変換

$$x :\Rightarrow \varepsilon^{-3}(1+2^{\frac{2}{3}}\varepsilon^2 x) \qquad (\varepsilon \to 0)$$

により，$\mathrm{L_{IV}}$ からも $\mathrm{L_{II}}$ が得られる．

$\mathrm{L_{II}} \to \mathrm{L_{I}}$： まず，線型常微分方程式 $\mathrm{L_{II}}$ で未知変数の変換

$$y :\Rightarrow \exp\left(\frac{1}{3}x^3 + \frac{1}{2}tx\right)y$$

を行い，しかるのちに

$$x :\Rightarrow \varepsilon x + \varepsilon^{-5} \qquad (\varepsilon \to 0)$$

とする．その結果，次の係数 $p_1(x,t), p_2(x,t)$ が得られる．

$$p_1 = -\frac{1}{x-\lambda}$$
$$p_2 = -4x^3-2tx-2H_{\mathrm{I}}+\frac{\mu}{x-\lambda}$$

最後に，変形方程式系の係数 $a_2(x,t)$ をまとめておくと次のようになる．これらも合流操作により得られるので，結果だけ書く．

$$\mathrm{L}_{\mathrm{III}'}: \quad a_2 = \frac{\lambda x}{t(x-\lambda)}$$

$$\mathrm{L}_{\mathrm{III}}: \quad a_2 = \frac{2\lambda x}{t(x-\lambda)}+\frac{x}{t}$$

$$\mathrm{L}_{\mathrm{II}}: \quad a_2 = \frac{1}{2(x-\lambda)}$$

$$\mathrm{L}_{\mathrm{I}}: \quad a_2 = \frac{l}{2(x-\lambda)}$$

$\mathrm{L}_{\mathrm{VI}}, \mathrm{L}_{\mathrm{V}}, \mathrm{L}_{\mathrm{IV}}$ の変形方程式については前に与えたが，後の便利のため再記しておこう．

$$\mathrm{L}_{\mathrm{VI}}: \quad a_2 = \frac{\lambda-t}{t(t-1)}\cdot\frac{x(x-1)}{x-\lambda}$$

$$\mathrm{L}_{\mathrm{V}}: \quad a_2 = \frac{\lambda-1}{t}\cdot\frac{x(x-1)}{x-\lambda}$$

$$\mathrm{L}_{\mathrm{V}'}: \quad a_2 = \frac{1}{t}\cdot\frac{x(x-1)}{x-\lambda}$$

$$\mathrm{L}_{\mathrm{IV}}: \quad a_2 = \frac{2x}{x-\lambda}$$

以上のようにして，命題 4.6 と命題 4.2 は具体的に確かめられた．

特異点の合流の，最も基本的な例は，ガウスの超幾何微分方程式

$$x(1-x)\frac{d^2y}{dx^2}+(c-(1+a+b)x)\frac{dy}{dx}-aby = 0 \tag{4.30}$$

から，合流型超幾何微分方程式

(4.31)
$$x\frac{d^2y}{dx^2}+(c-x)\frac{dy}{dx}-ay=0$$

を得る手続きである．実際(4.30)で

$$x :\Rightarrow \varepsilon x,\quad b :\Rightarrow \varepsilon^{-1}\qquad (\varepsilon\to 0)$$

とすると(4.31)が得られる．このとき，2つの確定特異点

$$x=\varepsilon^{-1},\quad x=\infty$$

が合流して，(4.31)の不確定特異点 $x=\infty$ を生じている．

確定特異点を，ポアンカレーの階数が0の特異点，とみることができる．ポアンカレーの階数を r と書く．いま仮に $r+1$ を特異点の**重さ**とよぶことにする．すると，(4.30)は，重さ1の特異点(すなわち確定特異点)3つをもち，(4.31)は重さ1の特異点($x=0$)と，重さ2の特異点($x=\infty$)をもつ．そこで(4.30)から，(4.31)を得る手続きを

$$1+1+1\to 2+1$$

で表そう．この記法を，パンルヴェ方程式に関係する，線型方程式の退化図式に適用すると次のようになる．

(4.32)

$$\begin{array}{ccccccccc}
(\mathrm{L_{VI}}) & & (\mathrm{L_{V}}) & & (\mathrm{L_{III}}) & & & & \\
1+1+1+1 & \to & 2+1+1 & \to & 2+2 & & & & \\
 & & & \searrow & & \searrow & & & \\
 & & & & 3+1 & \to & 4 & \to & \dfrac{7}{2} \\
 & & & & (\mathrm{L_{IV}}) & & (\mathrm{L_{II}}) & & (\mathrm{L_{I}})
\end{array}$$

実は，ガウスの超幾何微分方程式のほうも

$$1+1+1\to 2+1\to 3\to \frac{5}{2}$$

となっている．$3,\dfrac{5}{2}$ に対応するのは，それぞれ

$$\frac{d^2y}{dx^2}-x\frac{dy}{dx}+ny=0 \quad \text{（エルミートの微分方程式）}$$
$$\frac{d^2y}{dx^2}-xy=0 \quad \text{（エアリーの微分方程式）}$$

である．

命題 4.3 および命題 4.6 の退化と合流の図式は，$P_{\mathrm{III}'}$，あるいは P_{III}，の例外的な場合を考慮に入れることで完全になる．すなわち，$\gamma\delta=0$ の場合を考えるのであるが，同じことだから，以下では $P_{\mathrm{III}'}$ を考察の対象としよう．

$$P_{\mathrm{III}'} \qquad \frac{d^2\lambda}{dt^2}=\frac{1}{\lambda}\left(\frac{d\lambda}{dt}\right)^2-\frac{1}{t}\frac{d\lambda}{dt}+\frac{\lambda^2}{4t^2}(\gamma\lambda+\alpha)+\frac{\beta}{4t}+\frac{\delta}{4\lambda}$$

において，変数変換

$$\lambda :\Rightarrow \frac{t}{\lambda}$$

を行うと，方程式は，以下のパラメータの置換を除いて不変である．

$$\alpha :\Rightarrow -\beta, \quad \beta :\Rightarrow -\alpha, \quad \gamma :\Rightarrow -\delta, \quad \delta :\Rightarrow -\gamma$$

このことから，$P_{\mathrm{III}'}$ の例外的な場合は，次の 3 つの場合に分かれる．

（イ）$\gamma=0,\ \alpha\delta\neq0$　（あるいは $\delta=0,\ \beta\gamma\neq0$ ）

（ロ）$\gamma=\delta=0,\ \alpha\beta\neq0$

（ハ）$\alpha=\gamma=0$　（あるいは $\beta=\delta=0$ ）

このうち(ハ)は，パンルヴェ方程式が積分可能な場合である．実際，$P_{\mathrm{III}'}$ で $\alpha=\gamma=0$ とすると

$$\left(1-\frac{1}{\lambda}t\frac{d\lambda}{dt}\right)^2+\beta\frac{t}{2\lambda}+\delta\left(\frac{t}{2\lambda}\right)^2$$

は t に依らない量，すなわち第一積分である．そこで，(イ)と(ロ)を調べればよい．

(イ)：$L_{\mathrm{III}'}$ において

$$(\lambda,\mu,H_{\mathrm{III}'},t) :\Rightarrow \left(\lambda,\mu,\eta_0H^{(1)},\eta_0^{-1}t\right)$$
$$\theta_0 :\Rightarrow -\alpha_1, \quad \eta_\infty :\Rightarrow \varepsilon, \quad \theta_\infty :\Rightarrow \varepsilon^{-1} \qquad (\varepsilon\to0)$$

として得られる2階線型微分方程式を $\mathrm{L}^{(1)}$ とする．$\mathrm{L}^{(1)}$ の係数は

$$p_1 = \frac{t}{x^2} + \frac{1+\alpha_1}{x} - \frac{1}{x-\lambda}$$
$$p_2 = \frac{1}{2x} - \frac{tH^{(1)}}{x^2} + \frac{\lambda\mu}{x(x-\lambda)}$$

(4.33) $$tH^{(1)} = \lambda^2\mu^2 + \alpha_1\lambda\mu + t\mu + \frac{1}{2}\lambda$$

である．これは，$x=0$ に1級の不確定特異点，$x=\infty$ に $\frac{1}{2}$ 級の不確定特異点をもつ．(4.33)の定めるハミルトニアン $H^{(1)}$ に対するハミルトン系を $\mathrm{H}^{(1)}$ と書く．

(ロ)：$\mathrm{L}^{(1)}$ において，従属変数を

$$y :\Rightarrow x^{\frac{1-\alpha_1}{2}} y$$

と変換し，そのあとで

$$\left(\lambda, \mu + \frac{1-\alpha_1}{2\lambda}, H^{(1)} + \frac{\alpha_1^2-1}{4}, t\right) :\Rightarrow \left(\lambda, \mu, \varepsilon^{-1}H^{(2)}, \varepsilon t\right)$$
$$\alpha_1 :\Rightarrow 1-\varepsilon^{-1} \qquad (\varepsilon \to 0)$$

とすると，$\mathrm{L}^{(1)}$ は極限操作により

$$p_1 = \frac{2}{x} - \frac{1}{x-\lambda}$$
$$p_2 = -\frac{1}{2x} - \frac{tH^{(2)}}{x^2} - \frac{t}{2x^3} + \frac{\lambda\mu}{x(x-\lambda)}$$

(4.34) $$tH^{(2)} = \lambda^2\mu^2 + \lambda\mu + \frac{1}{2}\left(\lambda + \frac{t}{\lambda}\right)$$

に帰着する．この線型方程式を $\mathrm{L}^{(2)}$，$H^{(2)}$ をハミルトニアンとするハミルトン系を $\mathrm{H}^{(2)}$ と書く．$\mathrm{L}^{(2)}$ は $x=0$ と $x=\infty$ に不確定特異点をもち，ポアンカレの階数はともに $\frac{1}{2}$ である．

これら2つの変形方程式系を，$\mathrm{L}_{\mathrm{III}'}$ の一般の場合と区別すれば，合流図式(4.32)には新たに

$$2+2 \to 2+\frac{3}{2} \to \frac{3}{2}+\frac{3}{2}$$

が加わることになる．対応してパンルヴェ系の退化図式にも $\mathrm{H}^{(1)}$ と $\mathrm{H}^{(2)}$ が加わる．$\mathrm{H}^{(2)}$ はパンルヴェ系のなかで，そのハミルトニアンが正準変数の多項式ではない，唯一のハミルトン系である．

一方，$\mathrm{L}^{(1)}$ において従属変数を

$$y :\Rightarrow \exp\left(-\frac{t}{2x}\right) x^{-\frac{1+\alpha_1}{2}} y$$

と置き換える．これにあわせて正準変換

$$(\lambda, \mu, H^{(1)}, t) :\Rightarrow \left(\lambda, \mu - \frac{1+\alpha_1}{2\lambda} - \frac{t}{2\lambda^2}, H - \frac{1}{2\lambda} - \frac{\alpha_1^2-1}{4}, t\right)$$

を施すと，新たに得られる線型常微分方程式の係数は次のようになる．

$$p_1 = -\frac{1}{x-\lambda}$$

$$p_2 = \frac{1}{2x} - \frac{tH}{x^2} - \frac{(\alpha_1-1)t}{2x^3} - \frac{t^2}{4x^4} + \frac{\lambda\mu}{x(x-\lambda)}$$

$$tH = \lambda^2\mu^2 - \lambda\mu + \frac{1}{2}\lambda - \frac{(\alpha_1-1)t}{2\lambda} - \frac{t^2}{4\lambda^2}$$

ここでさらに独立変数を

$$x :\Rightarrow 8\varepsilon^{-10}(1-\varepsilon^2 x)$$

と置き換え，併せて正準変換とパラメータの置き換え

$$(\lambda, \mu, H, t) :\Rightarrow$$
$$\left(8\varepsilon^{-10}(1-\varepsilon^2\lambda),\ -\frac{\varepsilon^8}{8}\mu,\ \frac{\varepsilon^{11}}{16}\left(H_{\mathrm{I}}+6\varepsilon^{-6}-2\varepsilon^{-2}t\right),\ 32\varepsilon^{-15}+16\varepsilon^{-11}t\right)$$
$$\alpha_1 :\Rightarrow 1-6\varepsilon^{-5}$$

をし，$\varepsilon\to 0$ とする．この極限操作で得られる線型常微分方程式は $\mathrm{L_I}$ であり，H_{I} は $\mathrm{P_I}$ のハミルトニアンになる．すなわち，$\mathrm{L}^{(1)}$ は特異点の合流で $\mathrm{L_I}$ になり，$\mathrm{H}^{(1)}$ は $\mathrm{H_I}$ に退化する．

4.4 パンルヴェ方程式 P_I の積分

前節においてパンルヴェ方程式 P_I は線型常微分方程式

$$\frac{d^2y}{dx^2}-\frac{1}{x-\lambda}\frac{dy}{dx}-\left(4x^3+2tx+2H_I-\frac{\mu}{x-\lambda}\right)y=0 \tag{4.35}$$

$$H_I=\frac{1}{2}\mu^2-2\lambda^3-t\lambda$$

のホロノミックな変形から得られることを，線型微分方程式の合流とパンルヴェ系の退化を用いて確認した．この事実を，計算を補いながら直接再確認する．

まず未知関数の変換により，(4.35)を

$$\frac{d^2z}{dx^2}=r(x,t)z, \qquad y=\sqrt{x-\lambda}\,z \tag{4.36}$$

と書き直す．ここで

$$r(x,t)=4x^3+2tx+2H_I-\frac{\mu}{x-\lambda}+\frac{3}{4(x-\lambda)^2}$$

となる．(4.36)がホロノミック変形を許すための条件は

$$a_2=\frac{1}{2(x-\lambda)}$$

が，次の偏微分方程式を満たすことであった．

$$\frac{\partial^3 a_2}{\partial x^3}-4r(x,t)\frac{\partial a_2}{\partial x}-2\frac{\partial r}{\partial x}(x,t)a_2+2\frac{\partial r}{\partial t}=0 \tag{4.37}$$

ここに $r(x,t)$ と a_2 の具体形を代入して，いま考えている条件の与える方程式系を求めることは，ガルニエ系の場合と比較して，計算も単純である．実際

$$\frac{\partial r}{\partial t}=2(x-\lambda)+2\left(\frac{dH_I}{dt}+\lambda\right)-\frac{1}{x-\lambda}\frac{d\mu}{dt}-\frac{\mu}{(x-\lambda)^2}\frac{d\lambda}{dt}+\frac{3}{2(x-\lambda)^3}\frac{d\lambda}{dt}$$

および，ハミルトニアンの具体形を使って

$$r(x,t)=4(x-\lambda)^3+12\lambda(x-\lambda)^2+2(6\lambda^2+t)(x-\lambda)+\mu^2-\frac{\mu}{x-\lambda}+\frac{3}{4(x-\lambda)^2}$$

と書き直したものを(4.37)に代入すれば，この方程式の左辺は

$$\sum_{q=0}^{3} \frac{W_q}{(x-\lambda)^q}$$

という形の有理関数であり，各係数から以下の条件が得られる.

$$W_3 = 0 \qquad \frac{d\lambda}{dt}-\mu = 0$$

$$W_2 = 0 \qquad -\mu\frac{d\lambda}{dt}+\mu^2 = 0$$

$$W_1 = 0 \qquad \frac{d\mu}{dt}-(6\lambda^2+t) = 0$$

$$W_0 = 0 \qquad \frac{dH_{\mathrm{I}}}{dt}+\lambda = 0$$

これを確認することは難しくない．またこれらの4つの条件が，H_{I} をハミルトニアンとするハミルトン系

$$\frac{d\lambda}{dt} = \frac{\partial H}{\partial \mu}, \qquad \frac{d\mu}{dt} = -\frac{\partial H}{\partial \lambda}$$

から従うことも，直ちに見て取れる．これ以上の詳細に立ち入る必要は無いだろう.

次に，(4.35)の不確定特異点 $x=\infty$ における形式解と，これをある角領域での漸近展開とする解析的な解を構成しよう．ホロノミックな変形において，ストークス係数は t に依らないので，$\mathrm{P_I}$ の解析的な第一積分が，ストークス係数から得られる.

記号を見やすくするために，見かけの特異点 $x=\lambda$ を原点に移動する．すなわち，置き換え

$$x-\lambda :\Rightarrow\ x$$

により，(4.35)を次の形に書き直しておく.

$$(4.38)\quad \frac{d^2y}{dx^2}-\frac{1}{x}\frac{dy}{dx} = \left(4x^3+12\lambda x^2+2\nu x+\mu^2-\frac{\mu}{x}\right)y, \quad \nu = 6\lambda^2+t$$

すると，第2.3節74ページ，例2.10および命題2.11と同様の解析を行うこ

とにより，次の命題を得る．

命題 4.7(Y.Sibuya)　(4.38)について，以下の結果が成り立つ．

(1) 次の形の形式解が存在する．

$$\hat{Y}_0 = \frac{1}{\sqrt{u}}\hat{\phi}_0 \exp\left(-E(u;\lambda,\mu,\nu)\right)$$

ここで，$x=u^2$ とし，$\hat{\phi}_0$ は u^{-1} の形式的ベキ級数である．

$$\left(1+3\lambda x^{-1}+\frac{1}{2}\nu x^{-2}+\frac{1}{4}\mu^2 x^3-\frac{1}{4}\mu x^{-4}\right)^{-\frac{1}{2}} = 1+\sum_{j=1}^{\infty} b_j x^{-j}$$

と書くと，$E(u;\lambda,\mu,\nu)$ は

$$E(u;\lambda,\mu,\nu) = \frac{4}{5}u^5+\frac{4}{3}b_1 u^3+4b_2 u$$

により与えられる．

(2) (x,λ,μ,ν) の関数として $\mathbf{C}^4$ 上整型な解 $\varphi(x;\lambda,\mu,\nu)$ で，角領域

$$S_0' = \left\{x \,\middle|\, |\arg x| < \frac{3}{5}\pi\right\}$$

において

$$y_0(x;\lambda,\mu,\nu) \approx \hat{Y}_0 \qquad x\to\infty \qquad x\in S_0'$$

となるものが一意的に存在する．　□

この命題で，解 $y_0(x;\lambda,\mu,\nu)$ が (λ,μ,ν) についても整型であることに注意する．いま

$$\omega = e\left(\frac{1}{5}\right) = \exp\left(\frac{2\pi}{5}\sqrt{-1}\right)$$

とし，第 2.3 節と同じように

$$y_p(x;\lambda,\mu,\nu) = y_0\left(\omega^{-p}x;\omega^{-p}\lambda,\omega^{-4p}\mu,\omega^{-2p}\nu\right)$$

とおく．線型常微分方程式(4.38)の対称性から，$y_p(x;\lambda,\mu,\nu)$ も(4.38)の解である．このとき，形式解 $\hat{Y}_0$ においても同様の置き換えを行ったものを $\hat{Y}_p$ と書けば，角領域

$$S'_p = \left\{ x \,\middle|\, \left| \arg x - \frac{2p}{5}\pi \right| < \frac{3}{5}\pi \right\}$$

に対して，漸近展開

$$y_p(x;\lambda,\mu,\nu) \approx \hat{Y}_p \qquad x \to \infty \qquad x \in S'_p$$

が成り立っている．$\hat{Y}_p$ も(4.38)の形式解であるが，その主要項は

$$\exp\left(-(-1)^p E(u;\lambda,\mu,\nu)\right)$$

であり，$\hat{Y}_{p-1}$ と $\hat{Y}_{p+1}$ は定数倍の違いしかない．

2つの解 $y_0(x;\lambda,\mu,\nu)$ と $y_1(x;\lambda,\mu,\nu)$，は角領域の共通部分 $S'_0 \cap S'_1$ で定義されているが，ここで $x \to \infty$ としたときの振る舞いを考えれば，$y_0(x;\lambda,\mu,\nu)$ と $y_1(x;\lambda,\mu,\nu)$ は1次独立であることがわかる．そこで

$$\vec{\varphi}_p(x;\lambda,\mu,\nu) = (y_p(x;\lambda,\mu,\nu),\ y_{p+1}(x;\lambda,\mu,\nu))$$

を角領域

$$S_p = \left\{ x \,\middle|\, \frac{2p-1}{5}\pi < \arg x < \frac{2p+3}{5}\pi \right\}$$

における解の基本系として採用しよう．

$$\vec{\varphi}_p(x;\lambda,\mu,\nu) = \vec{\varphi}_0\left(\omega^{-p}x;\omega^{-p}\lambda,\omega^{p}\mu,\omega^{-2p}\nu\right)$$

である．さらに，$\vec{\varphi}_p(x;\lambda,\mu,\nu)$ のロンスキアンを $w_p = w_p(x;\lambda,\mu,\nu)$ と書くと，(4.38)の形から $w_p = ax$，a は定数，となるが，形式解 $\hat{Y}_p$ を使って計算すれば

$$w_p(x;\lambda,\mu,\nu) = 2\omega^{-2p+\frac{1}{4}}x$$

を得る．ストークス係数 $C_p = C_p(\lambda,\mu,\nu)$ は

$$\vec{\varphi}_p(x;\lambda,\mu,\nu) = \vec{\varphi}_{p+1}(x;\lambda,\mu,\nu)C_p$$

により定められる2次可逆行列である．

$C_p(\lambda,\mu,\nu)$ の成分は (λ,μ,ν) について整型で

$$C_p(\lambda, \mu, \nu) = C_0\bigl(\omega^{-p}\lambda, \omega^p\mu, \omega^{-2p}\nu\bigr)$$

である．ここで

$$y_p(x; \lambda, \mu, \nu) = c_p y_{p+1}(x; \lambda, \mu, \nu) + c'_p y_{p+2}(x; \lambda, \mu, \nu)$$

とし，両辺を x で微分した式を使って1次方程式を解けば

$$c'_p = -\frac{w_p}{w_{p+1}} = -\omega^2$$

となる．すなわち，ストークス係数は

$$C_p = \begin{pmatrix} c_p & 1 \\ -\omega^2 & 0 \end{pmatrix}$$

という形をしている．ここで，$c_0 = \omega f$ とおく．

命題 4.8 (Y.Sibuya)　$f = f(\lambda, \mu, \nu)$ は (λ, μ, ν) の整関数で，次の関数方程式を満たす．

(4.39)　$$f(\lambda, \mu, \nu) f(\omega^{-1}\lambda, \omega\mu, \omega^{-2}\nu) + f(\omega^{-3}\lambda, \omega^3\mu, \omega^{-1}\nu) - 1 = 0$$ □

［証明］　5つの閉角領域 S_p $(p=0, 1, 2, 3, 4)$ は x 平面を覆う．順々に解の基本系を接続していくと

$$\vec{\varphi}_0^{\,\gamma}(x; \lambda, \mu, \nu) = \vec{\varphi}_0(x; \lambda, \mu, \nu) C_0^{-1} C_1^{-1} C_2^{-1} C_3^{-1} C_4^{-1}$$

は，$\vec{\varphi}_0(x; \lambda, \mu, \nu)$ を，$x=0$ のまわりを正の向きに1周回る道 γ に沿って解析接続したものである．ところが，$x=0$ は(4.38)の見かけの特異点であったから，回路行列は単位行列 I で

$$C_4 C_3 C_2 C_1 C_0 = I$$

これを成分で書き下したものが関数方程式(4.39)である．$f(\lambda, \mu, \nu)$ が (λ, μ, ν) の整関数であることは繰り返し注意した． ■

ここで，本節の前半で考察した，(4.38)のホロノミックな変形を考えることにより，次の結果が得られたことになる．

命題 4.9(Y.Sibuya)　$\mathrm{P_I}$ は $\left(t, \lambda, \dfrac{d\lambda}{dt}\right)$ について整型な第一積分をもつ．

□

4.5　パンルヴェ方程式 $\mathrm{P_{II}}$ の解析

本章第1節において，各パンルヴェ方程式 $\mathrm{P_J}$ に付随するハミルトニアン H_J を決めた．その方法は，$\mathrm{P_J}$ から $\mathrm{P_{J'}}$ を得るパンルヴェ方程式の退化，に対応するハミルトニアンの退化を利用するものであった．ハミルトニアンの退化

$$H_\mathrm{J} \to H_{\mathrm{J}'}$$

は，パラメータ ε を含む正準変換と極限操作($\varepsilon \to 0$)との組み合わせにより得られるのであった．各 H_J には，ある線型微分方程式 $\mathrm{L_J}$ が対応していて，ハミルトニアンの退化は，方程式の特異点の合流

$$\mathrm{L_J} \to \mathrm{L_{J'}}$$

から与えられる．かならずしもフックス型ではない $\mathrm{L_J}$ は，フックス型方程式 $\mathrm{L_{VI}}$ からの合流を繰り返し行うことで定めた．これらの線型常微分方程式の合流は，自然に変形方程式系の合流をひきおこした．したがって，$\mathrm{L_J}$ の広い意味のモノドロミー保存変形，すなわちホロノミック変形は，H_J をハミルトニアンとするハミルトン系を与える，というように解釈することもできる．以上がこれまで調べたことの概略である．

パンルヴェ方程式を与えるハミルトニアンは当然ながらここで与えたもののほかにいくらでも考えられる．$\mathrm{P_J}$ に付随するハミルトニアンは，お互いに正準変換で移りあうが，そのなかから，前節で与えたようなものを選ぶ，という必然的な理由はいまのところないのである．

例 4.1　H_II を与える線型常微分方程式 $\mathrm{L_{II}}$ を考える．第4.2節の結果によれば，それは

(4.40)
$$\frac{d^2y}{dx^2}-\left(2x^2+t+\frac{1}{x-\lambda}\right)\frac{dy}{dx}+\left(-(2\alpha+1)x-2H_{\mathrm{II}}+\frac{\mu}{x-\lambda}\right)y=0$$

で与えられ，ここで

$$H_{\mathrm{II}}=\frac{1}{2}\mu^2-\left(\lambda^2+\frac{1}{2}t\right)\mu-\frac{1}{2}(2\alpha+1)\lambda$$

であった．(4.40)で

$$y=\exp\left[\frac{1}{3}x^3+\frac{1}{2}tx\right](x-\lambda)^{\frac{1}{2}}w$$

とおき未知変数を y から w に変換すると，w は，

(4.41)
$$\frac{d^2w}{dx^2}=\left(x^4+tx^2+2\alpha x+2K_{\mathrm{II}}+\frac{3}{4(x-\lambda)^2}-\frac{\nu}{x-\lambda}\right)w$$

の解となる．これは(4.16)の特別な場合であり，実際，計算すると，K_{II},ν は次のように与えられる．

$$K_{\mathrm{II}}=H_{\mathrm{II}}+\frac{1}{2}\lambda+\frac{1}{8}t^2$$
$$\nu=\mu-\lambda^2-\frac{1}{2}t$$

これらが，H_{II},μ から正準変換で得られることも直ちにわかる．ここで

$$K_{\mathrm{II}}=\frac{1}{2}\nu^2-\frac{1}{2}\lambda^4-\frac{1}{2}t\lambda^2-\alpha\lambda$$

である． □

(4.41)のホロノミック変形を考えよう．変形方程式系は，(4.41)と

$$\frac{\partial y}{\partial t}=-\frac{1}{2}\frac{\partial a_2}{\partial x}\cdot y+a_2\frac{\partial y}{\partial x}$$
$$a_2=\frac{1}{2(x-\lambda)}$$

とで与えられる．λ,ν を t の関数として，積分可能条件(4.15)を計算すると，その結果，λ と ν が満たす微分方程式として，K_{II} をハミルトニアンとするハ

ミルトン系が得られる．これは，SL 型方程式(4.41)の定めるハミルトニアンである．

この例と同様，各 $\mathrm{P_J}$ に付随するハミルトニアン K_{J} で，SL 型方程式に対応するものを求めることは難しくない．K_{J} についても，ハミルトニアンの退化図式，SL 型方程式の特異点の合流，など全く同様に求めることができる．しかも，前章では，ガルニエ系に付随するハミルトン系，その特別な場合として P_{VI} に付随するハミルトニアン，を求めるためにまず SL 型方程式になおして計算していた．したがって，ハミルトニアン H_{J} より，K_{J} のほうがわかりやすいようにも思える．確かに，2 階非線型常微分方程式

$$\mathrm{P_{II}} \qquad \frac{d^2\lambda}{dt^2} = 2\lambda^3+t\lambda+\alpha t$$

については，λ の時間微分 $\dfrac{d\lambda}{dt}$ を正準変数と見ることは不自然ではない．すなわち，H_{II} より K_{II} のほうが普通であろう．ハミルトニアンの選び方には任意性があるから，都合に合わせて選べばよい．ただし，どちらにしろ必然性はない．

H_{II} の都合の良さはこれから追々示していくことになる．我々はモノドロミー保存変形，ホロノミック変形の理論とは一応独立に，パンルヴェ方程式自体がハミルトン系としての構造を内包していることを見るだろう．その材料となるのは，動く極におけるパンルヴェ方程式の解の振る舞いである．すなわち，第 1 章第 5 節 27 ページ，命題 1.12 で $\mathrm{P_I}$ について行った計算を見直すことから始める．まず，$\mathrm{P_{II}}$ について次の命題を証明しよう．

命題 4.10　任意の t_0 に対し，$t=t_0$ を極とする解が存在する．すべての極は 1 位の極で，そこでの留数は ±1 である．　□

［証明］　命題 1.12 と同様の計算でよいのだが，重複をおそれず，少し詳しく見てみよう．まず，局所座標

$$T = t-t_0$$

について，$T=0$ で正則でない解

$$\lambda(t) = \frac{a}{T^r}\,(1+\mathcal{O}(T))\,, \qquad r>0\,,\quad a\neq 0$$

が存在したとして，P_{II} に代入すると，

$$r = 1, \quad a = \pm 1$$

がわかる．そこで，まず形式解

$$\lambda_- = -\frac{1}{T} + \sum_{j=0}^{\infty} \lambda_j T^j$$

が決定することからはじめる．この表示を再び P_{II} に代入して，次の式を得る．

$$\begin{aligned}
&\lambda_0 = 0 \\
&6\lambda_1 - t_0 = 0 \qquad \therefore \quad \lambda_1 = \frac{1}{6}t_0 \\
&4\lambda_2 - 1 + \alpha = 0 \qquad \therefore \quad \lambda_2 = \frac{1}{4}(1-\alpha) \\
&-6\lambda_1^2 + \lambda_1 t_0 = 0
\end{aligned}$$

最後の式は矛盾なく成立して，h を任意定数として

$$\lambda_3 = h$$

となる．以下，$j \geqq 4$ に対して

$$(j+2)(j-3)\lambda_j = R_j(t_0, \lambda_1, \cdots, \lambda_{j-2})$$

により，λ_j が一意的に決められる．右辺の関数は，方程式から決定される，λ_1, $\cdots$, λ_{j-2} の関数である．

ここでは $a=-1$ としたが $a=1$ についても同様で，それぞれ次のような形式解が得られる．

$$\begin{aligned}
\lambda_+ &= \frac{1}{T} - \frac{1}{6}t_0 T - \frac{\alpha+1}{4}T^2 + hT^3 + \cdots \\
\lambda_- &= -\frac{1}{T} + \frac{1}{6}t_0 T - \frac{\alpha-1}{a}T^2 + hT^3 + \cdots
\end{aligned}$$

以下，これが収束して，それぞれ 1 径数の解を定めることを示そう．どちらでも同じことだから λ_+ について調べる．まず，形式解を代入して

$$\frac{d\lambda_+}{dt} + \lambda_+^2 + \frac{1}{2}t = -\frac{1+2\alpha}{2}T + \left(\frac{t_0^2}{36} + 5h\right)T^2 + \cdots \tag{4.42}$$

が成り立つことを確認する．計算は読者にお任せする．

一方，微分方程式において

$$\lambda = \frac{1}{u} \tag{4.43}$$

とおくと，形式解 λ_+ から，次のような u の展開が求まる．

$$u = T\left(1+\frac{t_0}{6}T^2+\frac{1+\alpha}{4}T^3+\left(\frac{t_0^2}{36}-h\right)T^4+\cdots\right)$$

これを逆に解くと

$$T = u\left(1-\frac{t_0}{6}u^2-\frac{1+\alpha}{4}u^3+\left(\frac{t_0^2}{18}+h\right)u^4+\cdots\right)$$

この形式級数を (4.42) に代入する．(4.43)から

$$-\frac{du}{dt}+1+\frac{1}{2}tu^2 = -\frac{1+2\alpha}{2}u+\left(\frac{t_0^2}{36}+5h\right)u^2+\cdots$$

となるが，ここで h が任意定数であることに注目し，この右辺を

$$-\frac{1+2\alpha}{2}u-u^2v$$

とおく．すなわち

$$\frac{du}{dt} = 1+\frac{1}{2}tu^2+\frac{1+2\alpha}{2}u^3+u^4v \tag{4.44}$$

により，新しい変数 v を導入する．

他方，P_{II} は(4.43)により

$$\frac{d^2u}{dt^2} = \frac{2}{u}\left(\frac{du}{dt}\right)^2-\frac{2}{u}-tu-\alpha u^2 \tag{4.45}$$

となる．この計算は簡単だが，(4.44)を使ってもう少し面倒な計算をすると

$$\begin{aligned}\frac{dv}{dt} &= -2u^3v^2-\left[\frac{3}{2}(1+2\alpha)u^2+tu\right]v \\ &\quad -\left(\frac{1+2\alpha}{2}\right)^2u-\frac{1+2\alpha}{4}t\end{aligned} \tag{4.46}$$

が得られる．ここで，(4.44), (4.46)を u, v に関する微分方程式系とみる．右辺は u, v の多項式であるから，コーシーの存在定理によりこの微分方程式系は，任意の t_0 と任意の v_0 に対し，$t=t_0$ の近傍で，初期条件

$$u(t_0) = 0, \qquad v(t_0) = v_0$$

を満たす正則解をもつ．とくに

$$v_0 = -\frac{t_0^2}{36} - 5h$$

の場合をとり，この解に対応するパンルヴェ方程式 P_{II} の解は，$t=t_0$ において，形式展開 λ_+ と同じ収束ローラン級数展開をもつ．すなわち λ_+ は収束し，真の解を与える．以上で命題 4.10 は証明された． ■

実は，命題 4.10 の証明において，次の事実も示されている．

命題 4.11 P_{II} は，正準変数 u, v に関するハミルトン系と同等である． □

実際，方程式系(4.44)，(4.46)をよく見ると，これは u, v の多項式

$$H = \frac{1}{2}u^4v^2 + \left[\frac{1+2\alpha}{2}u^3 + \frac{1}{2}tu^2 + 1\right]v + \frac{1+2\alpha}{4}\left[\frac{1+2\alpha}{2}u^2 + tu\right] \tag{4.47}$$

をハミルトニアンとする，ハミルトン系

$$\frac{du}{dt} = \frac{\partial H}{\partial v}, \qquad \frac{dv}{dt} = -\frac{\partial H}{\partial u} \tag{4.48}$$

となっている．そこで次に(4.48)を，もとの変数 λ に関するハミルトン系に書き直してみよう．それには点変換(4.43)を正準変換に延長すればよい．もちろんこれは可能であるが，もう少し条件をつけて正準変数を選ぶことにする．そこで，$t=t_0$ におけるローラン級数解 λ_+ に対して，λ の正準共役 μ は正則となり，しかも，ハミルトニアンは λ, μ についての多項式であるように決めることにしよう．それには

$$\mu = -\frac{1+2\alpha}{2}u - u^2v \tag{4.49}$$

とおけばよい．すなわち

$$\frac{d\lambda}{dt} + \lambda^2 + \frac{1}{2}t = \mu$$

である．(4.43)，(4.49)が正準変換を定めていることは明らかであり，この正準変数を使って(4.47)を書き直すと

$$H=\frac{1}{2}\mu^2-\left(\lambda^2+\frac{1}{2}t\right)\mu-\frac{1+2\alpha}{2}\lambda \tag{4.50}$$

となる．これは我々が導入したハミルトニアン $H_{\rm II}$ に他ならない．

このようにして，$\mathrm{P_{II}}$ は $H_{\rm II}$ をハミルトニアンとするハミルトン系である，という事実が，ホロノミック変形と独立に示された．さらに $H_{\rm II}$ は正準変換(4.43)，(4.49)によって再び多項式となる，ということも副産物として得られた．

以上の考察は解の表示 λ_+ について行われた．では，λ_- について同じことを行うとどうなるだろうか．これは節を改めて論ずることにする．この節は $H_{\rm J}$ の必然性についての「問い」から出発した．以上の $H_{\rm II}$ に関する解説で，ある程度答えることができた．さらに明解な答えを導き出すためには，再び $\mathrm{P_{VI}}$ を調べなければならない．これは次章の主題である．その前にもう少し $\mathrm{P_{II}}$ を対象として考察を進める．

4.6 ハミルトン関数

前節では，パルンヴェ方程式 $\mathrm{P_{II}}$ の動く極 $t=t_0$ のまわりで，解のローラン級数展開を用いて，ハミルトニアン $H_{\rm II}$ を求めた．$t=t_0$ のまわりでの級数展開は2つあって，それを $\lambda_\pm$ としたのであった．もう一度書くと，

$$\lambda_+=\frac{1}{T}-\frac{1}{6}t_0T-\frac{\alpha+1}{4}T^2+hT^3+\cdots$$
$$\lambda_-=-\frac{1}{T}+\frac{1}{6}t_0T-\frac{\alpha-1}{4}T^2+hT^3+\cdots$$

であった．ここで $T=t-t_0$ は局所座標である．λ_+ をもとにして $H_{\rm II}$ を求めたように，λ_- をもとにして同様な計算をするとどうなるか．前節で残しておいたこの問題を調べることからはじめよう．繰り返しになるけれど，復習の意味もこめて簡単に計算の筋道を追ってみよう．(4.42)に対応して，今度は

$$\frac{d\lambda_-}{dt}-\lambda_-^2-\frac{1}{2}t=-\frac{2\alpha-1}{2}T-\left(\frac{t_0^2}{36}-5h\right)T^2+\cdots$$

となるから，μ を定義したのと同様

$$\frac{d\lambda}{dt}=\lambda^2+\frac{1}{2}t+\bar{\mu}$$

により $\bar{\mu}$ を定義する．もちろん $\bar{\mu}$ は μ の複素共役ではない別の変数を表す．すると，$\mathrm{P_{II}}$ から，$\bar{\mu}$ に関する微分方程式

$$\frac{d\bar{\mu}}{dt}=-2\lambda\bar{\mu}+\frac{2\alpha-1}{2}\lambda$$

を得る．こうして得られる，λ と $\bar{\mu}$ の微分方程式系は

$$\bar{H}=\frac{1}{2}\bar{\mu}^2+\left(\lambda^2+\frac{1}{2}t\right)\bar{\mu}-\frac{2\alpha-1}{2}\lambda \tag{4.51}$$

をハミルトニアンとするハミルトン系である．(4.47)に対応する表示を求めるには

$$\lambda=\frac{1}{u},\qquad \bar{\mu}=\frac{2\alpha-1}{2}u-u^2\bar{v} \tag{4.52}$$

とおけばよい．これは正準変換を定めていて，(4.51)は

$$\begin{aligned}\bar{H}=\frac{1}{2}u^4\bar{v}^2-\left[\frac{2\alpha-1}{2}u^3+\frac{1}{2}tu^2+1\right]\bar{v}\\ +\frac{2\alpha-1}{4}\left[\frac{2\alpha-1}{2}u^2+tu\right]\end{aligned} \tag{4.53}$$

となる．以上のようにして λ_- から出発して $\mathrm{P_{II}}$ に付随するハミルトニアン $\bar{H}$ を得た．

このハミルトニアンと，前に求めた H_{II} との間の関係を次にしらべよう．まず，次のことに注意する．

命題 4.12 $\bar{H}$ と H_{II} の 2 つのハミルトニアンは，正準変換

$$\mu=\bar{\mu}+2\lambda^2+t,\qquad H_{\mathrm{II}}=\bar{H}-\lambda \tag{4.54}$$

で結ばれている． □

実際，$\bar{\mu},\mu$ の定義から(4.54)がただちに得られる．これが正準変換となることは明らかであろう．

次に，ハミルトニアン $\bar{H}$ と，ホロノミック変形との関係にふれておこう．例 4.1 で見たように，H_{II} は，線型方程式(4.40)のホロノミック変形により，

パンルヴェ系 $\mathrm{H_{II}}$ を定める．ここで，(4.40)において未知関数の変換

$$y=\exp\left[\frac{2}{3}x^3+tx\right]\bar{y} \tag{4.55}$$

をすると，$\bar{y}$ は，線型方程式

$$\frac{d^2\bar{y}}{dx^2}+\left(2x^2+t-\frac{1}{x-\lambda}\right)\frac{d\bar{y}}{dx} +\left(\frac{\bar{\mu}}{x-\lambda}-2\bar{H}-(2\alpha-1)x\right)\bar{y}=0 \tag{4.56}$$

を満たす．ここで $\bar{\mu},\bar{H}$ は(4.40)に現れるパラメータ μ,H_{II} と，(4.54)で結ばれている．すなわち $\bar{H}$ をハミルトニアンとするハミルトン系は，線型常微分方程式(4.56)のホロノミック変形として与えられる．線型方程式における未知関数の変換(4.55)が，正準変換(4.54)を自然に与える．

さて，$H=H(t;\lambda,\mu)$ を t の有理関数を係数とする，λ と μ の多項式とする．一般に H をハミルトニアンとするハミルトン系

$$\frac{d\lambda}{dt}=\frac{\partial H}{\partial\mu},\qquad \frac{d\mu}{dt}=-\frac{\partial H}{\partial\lambda} \tag{4.57}$$

を考えよう．その解

$$(\lambda(t),\mu(t))$$

を任意にとって固定し，この解に対して関数

$$H(t)=H(t;\lambda(t),\mu(t)) \tag{4.58}$$

を考える．

定義 4.2　(4.58)で定義される関数 $H(t)$ を，ハミルトニアン H による，あるいは，ハミルトン系(4.57)の**ハミルトン関数**という．　□

力学の運動方程式のように，ハミルトニアン H が t を陽に含まない形をしていれば，ハミルトン系(4.57)のハミルトン関数 $H(t)$ は定数となる．すなわちハミルトニアンは(4.57)の第一積分となる．これが考えて

いる力学系のエネルギーである．

これに対して，パンルヴェ系のハミルトニアンは保存量を定めない．したがって，ハミルトン関数はエネルギーを定めることはないが，これは，パンルヴェ方程式は正準変数について代数的な第一積分をもたない，という事実に対応している．それでもハミルトン関数は重要な役割を果たす． ■

一般に，ハミルトニアン H によるハミルトン関数 $H(t)$ に対して次の式が成り立つ．

$$\frac{d}{dt}H(t) = \left(\frac{\partial}{\partial t}\right)H \tag{4.59}$$

ここで $\left(\dfrac{\partial}{\partial t}\right)$ は，ハミルトニアン H において正準変数 (λ, μ) を定数とみて t で偏微分する，という記号である．

実際，(4.59)の左辺は

$$\frac{d\lambda}{dt}\frac{\partial H}{\partial \lambda}+\frac{d\mu}{dt}\frac{\partial H}{\partial \mu}+\left(\frac{\partial}{\partial t}\right)H$$

に等しいが，微分方程式を使えばこれは右辺と同じである． ■

例 4.2　パンルヴェ方程式 $\mathrm{P_I}$ に付随するハミルトニアン

$$H_{\mathrm{I}} = H_{\mathrm{I}}(t;\lambda,\mu) = \frac{1}{2}\mu^2-2\lambda^3-t\lambda$$

によるハミルトン関数を $H_{\mathrm{I}}(t)$ とする．このとき(4.59)から

$$\frac{d}{dt}H_{\mathrm{I}}(t) = -\lambda$$

となる．したがって $\mathrm{P_I}$ の解 $\lambda=\lambda(t)$ の不定積分は，λ と $\mu=\dfrac{d\lambda}{dt}$ の多項式で表される．確かに，パンルヴェ方程式 $\mathrm{P_I}$ の両辺に $\dfrac{d\lambda}{dt}$ をかけて積分すると

$$\left(\frac{d\lambda}{dt}\right)^2 = 4\lambda^3+2t\lambda-2\int^t \lambda\,dt$$

が得られる． □

再びパンルヴェ方程式 $\mathrm{P_{II}}$ に話をもどす．2つのハミルトニアン $H=H_{\mathrm{II}}$, $\bar{H}$ によるハミルトン関数を，それぞれ $H(t)=H_{\mathrm{II}}(t), \bar{H}(t)$ と書く．パンルヴェ

系の解 $(\lambda(t),\mu(t)),(\lambda(t),\bar{\mu}(t))$ は，$\mathbf{C}$ 上有理型であるから，$H(t),\bar{H}(t)$ も当然そうなる．そこでこれらの関数が動く極のまわりでどのような振る舞いをするかをしらべよう．

ある点 $t=t_0$ で，ハミルトン関数が極をもつとする．このとき，t_0 は $\lambda=\lambda(t)$ の極でなければならない．なぜなら，λ が $t=t_0$ で正則ならば $\mu,\bar{\mu}$ もそうなり，したがってハミルトン関数もその点で正則になってしまう．

命題 4.13　$t=t_0$ を $H(t)$ の極とする．この点のまわりで

$$H(t) = \frac{1}{T}(1+\mathcal{O}(T)) \tag{4.60}$$

となる．ここで $T=t-t_0$ で，$\mathcal{O}(T)$ はランダウの記号，すなわち T について 1 次の項からはじまるベキ級数を表す．このとき，点 t_0 のまわりでの $\mathrm{P_{II}}$ の解 $\lambda=\lambda(t)$ の局所表示は λ_- で与えられる．□

［証明］　すぐ上に注意したとおり t_0 は λ の極となるから，$\lambda_\pm$ という表示を利用して，まず

$$\mu = \frac{d\lambda}{dt}+\lambda^2+\frac{1}{2}t$$

により μ の表示を求める．$\lambda_\pm$ に対応するものを，仮りに $\mu_\pm$ と書けば，計算して

$$\mu_+ = -\frac{2\alpha+1}{2}T\,[1+\mathcal{O}(T)]$$
$$\mu_- = \frac{2}{T^2}\left[1+\frac{1}{6}t_0T^2+\frac{1}{4}T^3+\cdots\right]$$

一方，(4.59) から

$$\frac{d}{dt}H_{\mathrm{II}}(t) = \left(\frac{\partial}{\partial t}\right)H_{\mathrm{II}} = -\frac{1}{2}\mu$$

だから $H_{\mathrm{II}}(t)$ は，$(\lambda_+,\ \mu_+)$ に対しては $t=t_0$ で正則であるが，$(\lambda_-,\ \mu_-)$ に対しては $t=t_0$ に極をもち (4.60) のように表されることがわかる．■

次に同様のことをハミルトン関数 $\bar{H}(t)$ について行う．上のように直接代入して確かめてもよいが，ここでは(4.54)を使おう．すなわち，(4.54)から得

られるハミルトン関数の関係

$$\bar{H}(t) = H_{\mathrm{II}}(t)+\lambda \tag{4.61}$$

に $\lambda_\pm$ を代入し(4.60)を用いる．今度は，λ_- という表示について正則で，λ_+ については，$t=t_0$ のまわりで

$$\bar{H}(t) = \frac{1}{T}\,(1+\mathcal{O}(T)) \tag{4.62}$$

となることがわかる．この意味で，2つのハミルトン関数 $H_{\mathrm{II}}(t)$ と $\bar{H}(t)$ とは，それぞれ λ_+，λ_- を正則化している．

次に，ハミルトン関数 $H(t)$ に対して，31ページにならって

$$\frac{d}{dt}\log\tau(t) = H(t) \tag{4.63}$$

により $\tau(t)$ を定義する．関数 $\tau(t)$ は定数倍だけの不定性がある．

例 4.3　例4.2で考えたパンルヴェ方程式 $\mathrm{P_I}$ に付随するハミルトン関数に対して関数を

$$\frac{d}{dt}\log\tau_{\mathrm{I}} = H_{\mathrm{I}}(t) \tag{4.64}$$

により定める．このとき

$$\lambda = -\frac{d^2}{dt^2}\log\tau_{\mathrm{I}}$$

であり，これは(1.30)で導入した $\mathbf{C}$ 上の正則関数と定数倍を除いて同じものである．さらにこの式を，$\tau=\tau_{\mathrm{I}}$ として

$$\lambda = \frac{\left(\dfrac{d\tau}{dt}\right)^2 - \tau\dfrac{d^2\tau}{dt^2}}{\tau^2}$$

と書き直すと，これは有理型関数を2つの正則関数の比として表したものである．□

定義 4.3　(4.63)で定義される関数 $\tau(t)$ を $H(t)$ の **τ-関数**という．□

関数 $\tau(t)$ は定数倍を法として決まる．ハミルトン関数 $H_{\mathrm{II}}(t), \bar{H}(t)$ の τ-関数を，それぞれ $\tau_{\mathrm{II}}(t), \bar{\tau}(t)$ と書く．(4.60)，(4.62)からただちに次の命題が示

される．

命題 4.14　$\tau_{\mathrm{II}}(t), \bar{\tau}(t)$ はともに $\mathbf{C}$ 上で整型である．その零点はすべて1位の零点となる．□

さらに(4.62)と τ-関数の定義から，パンルヴェ方程式 $\mathrm{P_{II}}$ の解 $\lambda(t)$ に対して

$$\lambda(t) = \frac{d}{dt}\log\frac{\bar{\tau}(t)}{\tau_{\mathrm{II}}(t)} \tag{4.65}$$

という表示の成立することがわかる．すなわち，$\tau = \tau_{\mathrm{II}}$ として

$$\lambda = \frac{\tau\dfrac{d\bar{\tau}}{dt} - \dfrac{d\tau}{dt}\bar{\tau}}{\tau\bar{\tau}}$$

となる．これは正則関数の比として有理型関数 $\lambda(t)$ を表す，ひとつの表現である．以上のようにして，第1章30ページあたりで $\mathrm{P_I}$ について述べたことが，$\mathrm{P_{II}}$ に対しても成り立つことがわかった．さらに，ここで調べたことはそのまま他の $\mathrm{P_J}$ についても成立する．

4.7　パンルヴェ方程式の τ-関数

パンルヴェ方程式 $\mathrm{P_J}$ の，動かない特異点の集合を Ξ_{J} とし，$X_{\mathrm{J}} = \left(\mathbf{P}^1(\mathbf{C}) \backslash \Xi_{\mathrm{J}}\right)$ とおき，X_{J} の普遍被覆リーマン面を $\tilde{X}_{\mathrm{J}}$ と書くことにする．$\mathrm{P_J}$ に付随するハミルトニアン H_{J} は，ひきつづいて本章第1節に挙げたものを考える．ここでさらに各 $\mathrm{P_J}$ に対して，H_{J} によるハミルトン関数を $H_{\mathrm{J}}(t)$，これが定める τ-関数を $\tau_{\mathrm{J}}(t)$ とおく．

さて，第1章第1.5節において，$\mathrm{P_I}$ に対して τ-関数という，動く極すらもたない関数を定義して，表示(1.30)を得た．τ-関数の一般的な定義は，207ページ，定義4.3に与えた．また，前節では $\mathrm{P_{II}}$ に対して，τ-関数が $\mathbf{C}$ 上正則であることを確かめた．これを他のすべてのパンルヴェ方程式 $\mathrm{P_J}$ に拡張することが次の目標である．命題4.14で主張したことは，すべての $\tau_{\mathrm{J}}(t)$ についても成り立つ．以下これを見よう．

定理 4.1　τ-関数 $\tau_{\mathrm{J}}(t)$ $(\mathrm{J}=\mathrm{I},\cdots,\mathrm{VI})$ は，$\tilde{X}_{\mathrm{J}}$ 上正則である．その零点は，す

べて1位の零点となる. □

［証明］ $\tau_{\mathrm{I}}(t), \tau_{\mathrm{II}}(t)$ についてはすでに確かめてある. 方針は他のパンルヴェ方程式についても同じである. まず, ハミルトン系の解 $(\lambda(t), \mu(t))$ が $t{=}t_0$ で動く極をもつとして, そのまわりでの級数表示を, 微分方程式に代入して求める. 次にそれをハミルトニアンに代入して, もし $t{=}t_0$ がハミルトン関数 $H_{\mathrm{J}}(t)$ の極ならば, 局所座標を $T{=}t{-}t_0$ とするとき, 必ず

$$H_{\mathrm{J}}(t) = \frac{1}{T}\,(1+\mathcal{O}(T)) \tag{4.66}$$

となっていることを確認する.

計算そのものは初等的計算の積み重ねである. 各 H_{J} について, 対応するハミルトン系 $\mathrm{H_J}$ の解 $(\lambda(t), \mu(t))$ の局所表示を与え, ハミルトン関数の極との対応を示せば, 証明として十分であろう. ただし $\tau_{\mathrm{IV}}(t)$ については少し詳しくしらべる. 実際, この τ-関数も $\tau_{\mathrm{I}}(t), \tau_{\mathrm{II}}(t)$ と同様, $\mathbf{C}$ 上の整関数となり, τ_{II} と並行していろいろなことがわかるからである.

パンルヴェ方程式 $\mathrm{P_{IV}}$ の定義域は $\tilde{X}_{\mathrm{IV}}{=}X_{\mathrm{IV}}{=}\mathbf{C}$ であり, 付随するハミルトニアンは

$$H_{\mathrm{IV}} = 2\lambda\mu^2-\{\lambda^2+2t\lambda+2\kappa_0\}\mu+\theta_\infty\lambda$$

であった. ハミルトン系の微分方程式から

$$\mu = \frac{1}{4\lambda}\frac{d\lambda}{dt}+\frac{\lambda}{4}+\frac{t}{2}-\frac{\kappa_0}{2\lambda}$$

となるから, $\lambda(t_0)\neq 0, \infty$ ならば $t{=}t_0$ は, 解 $(\lambda(t), \mu(t))$ の, したがってハミルトン関数の, 正則点である. そこで, 関数 $\lambda(t)$ の動く零点と動く極での表示を微分方程式から求める. すなわち, 必要なのは以下の表示である.

$$\begin{aligned}
\lambda_+^0 &= 2\kappa_0 T+hT^2+\mathcal{O}(T^3)\\
\lambda_-^0 &= -2\kappa_0 T+hT^2+\mathcal{O}(T^3)\\
\lambda_+^\infty &= \frac{1}{T}\left[1-t_0T+\frac{t_0^2+4\theta_\infty-2\kappa_0-2}{3}T^2+hT^3+\mathcal{O}(T^4)\right]\\
\lambda_-^\infty &= -\frac{1}{T}\left[1+t_0T+\frac{t_0^2+4\theta_\infty-2\kappa_0+6}{3}T^2+hT^3+\mathcal{O}(T^4)\right]
\end{aligned}$$

ただしこれまでと同様, h は任意定数を表す記号である. この表示から得られる

μ の展開を $\mu_{\pm}^{0}, \mu_{\pm}^{\infty}$ のように書くと

$$\mu_{+}^{0} = \frac{1}{T}(1+\mathcal{O}(T))$$

$$\mu_{-}^{0}：\text{正則}$$

$$\mu_{+}^{\infty} = T(\theta_{\infty}+\mathcal{O}(T))$$

$$\mu_{-}^{\infty} = -\frac{1}{2T}\left[1-t_0T+\frac{t_0^2-2\theta_{\infty}+4\kappa_0-6}{3}T^2+\mathcal{O}(T^3)\right]$$

となっている．ハミルトニアンから

$$\frac{d}{dt}H_{\mathrm{IV}}(t) = -2\lambda\mu$$

であるから，$H_{\mathrm{IV}}(t)$ が極をもつのは，$(\lambda_{-}^{\infty}, \mu_{-}^{\infty})$ のところで，そのまわりでは(4.66)のように表されることはすぐわかることだろう．よって $\tau_{\mathrm{IV}}(t)$ は定理 4.1 の主張を満足している．また，ハミルトニアン H_{IV} は $(\lambda_{\pm}^{0}, \mu_{\pm}^{0}), (\lambda_{+}^{\infty}, \mu_{+}^{\infty})$ を正則化し，$(\lambda_{-}^{\infty}, \mu_{-}^{\infty})$ で極をもつ．以上で $\tau_{\mathrm{IV}}(t)$ を終わる．他の $\tau_{\mathrm{J}}(t)$ については以下のとおりである．

$\mathrm{P_{III}}(t)$ と $\mathrm{P_{V}}(t)$ の定義域は

$$X_{\mathrm{III}} = X_{\mathrm{V}} = \mathbf{C}\backslash\{0\}$$

である．まず，$\mathrm{H_{III}}$ のハミルトニアン H_{III} は

$$tH_{\mathrm{III}} = 2\lambda^2\mu^2-\{2\eta_{\infty}t\lambda^2+(2\theta_0+1)\lambda-2\eta_0t\}\mu+\eta_{\infty}(\theta_0+\theta_{\infty})t\lambda$$

で与えられる．ただし $\eta_0\eta_{\infty}\neq 0$ と仮定している．$\tau_{\mathrm{III}}(t)$ については，$\lambda(t_0)=0$ または ∞ の場合を考えれば十分であり，それらの点 $t=t_0$ $(t_0\neq 0)$ における表示は

$$\lambda_{+}^{0} = 2\eta_0T\left[1-\frac{2\theta_0+1}{2t_0}T+hT^2+\mathcal{O}(T^3)\right]$$

$$\mu_{+}^{0}：\text{正則}$$

$$\lambda_{-}^{0} = -2\eta_0T\left[1+\frac{2\theta_0+3}{2t_0}T+hT^2+\mathcal{O}(T^3)\right]$$

$$\mu_{-}^{0} = -\frac{t_0}{2\eta_0}\cdot\frac{1}{T^2}\left[1+\mathcal{O}(T^2)\right]$$

$$\lambda_{+}^{\infty} = \frac{1}{2\eta_{\infty}T}\left[1+\frac{2\theta_{\infty}-1}{2t_0}T+hT^2+\mathcal{O}(T^3)\right]$$

$$\mu_{+}^{\infty} = \eta_{\infty}(\theta_0+\theta_{\infty})T+\mathcal{O}(T^2)$$

$$\lambda_-^\infty = -\frac{1}{2\eta_\infty T}\left[1-\frac{2\theta_\infty+1}{2t_0}T+hT^2+\mathcal{O}(T^3)\right]$$
$$\mu_-^\infty = 2\eta_\infty t_0\left[1+\frac{1+\theta_\infty-\theta_0}{t_0}T+\mathcal{O}(T^2)\right]$$

ハミルトン関数 $H_{\mathrm{III}}(t)$ は上の展開式のうち，$(\lambda_+^\Delta, \mu_+^\Delta)$ $(\Delta=0,\infty)$ について正則，$(\lambda_-^\Delta, \mu_-^\Delta)$ で(4.66)のように表される．

次に，ハミルトニアン

$$tH_{\mathrm{V}} = \lambda(\lambda-1)^2\mu^2-\{\kappa_0(\lambda-1)^2+\theta\lambda(\lambda-1)-\eta t\lambda\}\mu+\kappa(\lambda-1)$$

に対して $\tau_{\mathrm{V}}(t)$ を考察する際に必要となる表示は $\lambda(t_0)=0,1$ または ∞ である．ここで，$\eta\neq0$, $t_0\neq0$ である．各点における展開式を以下に書く．あいかわらず h は展開に現れる，任意定数を表す記号である．

$$\lambda_+^0 = \frac{\kappa_0}{t_0}T+hT^2+\mathcal{O}(T^3)$$
$$\mu_+^0 = \frac{1}{T}\left[1+\mathcal{O}(T)\right]$$
$$\lambda_-^0 = -\frac{\kappa_0}{t_0}T+hT^2+\mathcal{O}(T^3)$$

μ_-^0 : 正則

$$\lambda_+^1 = 1+\eta T+\frac{\eta(2+\theta+\eta t_0)}{2t_0}T^2+hT^3+\mathcal{O}(T^4)$$
$$\mu_+^1 = \frac{t_0}{\eta}\frac{1}{T^2}\left[1-\eta T+\mathcal{O}(T^2)\right]$$
$$\lambda_-^1 = 1-\eta T+\frac{\eta(\theta+\eta t_0)}{2t_0}T^2+hT^3+\mathcal{O}(T^4)$$

μ_-^1 : 正則

$$\lambda_+^\infty = \frac{t_0}{\kappa_\infty}\cdot\frac{1}{T}\left[1+hT+\mathcal{O}(T^2)\right]$$
$$\mu_+^\infty = \frac{\kappa_\infty(\kappa_0+\theta-\kappa_\infty)}{2t_0}T+\mathcal{O}(T^2)$$
$$\lambda_-^\infty = -\frac{t_0}{\kappa_\infty}\cdot\frac{1}{T}\left[1+hT+\mathcal{O}(T^2)\right]$$
$$\mu_-^\infty = -\frac{\kappa_\infty(\kappa_0+\theta+\kappa_\infty)}{2t_0}T+\mathcal{O}(T^2)$$

$H_{\mathrm{V}}(t)$ は $(\lambda_+^1,\ \mu_+^1)$ において極をもち(4.66)の形だが，それ以外の $(\lambda_*^\Delta,\ \mu_*^\Delta)$

$(\Delta=0,1,\infty\ \ *=\pm)$ が現れる点 $t=t_0$ においては正則である．

$P_{\rm VI}$ のハミルトニアン $H_{\rm VI}$ は

$$t(t-1)H_{\rm VI} = \lambda(\lambda-1)(\lambda-t)\mu^2$$
$$-\{\kappa_0(\lambda-1)(\lambda-t)+\kappa_1\lambda(\lambda-t)+(\theta-1)\lambda(\lambda-1)\}+\kappa(\lambda-t)$$

であり，$\tau_{\rm VI}(t)$ の振る舞いを調べるために必要な展開式は，$(\lambda_*^{\Delta}, \mu_*^{\Delta})$ $(\Delta=0,1,t,\infty\ \ *=\pm)$ である．これをまとめたものが下記の表である．ただし，簡単のため $\kappa_0\kappa_1\theta\kappa_\infty\neq 0$ と仮定している．この表のうち (λ_+^t, μ_+^t) では，ハミルトン関数は (4.66) と表される．それ以外のすべての展開式に対応する点 $t=t_0$ は正則点となる．なお，ハミルトニアンの形からもすぐわかるように

$$X_{\rm VI} = \mathbf{C}\backslash\{0,1\}$$

であり，したがって，$t_0\neq 0,1$ である．

$$\lambda_+^0 = \frac{\kappa_0}{1-t_0}T+hT^2+\mathcal{O}(T^3)$$

μ_+^0 : 正則

$$\lambda_-^0 = -\frac{\kappa_0}{1-t_0}T+hT^2+\mathcal{O}(T^3)$$

$$\mu_-^0 = -\frac{1-t_0}{T}\,[1+\mathcal{O}(T)]$$

$$\lambda_+^1 = 1+\frac{\kappa_1}{t_0}T+hT^2+\mathcal{O}(T^3)$$

μ_+^1 : 正則

$$\lambda_-^1 = 1-\frac{\kappa_1}{t_0}T+hT^2+\mathcal{O}(T^3)$$

$$\mu_-^1 = -\frac{t_0}{T}\,[1+\mathcal{O}(T)]$$

$$\lambda_+^t = t_0+(\theta+1)T+hT^2+\mathcal{O}(T^3)$$

$$\mu_+^t = \frac{1}{T}\,[1+\mathcal{O}(T)]$$

$$\lambda_-^t = t_0-(\theta-1)T+hT^2+\mathcal{O}(T^3)$$

μ_-^t : 正則

$$\lambda_+^\infty = \frac{t_0(t_0-1)}{\kappa_\infty}\cdot\frac{1}{T}\,[1+hT+\mathcal{O}(T^2)]$$

$$\mu_+^\infty = T\left[\frac{\kappa_\infty(\kappa_0+\kappa_1+\theta-1-\kappa_\infty)}{2t_0(t_0-1)}+\mathcal{O}(T)\right]$$
$$\lambda_-^\infty = -\frac{t_0(t_0-1)}{\kappa_\infty}\cdot\frac{1}{T}\left[1+hT+\mathcal{O}(T^2)\right]$$
$$\mu_-^\infty = -T\left[\frac{\kappa_\infty(\kappa_0+\kappa_1+\theta-1+\kappa_\infty)}{2t_0(t_0-1)}+\mathcal{O}(T)\right]$$

この表で与えた $\mathrm{P_{VI}}$ の解の展開式は，次章 215 ページの命題 5.1 で別の見方から再考察することになる．以上で定理 4.1 の証明を終わる． ■

上の証明によると，たとえば $\mathrm{P_{IV}}$ のハミルトン関数 $H_{\mathrm{IV}}(t)$ は，表示 $(\lambda_-^\infty, \mu_-^\infty)$ が現れる点 $t=t_0$ で極をもつ．これに対して，局所表示 $(\lambda_+^\infty, \mu_+^\infty)$ をもつ点で極をもち，それ以外で正則なハミルトン関数 $\bar{H}(t)$ を構成しよう．それには H_{II} のときと同様に，適当な正準変換を見つければよい．実際

$$\bar{\mu} = \mu-\frac{1}{2}\lambda-t \tag{4.67}$$

$$\bar{H} = H_{\mathrm{IV}}+\lambda+2\kappa_0 t \tag{4.68}$$

は明らかに正準変換を定めるが，簡単な計算によって，

$$\bar{H} = 2\lambda\bar{\mu}^2+\{\lambda^2+2t\lambda-2\kappa_0\}\bar{\mu}+(\theta_\infty-\kappa_0+1)\lambda$$

となることを確かめることができる．(4.68)によって，このハミルトニアンによるハミルトン関数 $\bar{H}(t)$ が求める性質をもつことは明らかであろう．

パンルヴェ方程式 $\mathrm{P_{II}}$ について考察したこととの類似を求めるならば，局所表示 λ_+^∞ を用いて構成されるハミルトニアンが H_{IV}，λ_-^∞ を用いたものが $\bar{H}$，ということになる．最後に，ハミルトン関数 $H_{\mathrm{IV}}(t), \bar{H}(t)$ の τ-関数を，それぞれ $\tau(t), \bar{\tau}(t)$ とする．これらは $\mathbf{C}$ 上の整関数であり，しかも(4.68)から

$$\lambda(t)+2\kappa_0 t = \frac{d}{dt}\log\frac{\bar{\tau}(t)}{\tau(t)} \tag{4.69}$$

を得る．以上のようにして有理型関数 $\lambda+2\kappa_0 t$ は，2 つの整関数の比

$$\frac{\tau(t)\dfrac{d\bar{\tau}}{dt}(t)-\bar{\tau}(t)\dfrac{d\tau}{dt}(t)}{\bar{\tau}(t)\tau(t)}$$

で表される．

一般に，各 $\mathrm{H_J}$ (J=I, …, VI) の解 $\lambda(t)$ に対して，$\tilde{X}_\mathrm{J}$ 上正則な τ-関数により(4.69)のような表示を与えることはできる．それを書き下すためには，正準変換について少し準備が必要となる．上で考察した $\mathrm{H_{IV}}$ の τ-関数について，もう少し付け加えて本章の結びとしよう．パンルヴェ系

$$\frac{d\lambda}{dt}=4\lambda\mu-\lambda^2-2t\lambda-2\kappa_0\,,\qquad \frac{d\mu}{dt}=-2\mu^2+2(\lambda+t)\mu-\theta_\infty$$

は，もし $\theta_\infty=0$ ならば，特殊解

$$\frac{d\lambda}{dt}=-\lambda^2-2t\lambda-2\kappa_0\,,\qquad \mu=0$$

をもつ．この特殊解についてはハミルトン関数が $H_{\mathrm{IV}}(t)\equiv 0$ となる．すなわち $\tau(t)=1$ としてよいから，(4.69)は

$$\lambda(t)+2\kappa_0 t=\frac{d}{dt}\log\bar{\tau}(t)$$

となり，これをリッカチの微分方程式に代入すると，$\bar{\tau}=\bar{\tau}(t)$ は

$$\frac{d^2\bar{\tau}}{dt^2}-2(2\kappa_0-1)t\frac{\bar{\tau}}{dt}+4\kappa_0(\kappa_0-1)t^2\bar{\tau}=0$$

を満たす．これが $\mathrm{H_{IV}}$ の τ-関数の，例外的ではあるが，一例である．あとで必要となるので

$$\tau_1=\exp\left(-\kappa_0 t^2\right)\bar{\tau}$$

が満たす2階線型常微分方程式を書いておく．

$$\frac{d^2\tau_1}{dt^2}+2t\frac{d\tau_1}{dt}+2\kappa_0\tau_1=0 \tag{4.70}$$

5　パンルヴェ方程式の構造

パンルヴェ方程式とディンキン図形

5.1　パンルヴェ VI 型方程式の局所解によるハミルトン系の構成

前章 203 ページでは，パンルヴェ II 型方程式の動く極のまわりで局所解を構成し，これを使ってハミルトニアンを導いた．同じことをパンルヴェ VI 型方程式について行う．P_{II} の解の特異値は $\lambda=\infty$ だけであるから，前章で我々は $t=t_0$ を極とする解を考察したが，この場合はこれで十分であった．同様のことを P_{VI} について行うには，方程式の右辺からわかるとおり，$\lambda=0$, $\lambda=1$, $\lambda=\infty$, $\lambda=t$ の，4 つの場合について考察しなければならない．このとき，第 1 章 25 ページ，命題 1.11 で調べた，P_{VI} の対称性が役に立つであろう．

P_{VI} の動かない特異点は，$\varXi_{\mathrm{VI}}=\{0,1,\infty\}$ である．$X_{\mathrm{VI}}=\mathbf{P}^1(\mathbf{C})\backslash\varXi_{\mathrm{VI}}$ とし，以下，$t_0\in X_{\mathrm{VI}}$ を任意に 1 つとって固定する．すなわち $t_0\neq 0,1,\infty$ である．さらに

$$\varDelta(t_0)=\{0,1,\infty,t_0\}\subset\mathbf{P}^1(\mathbf{C})$$

とおく．命題 4.10 に対応して次の命題が成り立つ．

命題 5.1　各 $\xi\in\varDelta(t_0)$ に対して，P_{VI} の解 $\lambda=\lambda(t)$ で，次の性質をもつものが存在する．

（イ）$\displaystyle\lim_{t-t_0}\lambda(t)=\xi$

（ロ）$\lambda(t)$ は $t=t_0$ まで解析的に延長できる．　□

［証明］　以下では簡単のため，P_{VI} の含むパラメータ $\alpha,\beta,\gamma,\delta-\dfrac{1}{2}$，はいずれもゼロでないと仮定する．局所解の形は前章 212 ページに与えたが，簡単に復習しよう．さて，

$$\xi=0,\qquad T=t-t_0$$

として,

$$\lambda = T^r(a_0+a_1T+\cdots), \quad r>0, \quad a_0 \neq 0$$

を $\mathrm{P_{VI}}$ に代入すると,

$$r=1, \quad a_0^2 = -\frac{2\beta}{(t_0-1)^2}$$

が得られる．a_1 は任意に決めることができるパラメータになるので，これを $a_1=h$ と書く．このとき，a_2 以降は一意的に定められる．いま

$$\beta = -\frac{1}{2}\kappa_0^2$$

により κ_0 を導入すると,

$$a_0 = \pm\frac{\kappa_0}{t_0-1}$$

に対応して 2 種類の形式解 $\lambda_\pm$ が得られる．ここでは + のほうをとることにし,

$$\frac{1}{t_0-1} = \frac{1}{t-1}\sum_{j=0}^{\infty}\left(\frac{T}{t-1}\right)^j$$

を考慮して

$$\text{(5.1)} \qquad \frac{d\lambda}{dt} = \frac{\kappa_0}{t-1}+\lambda\mu_0$$

とおく．すると，少し長い計算によって，μ_0 の方程式

$$\text{(5.2)} \qquad \frac{d\mu_0}{dt} = A_0(t;\lambda)\mu_0^2+B_0(t;\lambda)\mu_0+C_0(t;\lambda)$$

が得られる．ここで，A_0, B_0, C_0 は t, λ の有理関数だが，$\lambda=0$ では正則である．微分方程式系(5.1), (5.2)の解で，$t=t_0$ の近傍で正則かつ

$$\lambda(t_0)=0, \qquad \mu_0(t_0) = \frac{1}{t_0-1}+2\frac{t_0-1}{\kappa_0}h$$

を満たすものをとれば，これが形式解 λ_+ を表すことは以前と同様である．A_0, B_0, C_0 の具体形を参考のために書いておくと

$$A_0 = \frac{\lambda^2-t}{2(\lambda-1)(\lambda-t)}$$

$$B_0 = \frac{\kappa_0}{t-1}\left(\frac{1}{\lambda-1}+\frac{1}{\lambda-t}\right)-\frac{1}{t}-\frac{1}{t-1}-\frac{1}{\lambda-t}$$

$$C_0 = \frac{1}{2}\left(\frac{\kappa_0}{t-1}\right)^2\left(-\frac{1}{t}+\frac{1}{\lambda-1}+\frac{1}{t(\lambda-t)}\right)-\frac{\kappa_0}{t-1}\cdot\frac{1}{t(\lambda-t)}$$
$$+\frac{1}{2}(\lambda-1)(\lambda-t)\bar{C}_0$$
$$\bar{C}_0 = \frac{\kappa_\infty^2}{t^2(t-1)^2}+\frac{\kappa_1^2}{t^2(t-1)(\lambda-1)^2}+\frac{1-\theta^2}{t(t-1)(\lambda-t)}$$

となる．ここで

$$\alpha = \frac{1}{2}\kappa_\infty^2, \quad \gamma = \frac{1}{2}\kappa_1^2, \quad \delta = \frac{1}{2}(1-\theta^2)$$

とした．λ_- も収束して真の解を表す．この証明も同様である．

他の $\xi\in\Delta(t_0)$ についても全く同様に解 $\lambda(t)$ で，(イ)，(ロ)を満たすものが構成できる．これは，命題 1.11 で定めた変換 S_i $(i=1,2,3)$ を用いて $\xi=0$ に対するものから間接的にも得られる．ただし今度は各 S_i には，$\alpha_0, \alpha_1, \alpha_\infty, \alpha_t$ ではなく，パラメータ

$$\kappa_0, \quad \kappa_1, \quad \kappa_\infty, \quad \theta$$

の置換を対応させる．たとえば $\xi=1$ については

$$\frac{d\lambda}{dt} = -\frac{\kappa_1}{t}+(\lambda-1)\mu_1 \tag{5.3}$$
$$\frac{d\mu_1}{dt} = A_1(t;\lambda)\mu_1^2+B_1(t;\lambda)\mu_1+C_1(t;\lambda)$$

という方程式系が得られる．A_1, B_1, C_1 は t, λ の有理関数で $\lambda=1$ で正則である．細かい計算結果は省略し，以上で証明を終わる． ■

上の証明の中で得られた事実を次の命題にまとめておく．ここでは命題 5.1 と同じ記号を用いる．また，命題で与える $(E)_\xi$ の具体形については，次の本の第 3 章を参照されたい．

K.Iwasaki, H.Kimura, S.Shimomura, M.Yoshida, "From Gauss to Painlevé", Vieweg, 1991.

命題 5.2 各 $\xi\in\Delta(t)$ に対してパンルヴェ方程式 P_{VI} は，次の形の連立方程式系 $(E)_\xi$ で表される．

$$(E)_\xi \qquad \begin{cases} \dfrac{d\lambda}{dt} = a_\xi(\tau;\lambda) + b_\xi(\tau;\lambda)\mu_\xi \\ \dfrac{d\mu_\xi}{dt} = A_\xi(\tau;\lambda)\mu_\xi^2 + B_\xi(\tau;\lambda)\mu_\xi + C_\xi(\tau;\lambda) \end{cases}$$

ただし，

$$\alpha_\xi,\ b_\xi,\ A_\xi,\ B_\xi,\ C_\xi$$

は，t,λ の有理関数で，$\lambda=\xi$ において正則である． □

こうして得られた $(E)_\xi$ に幾何学的解釈を与える．そのため少し記号を準備しよう．$\xi\in\Delta(t)$ に対し，$\mathbf{P}^1(\mathbf{C})$ の開集合

$$O^\xi(t) = \{\mathbf{P}^1(\mathbf{C})\backslash\Delta(t)\}\cup\{\xi\}$$

を考える．また，Π^ξ を $\mathbf{P}^1(\mathbf{C})\times X_{\mathrm{VI}}$ の領域で，任意の $t_1\in X_{\mathrm{VI}}$ に対し

$$\Pi^\xi\cap\{t=t_1\} = O^\xi(t_1)$$

となるものとする．$\xi,\eta\in\Delta(t)$ に対して

$$\Pi^{\xi\eta} = \Pi^\xi\cap\Pi^\eta$$

とおく．さて，微分方程式 $(E)_\xi$ の右辺は，$\lambda\in O^\xi(t)$, $\mu_\xi\in\mathbf{C}$ について正則であるから，Π^ξ 上定義された方程式とみなせる．また，$\Pi^{\xi\eta}$ においては $(E)_\xi$, $(E)_\eta$ が両立している．このことを利用して，4 つの

$$\mathbf{C}\times\Pi^\xi \qquad (\xi\in\Delta(t))$$

をはりあわせる．すなわち，任意に固定された $t\in X_{\mathrm{VI}}$ について，4 つの

$$\mathbf{C}\times O^\xi(t)$$

をはりあわせて，多様体 $\Sigma(t)$ を作る．そのためには $\Pi^{\xi\eta}$ において，μ_ξ と μ_η との関係式

$$a_\xi + b_\xi\mu_\xi = a_\eta + b_\eta\mu_\eta$$

を用いる．これは，整理すると，

$$\mu_\xi = f_{\xi\eta} + g_{\xi\eta}\mu_\eta \tag{5.4}$$

の形に書き表される．ここで $f_{\xi\eta}$ は $\Pi^{\xi\eta}$ で正則，$g_{\xi\eta}$ は $\Pi^{\xi\eta}$ で正則で決して零にはならない，λ の有理関数である．関数 $f_{\xi\eta}, g_{\xi\eta}$ は，(5.1), (5.3) および命題 1.11 の変換 S_i などを用いて具体的に書けるが，ここでは省略する．

$$\xi,\ \eta,\ \zeta \in \Delta(t)$$

に対して次の関係の成立することを注意しておく．

$$g_{\xi\eta} = g_{\eta\xi}^{-1}$$

$$g_{\xi\zeta} = g_{\xi\eta}g_{\eta\zeta}$$

$$f_{\xi\zeta} = f_{\xi\eta} + g_{\xi\eta}f_{\eta\zeta}$$

これは，各 t に対し

$$\Big(\mathbf{C}\times O^\xi(t)\Big)\cap(\mathbf{C}\times O^\eta(t))\cap\Big(\mathbf{C}\times O^\zeta(t)\Big)$$

で成り立つべき，(5.4) の両立条件である．このようなはりあわせにより得られる多様体を

$$\Sigma(t) = \{(f_{\xi\eta}, g_{\xi\eta})\} \tag{5.5}$$

と書くことにしよう．もちろん，(5.4) のはりあわせは，きちんと矛盾なくできてその結果，特異点のない 2 次元複素多様体 $\Sigma(t)$ が定義される．この事実は認めて，先へ進むことにしよう．

さて，(5.5) のほかに，別のはりあわせ関数で得られる多様体

$$\Sigma'(t) = \{(f'_{\xi\eta}, g'_{\xi\eta})\}$$

があったとしよう．$\Sigma(t)$ と $\Sigma'(t)$ がお互いに**同型**であるというのは，Π^ξ 上正則な f_ξ と，Π^ξ 上正則で決して零にならない関数 g_ξ とが存在して，はりあわせの関数について次の条件が成り立つことである．

$$g'_{\xi\eta} = g_\xi^{-1} g_{\xi\eta} g_\eta$$

$$f'_{\xi\eta} = g_\xi^{-1}(f_{\xi\eta} - f_\xi + g_{\xi\eta} f_\eta)$$

ここでは簡単のため $\Sigma'(t)$ も同じ4つの集合 $\prod\limits^{\xi}$ のはりあわせで定義される，と説明しているが，そうとは限らない一般の場合にも同型の概念を拡張することは容易であろう．さて $\Sigma'(t)$ は

$$\mu'_\xi = f'_{\xi\eta} + g'_{\xi\eta}\mu'_\eta$$

という形のはりあわせで定義されているから，$\Sigma(t)$ と $\Sigma'(t)$ が同型ならば，μ_ξ と μ'_ξ とは，関係

$$\mu'_\xi = g_\xi^{-1}(\mu_\xi - f_\xi)$$

で結ばれている．

以上の幾何学的な考察を，微分方程式 $(E)_\xi$ に適用する．$\Pi^{\xi\eta}$ で成立する条件(5.4)は，$(E)_\xi$ の第1の方程式から得られる．これによって与えられた $\Sigma(t)$ を，なるべく簡単な $\sigma'(t)$ に置き換える．天下り的ではあるが f_ξ, g_ξ を次のようにとる．

$$g_0 = -\frac{(\lambda-1)(\lambda-t)}{t(t-1)}$$

$$g_1 = -\frac{\lambda(\lambda-t)}{t(t-1)}$$

$$g_\infty = -\frac{1}{t(t-1)}\left(1-\frac{1}{\lambda}\right)\left(1-\frac{t}{\lambda}\right)$$

$$g_t = -\frac{\lambda(\lambda-1)}{t(t-1)}$$

さらに

$$f_0 = -\frac{\kappa_0(\lambda-t-1)+\kappa_1(\lambda-t)+(\theta-1)(\lambda-1)}{t(t-1)}$$

$$f_1=-\frac{\kappa_0(\lambda-t)+\kappa_1(\lambda-t+1)+(\theta-1)\lambda}{t(t-1)}$$

$$f_\infty=\frac{1}{t(t-1)}\left[\kappa_\infty\left(t+1+\frac{\lambda}{t}\right)+\kappa_1\left(1-\frac{t}{\lambda}\right)+(\theta-1)t\left(1-\frac{1}{\lambda}\right)\right]$$

$$f_t=-\frac{(\kappa_0-1)(\lambda-1)+\kappa_1\lambda+\Theta(\lambda+t-1)}{t(t-1)}$$

このとき，$\Sigma'(t)$ は次のようになる．

$$f'_{\xi\eta}=0,\quad g'_{\xi\eta}=1\quad(\xi,\eta\neq\infty)$$

$$f'_{\xi\infty}=\frac{\chi}{\lambda},\quad g'_{\xi\infty}=-\frac{1}{\lambda^2}\quad(\xi\neq\infty)$$

(5.6) $$\chi=\frac{1}{2}(\kappa_0+\kappa_1+\theta+\kappa_\infty-1)$$

このとき，(5.4)により，λ ばかりでなく，μ_ξ も $\xi\neq\infty$ に対して共通になっている．

こうして得られた $\Sigma'(t)$ は，すべての $t\in X_{\mathrm{VI}}$ に対して，以下のように定義される多様体

$$\Sigma^2_{(\chi)}$$

と同一視される．いま，2 つの $\mathbf{C}^2$ のコピーを用意し，座標をそれぞれ (λ,μ), (u,v) とする．この 2 つの $\mathbf{C}^2$ を次のようにはりあわす．

(5.7) $$\begin{cases}\lambda=u^{-1}\\ \mu=\chi u-u^2v\end{cases}$$

ここで χ は，(5.6)で与えられる．この $\Sigma^2_{(\chi)}$ のコンパクト化として得られる有理曲面 $\bar{\Sigma}^2_{(\chi)}$ は**ヒルツェブルフ曲面**の特別なものである．

このとき，方程式系 $(E)_\xi$ から

$$X_{\mathrm{VI}}\times\Sigma^2_{(\chi)}$$

上の方程式が得られるが，これは以上の考察により，

$$\frac{d\lambda}{dt} = (\lambda, \mu \text{ の多項式})$$

$$\frac{d\mu}{dt} = (\lambda, \mu \text{ の多項式})$$

$$\frac{du}{dt} = (u, v \text{ の多項式})$$

$$\frac{dv}{dt} = (u, v \text{ の多項式})$$

となることは明らかであろう．その具体形を求めるには，すでに与えた関係式を用いて計算する．その結果は次の命題である．

命題 5.3　(λ, μ) は，ハミルトン系

$$\frac{d\lambda}{dt} = \frac{\partial H}{\partial \mu}, \qquad \frac{d\mu}{dt} = -\frac{\partial H}{\partial \lambda}$$

を満足する．ここで，ハミルトニアン $H{=}H_{\mathrm{VI}}$ は次式で定められる．

$$\begin{aligned} t(t-1)H_{\mathrm{VI}} &= \lambda(\lambda-1)(\lambda-t)\mu^2 \\ &\quad -\{\kappa_0(\lambda-1)(\lambda-t)+\kappa_1\lambda(\lambda-t)+(\theta-1)\lambda(\lambda-1)\}+\kappa(\lambda-t) \end{aligned}$$

□

これによって，モノドロミー保存形式によって得られた結果が，別の方法，すなわちパンルヴェ方程式の局所解の解析により得られた．また，その副産物として，(5.7)という変換で再び u, v についての多項式を右辺にもつ微分方程式系が得られることもわかった．その具体系は(5.7)と命題 1.11 により得られる．実際(5.7)に加えて

$$(5.8) \qquad \begin{cases} t = x^{-1} \\ H_{\mathrm{VI}} = -x^2 H_{\mathrm{VI}}^{\#} \end{cases}$$

とおく．(5.7), (5.8)が正準変換であることは直ちにわかる．したがって，$u(x), v(x)$ は $H_{\mathrm{VI}}^{\#}$ をハミルトニアンとするハミルトン系の解となる．しかも，命題 1.11 の結果によって，H_{VI} と $H_{\mathrm{VI}}^{\#}$ とのちがいは，定数のいれかえ

$$\kappa_0 \rightleftharpoons \kappa_\infty$$

だけである．

この節を終わるにあたって，これまでの考察で大切な役割を果たした命題 1.11 を，ハミルトニアン H_{VI} の変換，すなわち正準変換，に書き直しておこう．記号の節約のため，(5.7), (5.8) において (u,v) をあらためて (λ,μ) と書き，変換されたハミルトン系についても，x を t，$H^{\#}_{\mathrm{VI}}$ を H_{VI} と書く．こうして得られる正準変換は

$$\begin{aligned} S_2 : (\lambda, \mu, H_{\mathrm{VI}}, t) \\ :\Rightarrow \left(\frac{1}{\lambda}, \chi\lambda - \lambda^2\mu, -\frac{1}{t^2}H_{\mathrm{VI}}, \frac{1}{t}\right) \end{aligned} \tag{5.9}$$

である．あと 2 つの正準変換は

$$\begin{aligned} S_3 : (\lambda, \mu, H_{\mathrm{VI}}, t) \\ :\Rightarrow \left(\frac{t-\lambda}{t-1}, (t-1)\mu, (t-1)^2 H_{\mathrm{VI}} + (t-1)(\lambda-1)\mu, \frac{t}{t-1}\right) \end{aligned}$$

および

$$\begin{aligned} S_1 : (\lambda, \mu, H_{\mathrm{VI}}, t) \\ :\Rightarrow (1-\lambda, -\mu, -H_{\mathrm{VI}}, 1-t) \end{aligned}$$

である．これらはすべて命題 1.11 で与えた点変換 S_i を，正準変換に自然に延長したものである．また，

$$S_i^2 = id \ (\text{恒等変換})$$

となっていることに注意する．結局次の命題を得る．

命題 5.4　パンルヴェ方程式 $\mathrm{P_{VI}}$ に付随するハミルトニアン H_{VI} は，正準変換 S_i $(i=1,2,3)$ に関して，次の，定数の置き換えを除いて不変である．

	κ_0	κ_1	κ_∞	θ
S_1	κ_1	κ_0	κ_∞	θ
S_2	κ_∞	κ_1	κ_0	θ
S_3	θ	κ_1	κ_∞	κ_0

□

ハミルトニアン H_{VI} には，この命題の意味で 4 次の対称群が作用している，と思うこともできる．

5.2　パンルヴェ方程式の特殊解

以上のように，パンルヴェ方程式 $\mathrm{P_{II}}, \mathrm{P_{VI}}$ の局所解の解析により，方程式に付随するハミルトニアンが得られる．これは，モノドロミー保存変形で求めたものと同じである．さらにこの事実が，他のパンルヴェ方程式 $\mathrm{P_J}$ にも成り立つことは，容易に想像できるであろう．このとき例外となるのは $\mathrm{P_I}$ であり，我々は別に扱ってきた．さて，

$$\Sigma^2_{(\chi)}$$

を，前節(5.7)で定義された 2 次元複素多様体とする．このとき，$\mathrm{P_{II}}, \mathrm{P_{VI}}$ に付随するハミルトン系は，正準変数 (λ, μ) について多項式となるばかりではなく，

$$X_{\mathrm{J}} \times \Sigma^2_{(\chi)}$$

上で正則な微分方程式系を定める．正準変換(5.9)により変数をとりかえると，$\mathrm{P_{VI}}$ に対しては，ハミルトニアン自身が，パラメータ κ_0 と κ_∞ との変換を除いて不変であった．他方，$\mathrm{P_{II}}$ については正準変換(4.49)により(4.47)のハミルトニアンが得られた．この事実は，$\mathrm{P_I}$ を除くすべての $\mathrm{P_J}$ について成り立つ．すなわち

命題 5.5 P_J (J=II, …, VI) に付随するハミルトン系は

$$\Sigma^2_{(\chi)}\times X_J$$

上で正則な方程式系を定める. □

となる. ここでは各 J に対して, 多項式ハミルトニアンを多項式ハミルトニアンに移す正準変換

$$\begin{cases}\lambda = u^{-1}\\ \mu = \chi u - u^2 v\end{cases} \tag{5.10}$$

を与える χ の値と, 変換されたハミルトニアンを表にして, 証明のかわりとしよう.

H_{II} : ハミルトニアンは(4.50)で与えられる. また,

$$\chi = -\frac{1+2\alpha}{2}$$

H_{III} : これは対称性をもつ. 事実

$$\chi = \frac{1}{2}(\theta_0+\theta_\infty)$$

とおくと, ハミルトニアン $H=H_{\mathrm{III}}$ は(5.10)により

$$tH = 2u^2v^2-\{2\eta_0tu^2+(3-2\theta_0)u-2\eta_\infty t\}v+\eta_0(\theta_0+\theta_\infty)tu \\ +\frac{1}{2}(\theta_0+\theta_\infty)(\theta_\infty-\theta_0-1)$$

で与えられるものになる. 最後の項は, ハミルトニアンの付加項で, ハミルトン系には全く影響しない.

H_{IV} : χ とハミルトニアン $H=H_{\mathrm{IV}}$ は

$$\chi = \theta_\infty$$

$$H = 2u^3v^2+\{2(\kappa_0-2\theta_\infty)u^2+2tu+1\}v+2\theta_\infty(\theta_\infty-\kappa_0)u-2t\theta_\infty$$

となる.

H_{V} : これも対称性がある. 実際

$$\chi=\frac{1}{2}(\kappa_0+\theta+\kappa_\infty)$$

とおくと，ハミルトニアン $H=H_{\rm V}$ は

$$\begin{aligned}tH&=u(u-1)^2v^2-\{\kappa_\infty(u-1)^2+\theta u(u-1)+\eta tu\}v\\&\quad+\kappa'(\lambda-1)+\frac{t}{2}\eta(\kappa_0+\theta+\kappa_\infty)\\\kappa'&=\frac{1}{4}(\kappa_\infty+\theta)^2-\frac{1}{4}\kappa_0^2\end{aligned}$$

となる．η の符号を別にすれば，これも $H_{\rm V}$ においてパラメータの置き換え

$$\kappa_0\rightleftharpoons\kappa_\infty$$

を行ったものである．

$H_{\rm VI}$：結果はすでに述べたが，χ の値だけをくりかえしておこう．

$$\chi=\frac{1}{2}(\kappa_0+\kappa_1+\theta+\kappa_\infty-1)$$

ハミルトニアン $H_{\rm J}$ (J=II, …, VI) の具体形から，次の命題が成り立つことがすぐに確かめられる．

命題 5.6　$\mathrm{H_J}$ (J=II, …, VI) は，上で与えたパラメータ χ の値が零となるとき，リッカチの方程式を満足する 1 径数の特殊解をもつ．　□

たとえば $\mathrm{P_{II}}$ をハミルトン系に書くと

$$\frac{d\lambda}{dt}=\mu-\lambda^2-\frac{1}{2}t,\quad \frac{d\mu}{dt}=2\lambda\mu+\frac{1+2\alpha}{2}\tag{5.11}$$

となるが，仮定によって

$$\chi=-\frac{1+2\alpha}{2}=0$$

であるから，(5.11) は

$$\frac{d\lambda}{dt}=-\lambda^2-\frac{1}{2}t,\qquad \mu\equiv 0\tag{5.12}$$

という特殊解をもつ．(5.12) の微分方程式はリッカチの方程式で，必然的に動く分岐点をもたないが，これは，確かに $\mathrm{P_{II}}$ において

$$\alpha=-\frac{1}{2}$$

としたものを満足する．この事実は P.Painlvé 自身も知っていた．ハミルトン系を経由するとほとんど当たり前であるが，2 階非線型常微分方程式の形からこの特殊解の存在を見抜くことはそう簡単ではない．

他の H_J についても全く同様であるので，特殊解を定めるリッカチ方程式をならべることで命題 5.6 の証明とする．

H_{III}
$$t\frac{d\lambda}{dt}=-2\eta_\infty t\lambda^2-(2\theta_0+1)\lambda+2\eta_0 t$$

H_{IV}
$$\frac{d\lambda}{dt}=-\lambda^2-2t\lambda-2\kappa_0$$

H_{IV}
$$t\frac{d\lambda}{dt}=-\kappa_0(\lambda-1)^2-\theta\lambda(\lambda-1)+\eta t\lambda$$

H_{VI}
$$t(t-1)\frac{d\lambda}{dt}=-\kappa_0(\lambda-1)(\lambda-t)-\kappa_1\lambda(\lambda-t)-(\theta-1)\lambda(\lambda-1)$$

この表が与えられれば，これらが確かに P_J を満たすことを直接試すこともできる．このような特殊解が，$\chi=0$ のときの P_J の形だけから，見えてくるだろうか．それでもベラルーシ学派の人達は見抜いていた．第 1.7 節で述べた既約性から，命題 5.6 で主張していることを P_I に対して期待するのは無駄である．P.Painlevé 自身，パンルヴェ方程式 P_I のいかなる解も，1 階の代数的微分方程式を満たすことはない，という事実を示している．リッカチの微分方程式は未知関数の変換

$$\lambda=\frac{a(t)}{f}\,\frac{df}{dt}+b(t)$$

によって線型化される．有理関数 $a(t),b(t)$ を適当にとって，上に挙げたリッカチの微分方程式を線型化すれば，得られる 2 階線型常微分方程式は古典特殊関数の微分方程式になる．H_{VI} について $\kappa_0+\kappa_1+\theta-1\neq 0$ のとき

$$a(t)=\frac{t(t-1)}{\kappa_0+\kappa_1+\theta-1},\qquad b(t)=\frac{\kappa_1 t+\kappa_0+\theta-1}{\kappa_0+\kappa_1+\theta-1}$$

と選べば，f の微分方程式はガウスの超幾何微分方程式

$$t(1-t)\frac{d^2f}{dt^2}+(1-\kappa_0-\theta-(2-\kappa_0+\kappa_1)t)\frac{df}{dt}-(1-\kappa_0)\kappa_1 f=0$$

になる．また，$H_{\rm III}$ の特殊解を定めるリッカチの微分方程式は，これを

$$t\frac{d}{dt}(2\eta_\infty t\lambda+\theta_0)=-(2\eta_\infty t\lambda+\theta_0)^2+4\eta_0\eta_\infty t^2-\theta_0^2$$

と書き直せばわかるように，正規化 $2\eta_0=2\eta_\infty=1$ のもとで，ベッセルの微分方程式に線型化される．

各パンルヴェ系 $H_{\rm J}$ について，どのような特殊関数が現れるのか，その結果を表にまとめておく．

$H_{\rm VI}$	ガウスの超幾何微分方程式
$H_{\rm V}$	合流型超幾何微分方程式
$H_{\rm IV}$	エルミートの微分方程式
$H_{\rm III}$	ベッセルの微分方程式
$H_{\rm II}$	エアリーの微分方程式

次に，特殊解の幾何学的意味を考える．$\chi=0$ のとき $\Sigma^2_{(0)}$ を単に Σ^2 と書く．このとき，はりあわせの定める正準変換

$$\begin{cases}\lambda=u^{-1}\\ \mu=-u^2v\end{cases}$$

の形から，

$$\mu=0$$

は Σ^2 のなかの曲線を定義するが，これは直線 $\mathbf{P}^1(\mathbf{C})$ を与える．ここでは深く議論することはやめるが，$\mathbf{P}^1(\mathbf{C})$ がコンパクトなことと，解の初期値に関する連続性により，次のことが示される．

命題 5.7　部分集合

$$X_{\rm J}\times\mathbf{P}^1(\mathbf{C})$$

は考えている方程式について不変に保たれる． □

すなわち，パンルヴェ方程式を上の集合に制限できる．こうして得られる微分方程式は動く分岐点を持たない1階代数的微分方程式であり，$\mathbf{P}^1(\mathbf{C})$ が種数ゼロのコンパクトリーマン面であることから，これは必然的にリッカチ方程式である．第1章10ページの定理1.2，12ページの定理1.3を参照すること．

ここで述べているような，パンルヴェ方程式のリッカチ方程式で与えられる特殊解は，線型常微分方程式のホロノミック変形との関連でとらえることもできる．どれでも同じだから，$\mathrm{P_{VI}}$ について考えることにしよう．すなわちフックス型方程式

$$\frac{d^2y}{dx^2}+p_1(x,t)\frac{dy}{dx}+p_2(x,t)y=0 \tag{5.13}$$

$$p_1=\frac{1-\kappa_0}{x}+\frac{1-\kappa_1}{x-1}+\frac{1-\theta}{x-t}-\frac{1}{x-\lambda}$$

$$p_2=\frac{\kappa}{x(x-1)}-\frac{t(t-1)H_{\mathrm{VI}}}{x(x-1)(x-t)}+\frac{\lambda(\lambda-1)\mu}{x(x-1)(x-\lambda)}$$

についてフックスの問題に再び立ち返る．次の命題が成り立つ

命題 5.8 (5.13) の解の基本形で，そのモノドロミー群が t に依らないものが存在したとする．このとき，もし (5.13) が可約ならば，見かけの特異点の位置 λ は，リッカチの方程式を満足する． □

まず(5.13)が可約とは，x の有理関数 $r_1(x,t)$, $r_2(x,t)$ が存在して，

$$\frac{d^2}{dx^2}+p_1\frac{d}{dx}+p_2=\left(\frac{d}{dx}+r_1\right)\left(\frac{d}{dx}+r_2\right) \tag{5.14}$$

となることであった．第3章142ページを参照．

［命題5.8の証明］ 第3章第3.6節では，(5.13)が可約ではない，と仮定して，ガルニエ系を導いた．そこで行った考察のほとんどは，方程式が可約だとしてもそのまま成り立つ．すなわち $p_1(x,t), p_2(x,t)$ を(4.5)のように書いておけば，λ が微分方程式

$$(5.15)\quad t(t-1)\frac{d\lambda}{dt} = \lambda(\lambda-1)(\lambda-t)\mu$$
$$-\kappa_0(\lambda-1)(\lambda-t)-\kappa_1\lambda(\lambda-t)-(\theta-1)\lambda(\lambda-1)$$

を満足することは，積分可能条件から得られる．一方，(5.14)から，

$$(5.16)\qquad p_2 = \frac{dr_2}{dx}+(p_1-r_2)r_2$$

となるが，方程式がフックス型であることから

$$r_2(x,t) = \frac{c_0}{x}+\frac{c_1}{x-1}+\frac{c_t}{x-t}+\frac{c_\lambda}{x-\lambda}$$

という形をしている．これを(5.16)に代入すれば，まず，

$$c_\Delta = 0 \text{ または} -\kappa_\Delta \qquad (\Delta = 0,1)$$
$$c_t = 0 \text{ または} -\theta$$
$$c_\lambda = 0 \text{ または} -2$$

となる．このいずれの場合をえらんでも，再び(5.16)から，

$$\lambda(\lambda-1)(\lambda-t)\mu$$

が λ について 2 次式となることがわかる．すなわち(5.15)はつねにリッカチの方程式となる．とくに，$r_2\equiv 0$ とえらべば

$$t(t-1)\frac{d\lambda}{dt} = -\kappa_0(\lambda-1)(\lambda-t)-\kappa_1\lambda(\lambda-t)-(\theta-1)\lambda(\lambda-1)$$

が得られる．このときは $\kappa=\chi(\chi+\kappa_\infty)=0$ すなわち

$$\kappa_0+\kappa_1+\theta-1\pm\kappa_\infty = 0$$

のいずれかが成立している．なお，$r_2\neq 0$ のときも従属変数の適当な変換により，$r_2=0$ の場合に帰着される． ■

この命題により，パンルヴェ方程式 $\mathrm{P_{VI}}$ の特殊解と，モノドロミー保存変形を与える 2 階線型フックス型方程式との間の関係が明らかになった．以上の考察は他の $\mathrm{P_J}$ についても同様であることを強調しておこう．

$\mathrm{P_I}$ 以外のパンルヴェ方程式 $\mathrm{P_J}$ については，パラメータに特別な関係があれば，リッカチの方程式を満足する特殊解をもつ．このような解を用いると，

対応するハミルトン関数は恒等的に零になる．また，方程式 $\mathrm{P_{III}}$ については，パラメータに特別な関係があれば，ハミルトニアンが第一積分になることもある．ただし，パラメータを一般にしておけば，ハミルトン関数はもとのパンルヴェ方程式の解と同じくらい，むずかしい関数なのである．

さて，前章201ページにおいて，ハミルトン系 $\mathrm{H_{II}}$ に正準変換

$$(5.17)\qquad \lambda=\frac{1}{u},\qquad \mu=\frac{2\alpha+1}{2}u-u^2\bar{v}$$

を施すと，ハミルトニアン

$$H=\frac{1}{2}\mu^2-\left(\lambda^2+\frac{t}{2}\right)\mu-\frac{1+2\alpha}{2}\lambda$$

は，u と v の多項式(4.48)に書き直されることを見た．ハミルトニアンの具体形はともかく，ここでは(5.17)が多様体

$$\Sigma_\chi^2,\qquad \chi=\frac{1+2\alpha}{2}$$

のはりあわせの式そのものであること，に注目する．すなわち，$X_{\mathrm{II}}=\mathbf{C}$ であることに注意すれば，$\mathrm{H_{II}}$ を

$$\mathbf{C}\times\Sigma_{(\chi)}^2$$

で考えるのは自然なことである．

命題5.5の意味を，$\mathrm{H_{II}}$ について再確認しよう．多様体上の各点は，その点を初期値とするパンルヴェ系の解に対応している．とくに，200ページで調べたことから任意の $t_0\in\mathbf{C}$ に対して，$\Sigma_{(\chi)}^2$ の点

$$(5.18)\qquad u=0,\qquad v=-\frac{1}{36}t_0^2-5h$$

を通る解は，λ_+ という展開をもつ．一方，$t=t_0$ のまわりで λ_- なる表示をもつ解は，$\Sigma_{(\chi)}^2$ の点によっては表されない．すなわち，λ_- に対応する解は，パラメータ h の値に関係なく

$$t\to t_0 \text{ のとき}\qquad u\to 0,\quad v\to\infty$$

となっている．しかし，203ページ命題4.12を考慮して

(5.19)
$$\bar{\chi} = \frac{2\alpha-1}{2}$$

とおき $\Sigma^2_{(\chi)}$ と同様に

$$\Sigma^2_{(\bar{\chi})}$$

を定義する．すると，(4.51)のハミルトニアン $\bar{H}$ に対するハミルトン系は

$$\Sigma^2_{(\bar{\chi})}\times\mathbf{C}$$

において正則な微分方程式となる．確かに，$t_0\in\mathbf{C}$ を任意にとると

(5.20)
$$u = 0, \quad \bar{v} = \frac{1}{36}t_0^2-5h$$

は $t=t_0$ のまわりで λ_- と表される解に対応する．これに対して(5.18)という初期条件に対応する解が，今度は

$$t \to t_0 \text{ のとき} \qquad u \to 0, \quad \bar{v} \to \infty$$

となっている．逆に言えば，この事実が 2 つの多様体

$$\Sigma^2_{(\chi)}, \quad \Sigma^2_{(\bar{\chi})}$$

に反映しているのである．

このことから，多様体 $\Sigma^2_{(\chi)}, \Sigma^2_{(\bar{\chi})}$ をコンパクト化すること，の必要性がわかる．コンパクト化とは，定義式(5.17)において，変数 μ, v を，それぞれ $\mathbf{P}^1(\mathbf{C})$ の非斉次座標と思って，2 つの $\mathbf{C}\times\mathbf{P}^1(\mathbf{C})$ をはりあわせたものである．一般に $\Sigma^2_{(\chi)}$ の，この意味でのコンパクト化を

$$\overline{\Sigma}^2_{(\chi)}$$

と表す．これは $\mathbf{P}^1(\mathbf{C})$ 上の $\mathbf{P}^1(\mathbf{C})$ をファイバーとする束で，$\chi\neq0$ ならば $\mathbf{P}^1(\mathbf{C})\times\mathbf{P}^1(\mathbf{C})$ と双正則であることが知られている．一方，$\chi=0$ のときは Σ^2 は $\mathbf{P}^1(\mathbf{C})$ 上の接ベクトル束である．そのコンパクト化 $\overline{\Sigma}^2$ も，ファイバーが $\mathbf{P}^1(\mathbf{C})$ である，$\mathbf{P}^1(\mathbf{C})$ 上の束となるが，これもヒルツェブルフ曲面と呼ばれるもののひとつである．なお，$\mathbf{C}^2$ のコンパクト化は有理曲面であるから，す

べてのものがお互いに双有理的である．したがって，$\overline{\Sigma}^2_{(\chi)}$ と $\overline{\Sigma}^2_{(\bar{\chi})}$ は双有理的である．

上の命題 5.7 で見たとおり，Σ^2 は，コンパクトな曲線を含む．これに対して $\chi\neq 0$ ならば $\Sigma^2_{(\chi)}$ は，決してコンパクトな曲線を含むことはない． ■

上で $\mathrm{H_{II}}$ に関連して述べたことは，他のパンルヴェ系 $\mathrm{H_J}$ についてもそのまま成り立つ．すなわち，各ハミルトニアン H_{J} について

$$\Sigma^2_{(\chi)}$$

は，208 ページの定理 4.1 で与えた表示 $(\lambda^{\Delta}_{*}, \mu^{\Delta}_{*})$ のうち，一方を正則化し，他方を無限遠方にとばしている．これらの解はコンパクト化

$$\overline{\Sigma}^2_{(\chi)}$$

を考えたとき復活する．また各 Δ ごとに，この関係を逆転させるようなハミルトニアンが作れる．すなわち，$*\neq\#$ とし

$$(\lambda^{\Delta}_{*}, \mu^{\Delta}_{*}) \in \Sigma^2_{(\chi)}, \qquad (\lambda^{\Delta}_{\#}, \mu^{\Delta}_{\#}) \notin \Sigma^2_{(\chi)}$$

に対して

$$(\lambda^{\Delta}_{*}, \mu^{\Delta}_{*}) \notin \Sigma^2_{(\bar{\chi})}, \qquad (\lambda^{\Delta}_{\#}, \mu^{\Delta}_{\#}) \in \Sigma^2_{(\bar{\chi})}$$

となるような $\Sigma^2_{(\bar{\chi})}$ が存在する．

5.3　パンルヴェ方程式の葉層構造

パンルヴェ方程式に付随するハミルトン系とヒルツェブルフ曲面 $\overline{\Sigma}^2_{(\chi)}$ の関係，を調べるために，動く分岐点をもたない代数的常微分方程式を，複素解析的な葉層構造の視点から考える．はじめから微分方程式が与えられているのであるから，これに葉層構造の理論を応用するというより，ちょっと見方を変えよう，という立場をとる．葉層構造の一般的定義を復習することは読者にお任

せして，まず例を挙げる．

例 5.1 複素平面の領域 X で正則な関数 $a(x), b(x), c(x)$ を係数とするリッカチ方程式

$$\frac{dy}{dx} = a(x)y^2+b(x)y+c(x) \tag{5.21}$$

を，空間 $\mathbf{P}^1(\mathbf{C})\times X$ の中で考える．(5.21)は動く分岐点をもたないことから，$\mathbf{P}^1(\mathbf{C})\times X$ の任意の点 (p, t_0) を通る解はただ1つ存在し，X のいかなる点 t_1 $(t_1 \neq t_0)$ に至るまで，$\mathbf{P}^1(\mathbf{C})\times X$ の中で解析的に延長される． □

ここで述べたことから，$\mathbf{P}^1(\mathbf{C})\times X$ は(5.21)の解曲線で埋め尽くされており，どの曲線も互いに交わることはない．このとき，$\mathbf{P}^1(\mathbf{C})\times X$ 内に(5.21)は1次元複素力学系を定めているが，このような構造が**葉層構造**である．複素力学系の軌道，すなわち(5.21)の解曲線，を葉層構造の**葉**(**leaf**)という．ただ，x が独立変数として特別な意味をもっているので，そのことを表すため，3つ組

$$\mathcal{P} = \left(\ \mathbf{P}^1(\mathbf{C})\times X, \pi, X\ \right)$$

を導入する．ここで，π は $\mathbf{P}^1(\mathbf{C})\times X$ から X への自然な射影である．リッカチ方程式(5.21)は $\mathcal{P}$ に対して，次の性質をもつ葉層構造 $\mathcal{F}$ を定めている．

（イ） すべての leaf は π について各ファイバー $\mathbf{P}^1(\mathbf{C})$ と横断的に交わる．

（ロ） X 内の勝手な道 $l: [0,1]\to X$ は $l(0)$ 上のファイバーの任意の点 p を通る leaf $\tilde{l}_p$ に持ち上げられる．

（ロ）より，π を $\tilde{l}_p$ に制限したものは全射であり，$\tilde{l}_p$ は X 上の被覆となる．（イ），（ロ）を微分方程式の言葉に翻訳すれば，それぞれ以下のことがらに対応している．

（い） 任意の (t_0, p) に対して，$y(t_0)=p$ となる解析的な解が存在する．

（ろ） その解は X 内のいかなる点 t_1 に至るまで解析接続可能である．

（イ），（ロ）は，(5.21)が動く分岐点をもたない，という事実を言い換えたものに他ならない．一般に複素平面の領域 X 上の複素解析的なファイバー空間 $\mathcal{P}=(E, \pi, X)$ と，E で定義された1次元の葉層構造 $\mathcal{F}$ で，上の（イ），（ロ）が成り立つようなものが与えられたとき，$\mathcal{P}$ を $\mathcal{F}$ の，**P-型空間**と呼ぶこと

にしよう．さらに，$\mathcal{F}$ がある代数的微分方程式により定められているとき，X の勝手な 2 点 x_0, x_1 と，x_0 と x_1 を結ぶ X 内の任意の道 l をとると，x_0 上のファイバー $\pi^{-1}(x_0)$ の任意の点 p を通る leaf は l に沿って x_1 まで延長され，ちょうど 1 点で $\pi^{-1}(x_1)$ と横断的に交わる．逆に $\pi^{-1}(x_1)$ の点 q から出発しても，l を反対向きにたどって $\pi^{-1}(x_0)$ の 1 点に到達する．すなわち，この代数的微分方程式の P-型空間 $\mathcal{P}=(E,\pi,X)$ においては，$\mathcal{P}$ のすべてのファイバーは $\mathcal{F}$ の leaf に沿って，解析的に同型である．この同型類を，与えられた微分方程式の**初期値空間**という．

例 5.2　リッカチの方程式(5.21)の初期値空間は $\mathbf{P}^1(\mathbf{C})$ である．したがって，(5.21)は $\mathbf{P}^1(\mathbf{C})$ の双正則写像を定めるが，それは 1 次分数変換である．$\pi^{-1}(x_0), \pi^{-1}(x_1)$ の 2 点 y_0, y_1 が leaf に沿って結ばれているとすれば，この 2 点の関係は

$$y_1 = \frac{U(x_1,x_0)y_0+V(x_1,x_0)}{X(x_0,x_1)y_0+Y(x_0,x_1)}$$

という形で表される．このことからも，リッカチの方程式(5.21)が線型化されることがわかる．□

$\mathcal{P}$ と $\mathcal{F}$ が与えられたとき，もし $\mathcal{P}$ のファイバーがコンパクトであることがわかっていれば，性質(ロ)は(イ)から従う．すなわち，$\mathcal{F}$ の任意の leaf がファイバーと横断的に交わる，という局所的な条件から，$\mathcal{P}$ が $\mathcal{F}$ の P-型空間である，という大域的な性質が保証される．この事実を，エーレスマンの定理という．

例 5.3　$a(x), b(x)$ を X 上の正則関数とし，2 階非線型常微分方程式

$$\frac{d^2y}{dx^2}+3y\frac{dy}{dx}+y^3+a(x)y+b(x) \tag{5.22}$$

を考える．$y_1=y$, $z_1=\dfrac{dy}{dx}+y^2$ とおくと(5.22)は

$$\frac{dy_1}{dx} = z_1-y_1^2, \qquad \frac{dz_1}{dx} = -y_1z_1-a(x)y_1-b(x)$$

となる．この方程式はファイバー空間

$$\mathcal{P} = \left(\mathbf{P}^2(\mathbf{C})\times X, \pi, X\right)$$

において，ファイバーと横断的に交わる葉層構造 $\mathcal{F}$ を定める．したがって，$\mathcal{P}$ は(5.22)の P-型空間である． □

解析的に見れば，例 5.3 は(5.22)が $y=\dfrac{1}{w}\dfrac{dw}{dx}$ により線型常微分方程式

$$\frac{d^3w}{dx^3}+a(x)\frac{dw}{dx}+b(x)w=0$$

に変換される，という事実を反映している．

パンルヴェ方程式の P-型空間，すなわち初期値空間，を構成することが本節の目的である．ところで，$\mathrm{P_J}$ の P-型空間 $\mathcal{P}$ が得られたとして，そのファイバーがコンパクトであれば，パンルヴェ方程式が動く分岐点をもたない，という性質はエーレスマンの定理より自動的に従う．しかし，残念ながら決してそうはならない．もし $\mathrm{P_J}$ の初期値空間 Σ がコンパクトならば，ハミルトン系を考えれば直ちにわかるように，Σ は $\mathbf{C}^2$ のコンパクト化として有理曲面である．そこで $\mathrm{P_J}$ は有理曲面 Σ の双正則写像を定めることになるが，それはリッカチの方程式や例 5.3 の方程式のように，線型化される．パンルヴェ方程式はそのような微分方程式ではない．

$\mathrm{P_I}$ 以外のパンルヴェ方程式 $\mathrm{P_J}$ に対して，付随するハミルトン系 $\mathrm{H_J}$ を

$$\Sigma^2_{(\chi)}\times X$$

内で考えてみよう．ここで，$X=X_{\mathrm{J}}$，また χ は命題 5.5 の証明で述べた，各 $\mathrm{H_J}$ に対して決まるパラメータである．命題 5.5 から，$\mathrm{H_J}$ の定める葉層構造は，234 ページの条件(イ)を満たしている．しかし，230 ページ以下，とくに 231 ページ以下，に述べたように，この空間内では条件(ロ)が成り立つこと，は期待できない．そこで，$\Sigma^2_{(\chi)}$ のコンパクト化を考えるが，とりあえず 4 枚の $\mathbf{C}^2$ のはりあわせ

$$\overline{\Sigma}_{(\chi)}=\bigcup_{i=1}^{4}V_i\,,\qquad V_i=\mathbf{C}^2$$

から出発する．以下，V_i の座標を (q_i,p_i) とし，はりあわせの関係を

$$q_1q_2=1\,,\quad p_1=\chi q_2-q_2^2p_2$$
$$q_3=q_1\,,\quad p_1p_3=1\,,\quad q_4=q_2\,,\quad p_2p_4=1$$

とする．もちろん，$\overline{\Sigma}_{(\chi)}$ は非特異な有理曲面である．ここで，$q_1=\lambda$, $p_1=\mu$ として，$\mathrm{H_J}$ が

$$\overline{\Sigma}_{(\chi)}\times X \tag{5.23}$$

内にどのような葉層構造を定めているのか，考察する．

除外していた$\mathrm{P_I}$ については，上で $\chi=0$ とし，すなわちヒルツェブルフ曲面 $\overline{\Sigma}^2$ に対して，$q_3=\lambda$, $p_3=\mu$ として $\mathrm{H_I}$ を考える．このパンルヴェ系を(5.23)，ただし $\chi=0$，内で書き下せば，以下の 4 組の微分方程式系となる．

$$p_1\frac{dq_1}{dt}=1\,,\quad \frac{dp_1}{dt}=-(6q_1^2+t)p_1^2 \tag{5.24}$$

$$p_2\frac{dq_2}{dt}=-1\,,\quad q_2\frac{dp_2}{dt}=2-(6+tq_2^2)q_2p_2^2 \tag{5.25}$$

$$\frac{dq_3}{dt}=p_3\,,\quad \frac{dp_3}{dt}=6q_3^2+t$$

$$\frac{dq_4}{dt}=-p_4\,,\quad q_4\frac{dp_4}{dt}=-2p_4^2+(6+tq_4^2)q_4 \tag{5.26}$$

ここで，(5.24)が $V_1\times\mathbf{C}$ において定める葉層構造を調べるために

$$\omega_a=p_1dq_1-dt\,,\quad \omega_b=dp_1+(6q_1^2+t)p_1^2dt$$

とおき，全微分方程式系 $\omega_a=\omega_b=0$ の解を考えると，任意の t_0 に対し

$$p_1=0\,,\quad t=t_0$$

は解，すなわち考えている葉層構造の葉(leaf)である．これは，(5.24)において q_1 を独立変数として微分方程式系を書き直して求めた解であるが，もとより $\mathrm{P_I}$ とは無関係である．一般の葉層構造では，それが定義されている空間の変数は一応平等であるが，微分方程式では独立変数 t に特別な意味があるので，我々はこのような葉を**垂直な葉**(**vertical leaf**)ということにする．

さらに，(5.25)を $V_2\times\mathbf{C}$ で考えれば，2 本の垂直な葉

$$p_2=0\,,\quad q_2=0\,,\quad t=t_0 \tag{5.27}$$

がすべての $\overline{\Sigma}_{(\chi)} \times \{t_0\}$ に存在する．点

$$(5.28) \qquad (q_2, p_2) = (0, 0), \quad t = t_0$$

は 2 本の葉(5.27)の閉包の交点で，葉層構造の特異点である．

ここで，全微分方程式系 $\omega_a = \omega_b = 0$ に対して，2-形式 $\omega_a \wedge \omega_b$ の零点を，対応する**葉層構造の特異点**という．実際に(5.25)について計算すると

$$\omega_a \wedge \omega_b = p_2 q_2 dq_2 \wedge dp_2 + q_2 dt \wedge dp_2 + p_2(-2 + 6q_2 p_2^2 + t q_2^3 p_2^2) dq_2 \wedge dt$$

となり，すべての t_0 に対して，(5.28)は特異点である．さらに

$$\omega_a = dq_4 + p_4 dt, \quad \omega_b = q_4 dp_4 + (2p_4^2 + 6q_4 + t q_4^3) dt$$

として，同様のことを(5.26)について行うと

$$\omega_a \wedge \omega_b = q_4 dq_4 \wedge dp_4 + p_4 dt \wedge dp_4 + (2p_4^2 + 6q_4 + t q_4^3) dq_4 \wedge dt$$

より，すべての $\overline{\Sigma}_{(\chi)} \times \{t_0\}$ に特異点

$$(5.29) \qquad p_4 = 0, \quad q_4 = 0, \quad t = t_0$$

が現れる．これは垂直な葉

$$(5.30) \qquad q_4 = 0, \quad t = t_0$$

の閉包に含まれている．

垂直な葉(5.27)はパンルヴェ方程式の解ではない．また，$\mathrm{P_I}$ の解は局所座標について正則であるから，微分方程式(5.25)の形からすぐわかるように，特異点(5.28)を通る解は存在しない．すなわち，特異点(5.28)をその閉包に含むような葉は(5.27)だけである．しかし，特異点(5.29)については事情が異なる．我々は $\mathrm{P_I}$ が動く極

$$(1.26) \qquad \lambda(t) = \frac{1}{T^2} - \frac{t_0}{10}T^2 - \frac{1}{6}T^3 + hT^4 + \frac{t_0^2}{300}T^6 + \mathcal{O}(T^7)$$

をもつことを知っているが，$q_3 = \lambda$ よりこの解は，すべての $\overline{\Sigma}_{(\chi)} \times \{t_0\}$ について，点(5.29)を通る．$\mathrm{P_I}$ の P-型空間を得るためにはこの解をすべて取り出

さなければならない．そのために，代数幾何学で普通の手法である**ブローアップ**(**blowing-up**)を使って，葉層構造の特異点を解消することを試みる．

点 p を中心とする $\mathbf{C}^2$ のブローアップを簡単に説明しよう．そのために $\mathbf{C}^2$ の座標を (x,y) とし，p を原点 $(0,0)$ とする．さらに 2 枚の $\mathbf{C}^2$ のコピー W_1, W_2 を用意し，それぞれの座標を $(x_1,y_1),(x_2,y_2)$ とする．関係式

$$x_1y_2 = 1 \tag{5.31}$$

により W_1 と W_2 をはりあわせたもの $W=W_1\cup W_2$ から $\mathbf{C}^2$ への写像

$$Q_p : W \to \mathbf{C}^2$$

を，次の式で定める．

$$x = x_1y_1, \quad y = y_1\,; \quad x = x_2, \quad y = x_2y_2 \tag{5.32}$$

このとき (5.31) より，$Q_p^{-1}(p)$ は $\mathbf{P}^1(\mathbf{C})$ と同型で，方程式

$$y_1 = x_2 = 0$$

の定める W の部分多様体であり，これを以下では例外直線と呼ぶことにする．例外直線の外では，Q_p の制限写像

$$W\backslash Q_p^{-1}(p) \to \mathbf{C}^2\backslash\{p\}$$

は双正則である．このようにして $\mathbf{C}^2$ から W を得る操作が，p を中心とするブローアップである．また，Q_p を 2 次写像という．

例 5.4 定数係数の代数的微分方程式

$$y\frac{dx}{dt} = 2x+y+2x^2+axy+by^3, \quad \frac{dy}{dt} = 1+2x+ay+cy^2 \tag{5.33}$$

は，任意の $t=t_0$ に対して特異点

$$(x,y) = (0,0), \quad t = t_0 \tag{5.34}$$

をもち，次の方程式で定められる垂直な葉をもつ．

$$y=0, \quad t=t_0 \tag{5.35}$$

□

以下，t_0 を任意に固定し初期値の空間 (x,y) について特異点の解消を考えることにする．まず，p を原点 $(0,0)$ とし，p を中心とするブローアップを実行すると，W_2 において微分方程式は

$$y_2\frac{dx_2}{dt}=2+y_2+2x_2+ax_2y_2+bx_2^2y_2^3, \qquad x_2\frac{dy_2}{dt}=-1-y_2+(c-by_2)x_2^2$$

となる．これは 2 本の垂直な葉

$$(\mathrm{a}):\ y_2=0; \qquad (\mathrm{b}):\ x_2=0 \tag{5.36}$$

をもつ．ここで(5.36)(a)は(5.35)と同じものである．この部分多様体を D_1 と書く．一方，(5.36)(b)はブローアップで現れた例外直線でこれを D_2 と書く．この微分方程式は特異点 $(x_2,y_2)=(0,0)$ をもつが，(5.25)の場合と同様，この点は垂直な葉 D_1,D_2 以外の葉の閉包には含まれ得ないから，操作はこれで終わる．

例 5.5 (5.33)は W_1 において

$$y_1\frac{dy_1}{dt}=1+x_1+(b-cx_1)y_1^2, \qquad \frac{dy_1}{dt}=1+2x_1y_1+ay_1+by_1^2$$

となる．ここでは，$y_1=0$ は D_2 に対応する．また特異点 $(x_1,y_1)=(-1,0)$ をもつ．

□

次に例 5.5 の微分方程式で，改めて

$$x=x_1+1, \qquad y=y_1$$

とおくと，次の方程式を得る．

$$y\frac{dx}{dt}=x+(e-cx)y^2, \qquad \frac{dy}{dt}=1+2xy+fy+cy^2 \tag{5.37}$$

e,f はもとの方程式の係数から決まる，ある定数である．ここでさらに原点 $(x,y)=(0,0)$ を中心とするブローアップを行うと，W_2 における微分方程式は

$$y_2\frac{dx_2}{dt}=1+(e-cx_2)x_2y_2^2, \qquad \frac{dy_2}{dt}=fy_2+2cx_2y_2^2-ey_2^2+2x_2y_2$$

である．垂直な葉 $y_2=0$ は D_2 である．

例 5.6 微分方程式(5.37)は W_1 で

$$\frac{dx_1}{dt}=e-fx_1+cy_1^2+2x_1^2y_1, \qquad \frac{dy_1}{dt}=1+fy_1+cy_1^2+2x_1y_1^2$$

となる．このようにして，右辺が多項式である微分方程式に到達した．ブローアップで現れる例外直線 $D_3: y_1=0$ はもはや垂直な葉を定めず，その上の任意の点 (x_1, y_1) を通り，$t=t_0$ で正則な解が存在する．もとの代数的微分方程式(5.33)の，特異点(5.34)を通る正則解は 1 パラメータであって，それらは D_3 上に分離された． □

例 5.4 の微分方程式(5.33)については，ブローアップの中心は t_0 に依らなかったが，一般には t_0 に依存する．パンルヴェ方程式がまさにその場合である．$\mathrm{P_{VI}}$ を

$$\overline{\Sigma}_{(\chi)}\times X_{\mathrm{VI}}$$

で考えると，$q_1=\lambda$, $p_1=\mu$ より，$V_3\times\{t_0\}$ において特異点

$$(q_3,p_3)=(0,0), \quad (q_3,p_3)=(1,0), \quad (q_3,p_3)=(t_0,0)$$

および $V_4\times\{t_0\}$ において特異点

$$(q_4,p_4)=(0,0)$$

をもつ．これら 4 点の特異点は，垂直な葉を定める $\overline{\Sigma}_{(\chi)}\times\{t_0\}$ の部分多様体

$$D^0(t_0):\ p_3=p_4=0$$

上にある．ここで，t_0 は X_{VI} の任意の点を表す．特異点

(5.38) $$(q_3,p_3)=(0,0), \quad t=t_0$$

のまわりで適当な局所座標をとると，微分方程式は

$$\begin{cases} yt(t-1)\dfrac{dx}{dt} = tx-\kappa_0 ty-a(t)x^2+b(t)xy+c_1x^2y \\ t(t-1)\dfrac{dy}{dt} = \dfrac{t}{2}-a(t)xy+\dfrac{3}{2}y+2c_1xy+c_2y^2 \end{cases}$$

という形をしている．$a(t), b(t)$ は t の多項式，c_1 と c_2 はパラメータである．ブローアップにより特異点解消をする手順は例 5.4 と同様である．1 回目の操作で得られる例外直線 $D_0(t_0)$ の定める垂直な葉と 2 つの特異点が現れる．一方の特異点は 2 つの垂直な葉の閉包の交点 $D^0(t_0)\cap D_0(t_0)$ であり，他方は例 5.5 と同じタイプである．後者の特異点のまわりで微分方程式を局所座標で表せば

$$yt(t-1)\frac{dx}{dt} = \frac{t}{2}x+y^2A(t,x,y)\,, \qquad t(t-1)\frac{dy}{dt} = \frac{t}{2}+yB(t,x,y)$$

となる．ここで，$A(t,x,y), B(t,x,y)$ は t, x, y の多項式である．特異点

$$(x,y)=(0,0)\,, \quad t=t_0$$

でもう 1 回ブローアップすれば，W_1 における微分方程式が

$$t(t-1)\frac{dx_1}{dt} = A(t,x_1y_1,y_1)-x_1B(t,x_1y_1,y_1)$$
$$t(t-1)\frac{dy}{dt} = \frac{t}{2}+y_1A(t,x_1y_1,y_1)$$

となって，特異点(5.38)を通るすべての正則解が，新しい例外直線 $D_0'(t_0)$ 上に分離されたことになる．

第 5.1 節 223 ページの命題 5.4 に述べたパンルヴェ系の対称性から，他の 3 点の特異点についてもまったく同じことが成り立つ．すなわち，$D^0(t_0)$ 上の 4 点でそれぞれ 2 回ずつブローアップすることにより，垂直な葉を定める 4 本の例外直線

$$D_\Delta(t_0) \qquad (\Delta=0,1,t_0,\infty)$$

が現れ，$\overline{\Sigma}_{(\chi)}$ 内の各特異点を通る正則解は，4 本の例外直線

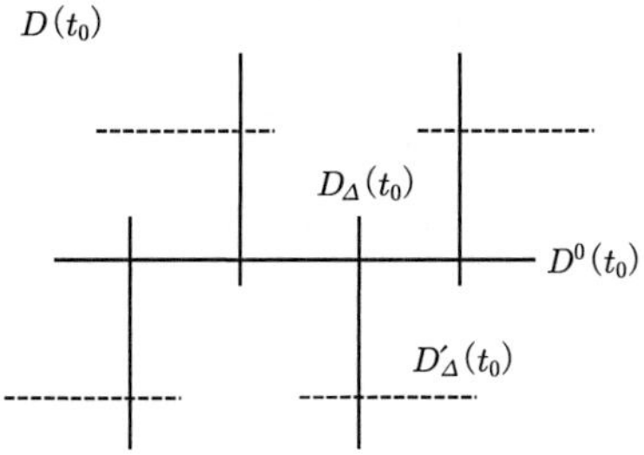

図 5.1

$$D'_\Delta(t_0) \qquad (\Delta = 0, 1, t_0, \infty)$$

上に分離される．この操作により，$\overline{\Sigma}_{(\chi)}$ から得られる有理曲面を $\bar{E}(t_0)$ と書くと，これは 5 本の垂直な葉を含んでおり，パンルヴェ系の解はその外側

$$E(t_0) = \bar{E}(t_0) \backslash D(t_0), \qquad D(t_0) = \bigcup_{\Delta} D_\Delta(t_0)$$

を正則に通り抜ける．この様子を象徴的に表したものが図 5.1 である．

直線が $D_\Delta(t_0)$ を，点線が $D'_\Delta(t_0)$ を表している．

$E(t_0)$ の任意の点 p を通る H_{VI} の解は，X_{VI} の任意の点 t_1 まで解析接続される．このことは，パンルヴェ系が動く分岐点をもたないという事実によって保証されている．

$t{=}t_1$ で $D(t_1)$ の点を通る解は存在しないから，動く分岐点をもたないことの本質は，$t{\to}t_1$ のとき $D(t_1)$ の点に近づく解は無い，ということである．もしそのような解があれば，$t{\to}t_1$ のときの極限集合は $D(t_1)$ 全体になる．この場合を否定することが，動く分岐点をもたないことの証明でもっとも難しい所である．■

以上のことから，パンルヴェ系 H_{VI} に対して，ファイバー空間

$$\overline{\mathcal{P}} = (\bar{E}, \bar{\pi}, X_{\mathrm{VI}}), \qquad \mathcal{P} = (E, \pi, X_{\mathrm{VI}})$$

で，次のようなものが構成されたことになる．

D_4型拡大ディンキン図形

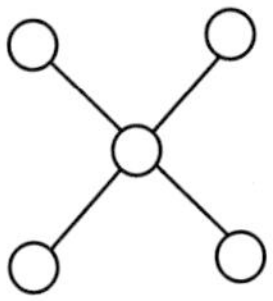

図 5.2

(1) 任意の t_0 に対して $\bar{\pi}^{-1}(t_0)=\bar{E}(t_0)$, $\pi^{-1}(t_0)=E(t_0)$ が成り立つ．

(2) $\bar{E}$ の部分集合 D で，$E=\bar{E}\backslash D$, $D\cap\bar{E}(t_0)=D(t_0)$ となるものがある．

(3) $\mathcal{P}$ は P-型空間である．

P-型空間は，$\overline{\mathcal{P}}$ の各ファイバーに含まれる，$D(t_0)$ の形で特徴付けられる．上の図 5.1 で，各例外直線 $D_\Delta(t_0)$ を○で表し，2 つの例外直線が交わっているときには○を線で結ぶと，次のようなグラフが得られる．これを D_4 型の**拡大ディンキン図形**という(図 5.2)．

同様に，パンルヴェ系 H_J の P-型空間が構成され，それらは上の(1),(2),(3)の構造をもつ．H_{VI} では，4 点の特異点で 2 回ずつブローアップしたから，これを

$$2\cdot1+2\cdot1+2\cdot1+2\cdot1\,,\quad \text{あるいは}\quad 2\cdot(1+1+1+1)$$

と表してみよう．これも H_I 以外の各パンルヴェ系に共通で，第 4.3 節 187 ページで，対応する線型常微分方程式のタイプを表すために使ったシンボルの，ちょうど 2 倍になっている．たとえば H_V のタイプは 2+1+1 であったが，H_V の P-型空間を得るために必要なブローアップは，$2\cdot2+2\cdot1+2\cdot1$ である．すなわち，3 点の特異点について，1 点で 4 回，他の各点で 2 回ずつ，ブローアップする．H_{II} は 1 点で 8 回のブローアップが必要である．ブローアップの回数の合計は常に 8 である．ここでも除外されていた H_I も，238 ページの特異点(5.29)で 8 回ブローアップすることによって，P-型空間が構成される．他のパンルヴェ系との違いは，はじめから 2 本の垂直な葉があったことだけである．

パンルヴェ系の P-型空間を特徴付ける $D(t_0)$ の様子は，拡大ディンキン図

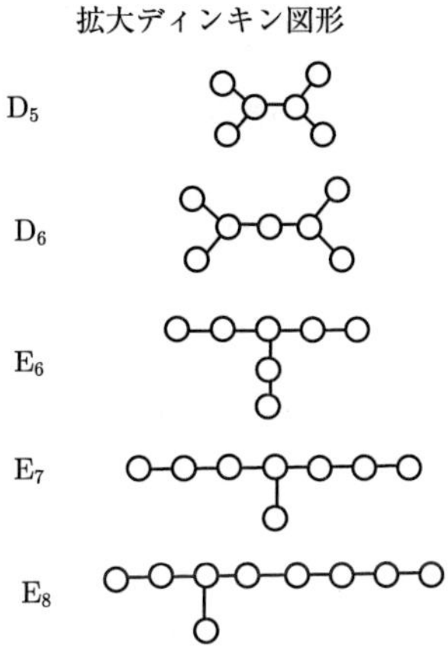

図 5.3

	$\mathrm{H_{VI}}$	$\mathrm{H_V}$	$\mathrm{H_{IV}}$	$\mathrm{H_{III}}$	$\mathrm{H_{II}}$	$\mathrm{H_I}$
タイプ	$\mathrm{D_4}$	$\mathrm{D_5}$	$\mathrm{E_6}$	$\mathrm{D_6}$	$\mathrm{E_7}$	$\mathrm{E_8}$
m	5	6	7	7	8	9

形で表すことができる(図 5.3). そのタイプと, $D(t_0)$ を構成する垂直な葉の本数 m を表にまとめる. $\mathrm{H_V}$ と $\mathrm{H_{V'}}$, $\mathrm{H_{III}}$ と $\mathrm{H_{III'}}$, は互いに変数変換で移りあうから, P-型空間のタイプはそれぞれ同じである.

拡大ディンキン図形を使うと, $\mathrm{H_{VI}}$ は $\mathrm{H(D_4)}$ と表してもよい. 今後はこの記法も採用し, パンルヴェ方程式 $\mathrm{P_{IV}}$ を $\mathrm{P(E_6)}$, ハミルトニアン H_{II} を $H(\mathrm{E_7})$ などと書くこともある. ところで, 第 4.3 節 189 ページ以下で, $\mathrm{H_{III'}}$ の退化した場合を考察し, 新しいパンルヴェ系 $\mathrm{H}^{(1)}, \mathrm{H}^{(2)}$ を定義した. これらの P-型空間も同様に構成できる. ブローアップの手順はともに $2{\cdot}2{+}2{\cdot}2$ であり, 回数の合計はやはり 8 回である. また, m の値はそれぞれ $8, 9$ となる. これらも拡大ディンキン図形で特徴付けられ, ハミルトニアン(4.33)に対して $\mathrm{D_7}$, (4.34)に対して $\mathrm{D_8}$ となることがわかる. すなわち, これらのパンルヴェ系は $\mathrm{H(D_7)}, \mathrm{H(D_8)}$ で, $\mathrm{H(D_6)}$ からの退化で得られる. 第 4.1 節 173 ページ命題

4.3に与えたパンルヴェ系の退化図式は，以下のように改訂される．

$$\begin{array}{ccccccccc} H(D_4) & \to & H(D_5) & \to & H(D_6) & \to & H(D_7) & \to & H(D_8) \\ & & & \searrow & & \searrow & & \searrow & \\ & & & & H(E_6) & \to & H(E_7) & \to & H(E_8) \end{array}$$

5.4　パンルヴェ方程式の変換群

ガウスの超幾何関数については，たとえば次の関係式が知られている．

$$\frac{d}{dx}F(a,b,c;x) = \frac{ab}{c}F(a+1,b+1,c+1;x) \tag{5.39}$$

この種の関係式は**近接関係**と呼ばれている．近接関係は，合流型超幾何関数，ベッセル関数，エルミート関数，についても成立する．(5.39)は超幾何関数の定義式であるベキ級数を項別微分すればすぐ確かめることができる．一方，ガウスの超幾何微分方程式

$$\mathrm{Gauss}(a,b,c) \qquad x(1-x)\frac{d^2y}{dx^2}+\{c-(1+a+b)x\}\frac{dy}{dx}-aby = 0$$

の両辺を x で微分すれば，$\dfrac{dy}{dx}$ は，微分方程式 $\mathrm{Gauss}(a+1,b+1,c+1)$ を満たすことがすぐわかるので，近接関係式は関数の間の関係式だけではなく，微分方程式相互の関係式である，と見ることができる．そこで，この意味での近接関係に類似の関係式をパンルヴェ系 $\mathrm{H_J}$ について求めること，を本節の課題としよう．ただし，$\mathrm{H_I}=\mathrm{H(E_8)}$ と $\mathrm{H(D_8)}$ はパラメータを含まないので，考察の対象から外す．

一般にパンルヴェ系の含むパラメータを υ で，パラメータ全体の空間を $\boldsymbol{V}$ で表す．$\boldsymbol{V}$ は，26ページ，第1.4節の表(1.25)で与えた次元をもつ，アフィン空間である．以下では，パンルヴェ系の υ に関する依存性を調べるので，$\lambda=\lambda(\upsilon)$ などと表す．また

$$\mathcal{H}_{\mathrm{J}}(\upsilon) = (\lambda, \mu, H_{\mathrm{J}}, t)$$

と書く．パンルヴェ系の近接関係は正準変換として表される．結論を先取りし

て目的を示せば，次の通りである．

あるアフィン運動群 $\mathcal{A}(\boldsymbol{V})$ の部分群 $\boldsymbol{G}$ が存在して，任意の $g\in\boldsymbol{G}$ に対し，正準変数について双有理的な正準変換

$$g_* : \mathcal{H}_{\mathrm{J}}(\upsilon) \to \mathcal{H}_{\mathrm{J}}(\upsilon^g) \tag{5.40}$$

を構成する．ここで υ^g は $g(\upsilon)$ の意味である．

双有理的とは，g_* およびその逆 g_*^{-1} が，正準変数の有理関数を用いて表されるという意味である．すなわち，パンルヴェ超越関数 $\lambda(\upsilon^g)$ は $\lambda(\upsilon)$ とその導関数の有理関数で表され，超越関数としては同等である．なお，双有理正準変換 g_* をパンルヴェ系の**ベックルント変換**と呼ぶこともある．

このような変換はパンルヴェ方程式のもつ対称性から得られるものがある．たとえば $\mathrm{P_{II}}$ において，変数の置き換え $\lambda :\Rightarrow -\lambda$ を行うと，新しい方程式は

$$\frac{d^2\lambda}{dt} = 2\lambda^3 + t\lambda - \alpha$$

となる．この変数変換をパンルヴェ系の正準変換に持ち上げるには

$$(\lambda, \mu, H_{\mathrm{II}}, t) :\Rightarrow (-\lambda, -\mu+2\lambda^2+t, H+\lambda, t) \tag{5.41}$$

とすればよい．実際に(5.41)で

$$H_{\mathrm{II}} = \frac{1}{2}\mu^2 - \left(\lambda^2 + \frac{t}{2}\right)\mu - \upsilon\lambda, \quad \upsilon = \alpha + \frac{1}{2}$$

から得られるハミルトニアン H を計算すると

$$H = \frac{1}{2}\mu^2 - \left(\lambda^2 + \frac{t}{2}\right)\mu - (1-\upsilon)\lambda$$

である．すなわち，$\boldsymbol{V}$ をパラメータ υ の空間とすれば，アフィン変換

$$g^{(0)} : \upsilon \to 1-\upsilon \tag{5.42}$$

に対して(5.41)は，$\mathcal{H}_{\mathrm{II}}$ の双有理正準変換 $g_*^{(0)}$ を具体的に与えている．なお，υ は第 5.2 節において導入したパラメータ χ と同一である．

第 5.1 節 223 ページの命題 5.4 は，パンルヴェ方程式 $\mathrm{P_{IV}}$ の対称性を双有理正準変換で表したもの，と見ることができる．また，2 階常微分方程式より

もハミルトニアンの対称性が見やすいものもある．

$$H_{\rm IV} = 2\lambda\mu^2 - \{\lambda^2 + 2t\lambda + 2\kappa_0\}\mu + \theta_\infty\lambda$$

には λ と μ の対称性がある．置き換え

$$\lambda :\Rightarrow -2\lambda, \qquad \mu :\Rightarrow -\frac{1}{2}\mu$$

を行い，得られたハミルトニアンから λ を消去すると，μ はやはり $\mathrm{P_{IV}}$ を満たす．ただし，パラメータの交換

$$\kappa_0 :\Rightarrow \theta_\infty, \qquad \theta_\infty :\Rightarrow \kappa_0 \tag{5.43}$$

が起こっている．(5.43)を $\mathcal{H}_{\rm IV}$ の双有理正準変換で実現するために，$H_{\rm IV}$ を

$$H_{\rm IV} = 2\mu(\lambda\mu - 2\kappa_0) - \lambda(\lambda\mu - \theta_\infty) - t\lambda\mu$$

と書くとすぐわかるように，変数の置き換え

$$\lambda :\Rightarrow \lambda\frac{\lambda\mu - \kappa_0}{\lambda\mu - \theta_\infty}, \qquad \mu :\Rightarrow \mu\frac{\lambda\mu - \theta_\infty}{\lambda\mu - \kappa_0} \tag{5.44}$$

は，ハミルトニアンの形を変えず，(5.43)を実現する．(5.44)は正準変換である．

このような発見的考察だけでは見通しが悪いので，パンルヴェ系を τ-関数のレベルで捉える．一般にハミルトニアン $H(t;\lambda,\mu)$ に対して，ハミルトン関数 $H(t){=}H(t;\lambda(t),\mu(t))$ を考える．τ-関数 $\tau(t)$ の対数微分が $H(t)$ であった．$\mathcal{H}_{\rm II}$ の場合，すなわちハミルトニアン

$$H(v) = \frac{1}{2}\mu^2 - \left(\lambda^2 + \frac{t}{2}\right)\mu - v\lambda$$

を例にとって，我々の方法を説明する．ハミルトニアン $H{=}H(v)$ を次々に t で微分すると

$$\frac{dH}{dt} = -\frac{1}{2}\mu, \qquad \frac{d^2H}{dt^2} = -\lambda\mu - \frac{v}{2}$$

となる．すなわち，λ と μ はハミルトン関数とその導関数の有理式

$$\lambda = \frac{2\dfrac{d^2H}{dt^2}+v}{4\dfrac{dH}{dt}}, \qquad \mu = -2\frac{dH}{dt} \tag{5.45}$$

で表される．これを使って，λ と μ を H から消去することにより次の補題が得られる．

補題 5.1 H は微分方程式

$$\left(\frac{d^2H}{dt^2}\right)^2+4\left(\frac{dH}{dt}\right)^3+2\frac{dH}{dt}\left(t\frac{dH}{dt}-H\right)-\left(\frac{v}{2}\right)^2=0 \tag{5.46}$$

を満たす．逆に(5.46)の一般解に対して，(5.45)はパンルヴェ系 $\mathrm{H_{II}}$ の解を与える． □

微分方程式(5.46)には，パンルヴェ系 $\mathrm{H_{II}}$ の隠された対称性が表れている．実際，(5.46)は変換

$$g^{(1)}: v \to -v \tag{5.47}$$

に対して不変である．すなわち，$H(v)$ の代わりに $H(-v)$ を考えても，同じ微分方程式(5.46)に到達するのであるから，$H=H(v)=H(-v)$ として，(5.45)より

$$\lambda(-v) = \frac{2\dfrac{d^2H}{dt^2}-v}{4\dfrac{dH}{dt}}, \qquad \mu(-v) = -2\frac{dH}{dt}$$

という関係が成り立つ．これと

$$\lambda(v) = \frac{2\dfrac{d^2H}{dt^2}+v}{4\dfrac{dH}{dt}}, \qquad \mu(v) = -2\frac{dH}{dt}$$

から，ハミルトン関数を消去すれば

$$\lambda(-v) = \lambda(v)+\frac{v}{\mu(v)}, \qquad \mu(-v) = \mu(v)$$

が得られる．これが，双有理正準変換

$$g_*^{(1)} : \mathcal{H}_{\mathrm{II}}(\upsilon) \to \mathcal{H}_{\mathrm{II}}(-\upsilon)$$

を具体的に与える．

補題 5.1 は一般解の対応を述べている．実際，微分方程式(5.46)は

$$4a^3-2ab-\left(\frac{\upsilon}{2}\right)^2 = 0$$

とするとき，特異解 $H=at+b$ をもつ．パンルヴェ超越関数に対してハミルトン関数が 1 次式になるようなことはほとんど起きないが，例外的な場合が，第 5.2 節で紹介した特殊解である．いま考えている $\mathrm{H_{II}}$ については，$\upsilon=\chi=0$ のときの特殊解(5.12)で，対応するハミルトン関数は $H\equiv 0$ となる．この場合には，$\upsilon=0$ は(5.47)の不動点であり，対応する正準変換 g_* は特殊解に対して恒等変換として作用するにすぎない．以上に述べた注意は，他のパンルヴェ系 $\mathcal{H}_{\mathrm{J}}$ に対しても常に有効である．

さて，パンルヴェ方程式 $\mathrm{P_{II}}$ は $H(\upsilon)$ に加えて，別のハミルトニアンをもっていた．これは第 4.6 節 203 ページ，(4.51)で与えた．パラメータ υ を使ってこのハミルトニアン $\bar{H}=\bar{H}(\upsilon)$ を書けば

$$\bar{H} = \frac{1}{2}\bar{\mu}^2+\left(\lambda^2+\frac{t}{2}\right)\bar{\mu}-(\upsilon-1)\lambda$$

である．$H(\upsilon)$ と $\bar{H}(\upsilon)$ は，正準変換(4.54)で結ばれていた．とくに

$$H(\upsilon) = \bar{H}(\upsilon)-\lambda \tag{5.48}$$

であった．2 つのハミルトニアンの幾何学的な意味は第 5.2 節に述べたところである．ハミルトニアンの隠された意味が，それの満たす微分方程式を考えることによって，明らかになる．

補題 5.2 $\bar{H}$ は微分方程式

$$\left(\frac{d^2\bar{H}}{dt^2}\right)^2+4\left(\frac{d\bar{H}}{dt}\right)^3+2\frac{d\bar{H}}{dt}\left(t\frac{d\bar{H}}{dt}-\bar{H}\right)-\left(\frac{\upsilon-1}{2}\right)^2 = 0 \tag{5.49}$$

を満たす．逆に(5.49)の一般解に対して

(5.50) $$\lambda(\upsilon) = -\frac{2\dfrac{d^2\bar{H}}{dt^2}-\upsilon+1}{4\dfrac{d\bar{H}}{dt}}, \qquad \bar{\mu}(\upsilon) = 2\frac{d\bar{H}}{dt}$$

はパンルヴェ系の解を与える. □

微分方程式が成り立つことは計算で容易に検証できるから省略する. この補題から, $\bar{H}(\upsilon)=H(\upsilon-1)$ であることがわかる. したがって, (5.45)より

$$\lambda(\upsilon-1) = \frac{2\dfrac{d^2\bar{H}}{dt^2}+\upsilon-1}{4\dfrac{d\bar{H}}{dt}}, \qquad \mu(\upsilon-1) = -2\frac{d\bar{H}}{dt}$$

である. この式と(5.39)から

(5.51)
$$\lambda(\upsilon-1) = -\lambda(\upsilon)+\frac{\upsilon-1}{\bar{\mu}(\upsilon)}, \qquad \mu(\upsilon-1) = -\bar{\mu}(\upsilon) = -\mu(\upsilon)+2\lambda(\upsilon)^2+t$$

が得られる. すなわち, 次の結果が成り立つ.

命題 5.9 アフィン変換

(5.52) $$g:\upsilon \to \upsilon-1$$

に対応する双有理変換 g_* は(5.51)で与えられる. □

アフィン変換(5.52)は(5.42)と(5.47)の合成 $g=g^{(1)}\circ g^{(0)}$ であるから, (5.51)は対応する有理正準変換を合成することによっても得られる. パラメータ υ のなす1次元アフィン空間を $\boldsymbol{V}$ とし, $g^{(0)}$ と $g^{(1)}$ で生成される $\mathcal{A}(\boldsymbol{V})$ の部分群を $\boldsymbol{G}$ とすれば, 任意の $g\in\boldsymbol{G}$ に対して双有理正準変換 g_* が作れる. 部分群 $\boldsymbol{G}$ は A_1 型のアフィンワイル群とみることができて, これを $W_a(A_1)$ と書く. 他のパンルヴェ系 $\mathrm{H_J}$ についても同様で, その双有理正準変換全体は, アフィン空間 $\boldsymbol{V}$ に作用するアフィンワイル群 $W_a(\mathrm{X})$ で特徴付けられる. まず, そのタイプXと, $\boldsymbol{V}$ の次元 d を表にまとめておく.

	$H_{\mathrm{VI}}(D_4)$	$H_{\mathrm{V}}(D_5)$	$H_{\mathrm{IV}}(E_6)$	$H_{\mathrm{III}}(D_6)$	$H_{\mathrm{III}}(D_7)$	$H_{\mathrm{III}}(D_8)$	$H_{\mathrm{II}}(E_7)$	$H_{\mathrm{I}}(E_8)$
X	D_4	A_3	A_2	$A_1 \oplus A_1$	A_1	–	A_1	–
d	4	3	2	2	1	0	1	0

この表には，前節で導入した，P-型空間を特徴付ける拡大ディンキン図形のタイプも再録した．アフィンワイル群も拡大ディンキン図形で特徴付けられるから，パンルヴェ系に付随して2系列の拡大ディンキン図形が現れたことになる．拡大ディンキン図形が現れる理由は何か，なぜ各タイプの添え字の和がパンルヴェ系共通に9であるのか，当然の疑問である．現在ではこれに答えることもできるが，そうすることはパンルヴェ方程式の理論をまったく別の観点から書き直すことと同じことになる．そのような立場から書かれた本として，野海正俊著「パンルヴェ方程式—対称性からの入門—」(朝倉書店，2000年)を挙げておく．それにしても，上の表を与えただけでは，アフィンワイル群のパンルヴェ系への作用は見えてこないであろうから，以下，個別にパンルヴェ系を調べることにする．そこでは，ワイル群などのリー環やルート系に関する用語を断りなく使うが，専門的なことがらはしかるべき教科書に当たって頂きたい．

この節の最後に，第1節42ページ，定理1.7について一言付け加えておく．すなわち，P_{II} の既約性に関することがらである．一般に，ハミルトン系

$$\frac{d\lambda}{dt} = \frac{\partial H}{\partial \mu}, \qquad \frac{d\mu}{dt} = -\frac{\partial H}{\partial \lambda}$$

に対して，ハミルトンベクトル場

$$\mathcal{X} = \frac{\partial H}{\partial \mu}\frac{\partial}{\partial \lambda} - \frac{\partial H}{\partial \lambda}\frac{\partial}{\partial \mu} + \frac{\partial}{\partial t}$$

を考える．ハミルトニアン H_{II} については

$$\mathcal{X} = \left(\mu - \lambda^2 - \frac{t}{2}\right)\frac{\partial}{\partial \lambda} + (2\lambda\mu + \upsilon)\frac{\partial}{\partial \mu} + \frac{\partial}{\partial t}$$

である．P_{II} の既約性は，その不変因子を決定することに帰着するが，これに関して次の定理が成り立つ．ここでは，有理数体を $\mathbf{Q}$ で，有理整数環を $\mathbf{Z}$ で表す．

定理 5.1 K を任意の $\mathbf{C}(t)$ の微分拡大，$F\neq 0$ を多項式環 $K[\lambda,\mu]$ の要素として，ある G に対し

$$\mathcal{X}F = GF$$

が成り立つと仮定する．

(1) もし υ が条件

$$\upsilon \notin \{a \in \mathbf{Q} \mid a(a-1) \geqq 0\}$$

を満たせば，ある $f\in K$ に対して $F=f$ である．

(2) $\upsilon=0$ のとき，ある $f\in K$ と非負整数 n に対して $F=f\mu^n$ となる． □

この証明は，定理 1.8 と同様に，$\mathcal{X}$ を λ と μ の適当な重みについて分解し，不変因子 F が存在するとして，これも重みに関する同次式に分解し順次形を決めていく，という方法で行われる．実際に検証するにはそれなりの工夫を必要とするので，ここでは証明を省略する．

一般に，アフィンワイル群 $W_a(\mathrm{X})$ がアフィン空間 $\boldsymbol{V}$ に作用しているとき，その基本領域 V をワイルの小部屋といい，V の境界 ∂V を壁という．いまの場合 $\upsilon=0$ はワイルの小部屋 V の壁 ∂V にあたる．このとき $\mathrm{H_{II}}$ がリッカチ方程式を満足する特殊解(5.12)をもつことは繰り返し述べた．さらに(5.48)より

$$\bar{H}(0) = \lambda, \qquad \frac{d\lambda}{dt} = -\lambda^2 - \frac{t}{2}$$

であるから，τ-関数 $\bar{\tau}$ を

$$\bar{H}(0) = \frac{d}{dt}\log\bar{\tau}$$

で定めれば，これは，エアリーの微分方程式

$$L\bar{\tau} = 0, \qquad L = \frac{d^2}{dt^2} + \frac{t}{2} \tag{5.53}$$

の解である．この特殊解に双有理正準変換(5.51)を繰り返し施していくと，$\upsilon\in\mathbf{Z}$ のときにはエアリー関数で表されるような特殊解があるが，それ以外の場合はパンルヴェ超越関数は，第 1.7 節で述べた意味で既約であることが示

される．これが定理 1.7 の主張するところである．

あと，代数関数解を決定しなければならないが，$\mathrm{H_{II}}$ の場合すべての解について，その極以外の特異点は $x=\infty$ だけであるから，代数関数解は有理関数解である．ワイルの小部屋 V においては，ただ 1 つの有理関数解 $\lambda=0$ が

$$v=\frac{1}{2} \qquad \text{すなわち} \qquad \alpha=0$$

のときに現れることがわかる．このとき，τ-関数の定数倍の不定性を無視すれば

$$\tau=\exp\left(-\frac{1}{24}t^3\right)$$

となる．これに(5.51)を作用させることによって，次の結果を得る．

定理 5.2　各 $n\in\mathbf{Z}$ に対して，$\mathrm{P_{II}}$ は $\alpha=n$ のとき，ただ 1 つの有理関数解をもつ．それ以外の解はすべて，エアリー関数で表されるような特殊解も含めて，超越的である．　□

5.5　ハミルトン関数の微分方程式

前節で $\mathcal{H}_{\mathrm{II}}$ について紹介した，ハミルトン関数の満たす微分方程式を引き続いて考察する．まず，$\mathcal{H}_{\mathrm{VI}}$ から始めて，そのハミルトン関数が満たす微分方程式を紹介し，実際に $\mathrm{D_4}$ 型の対称性が現れることを確認しよう．

$\mathcal{H}_{\mathrm{VI}}$ のハミルトニアン $H=H_{\mathrm{VI}}$ は次の式で与えられた．

$$\begin{aligned}&t(t-1)H\\&=\lambda(\lambda-1)(\lambda-t)\mu^2-\bigl\{\kappa_0(\lambda-1)(\lambda-t)+\kappa_1\lambda(\lambda-t)+(\theta-1)\lambda(\lambda-1)\bigr\}+\kappa(\lambda-t)\end{aligned}$$

$$\kappa=\frac{1}{4}(\kappa_0+\kappa_1+\theta-1)^2-\frac{1}{4}\kappa_\infty^2$$

$\mathcal{H}_{\mathrm{VI}}$ に対してハミルトン関数 H の満たす微分方程式を計算するには，この 2 階までの導関数を λ と μ で表し，それらの式から λ と μ を消去すればよい．原理的にはその通りであるが，現実には若干の工夫と忍耐を必要とする．

工夫の第 1 段として，以下のようなパラメータを導入する．

(5.54)

$$v_1 = \frac{\kappa_0+\kappa_1}{2}, \quad v_2 = \frac{\kappa_0-\kappa_1}{2}, \quad v_3 = \frac{\theta-1+\kappa_\infty}{2}, \quad v_4 = \frac{\theta-1-\kappa_\infty}{2}$$

この (v_1, v_2, v_3, v_4) がアフィン空間 $\boldsymbol{V}$ の要素を表すと見る．このとき

$$\kappa_0 = v_1+v_2, \quad \kappa_1 = v_1-v_2, \quad \theta-1 = v_3+v_4, \quad \kappa_\infty = v_3-v_4$$

$$\kappa = (v_1+v_3)(v_1+v_4)$$

である．次に，ハミルトン関数 H の代わりに，補助関数

(5.55)
$$h = t(t-1)H+\sigma_2' t-\frac{1}{2}\sigma_2$$

を考え，この $h=h(t)$ が満足する微分方程式を求める．ここで

$$\sigma_2' = v_1v_3+v_3v_4+v_4v_1$$

$$\sigma_2 = v_1v_2+v_1v_3+v_1v_4+v_2v_3+v_2v_4+v_3v_4$$

としている．最後に

(5.56)
$$X' = -\lambda(\lambda-1)\mu+\frac{1}{2}(v_1+v_3)(2\lambda-1)-\frac{1}{2}v_2$$

とおく．これだけ準備しておいて，h の導関数を計算する．

筋道と結果を記すことにして，計算の実行は読者，あるいは数式処理ソフトウェア，にお任せする．$\dfrac{dH}{dt}=\left(\dfrac{\partial}{\partial t}\right)H$ より，次式はすぐ得られる．

(5.57)
$$\frac{dh}{dt}+v_1^2 = -\lambda(\lambda-1)\mu^2+(v_1(2\lambda-1)-v_2)\mu$$

この式の両辺をさらに t で微分するのは，手計算では少し手間がかかるが

(5.58)

$$\lambda(\lambda-1)\left(\frac{dh}{dt}+v_1^2\right) = -\left(X'-\frac{1}{2}v_3(2\lambda-1)\right)^2+\frac{1}{4}\left(v_1(2\lambda-1)-v_2\right)^2$$

$$t(t-1)\frac{d\lambda}{dt} = (\lambda-t)\left[-2X'+v_3(2\lambda-1)\right]-(v_3+v_4)\lambda(\lambda-1)$$

$$t(t-1)\frac{dX'}{dt} = (\lambda-t)\left[(2\lambda-1)\left(\frac{dh}{dt}+v_3^2\right)-2v_3X'+v_1v_2\right]$$
$$-\lambda(\lambda-1)\left(\frac{dh}{dt}+v_3^2\right)$$

などを使って実行する．このとき，項 $2\lambda-1$ に注目し，$Y=2\lambda-1$ とおくと

$$Y^2 = 4\lambda(\lambda-1)+1$$

である．この式は計算途中で繰り返し使う．計算結果として

(5.59)
$$t(t-1)\frac{d^2h}{dt^2} = v_4Y\left(\frac{dh}{dt}+v_3^2\right)+2X'\left(\frac{dh}{dt}-v_3v_4\right)+v_1v_2(v_3+v_4)$$

が得られる．また，ハミルトニアンの具体形と (5.55), (5.57) より

(5.60) $$2h-(2t-1)\frac{dh}{dt}+Y\left(\frac{dh}{dt}+v_3^2\right)-2(v_3+v_4)X'+v_1v_2 = 0$$

となるから，これを用いて (5.59), (5.58) の 2 式から Y を消去すれば

(5.61)
$$t(t-1)\frac{d^2h}{dt^2}+v_4\left[2h-(2t-1)\frac{dh}{dt}\right]-2X'\left(\frac{dh}{dt}+v_4^2\right)-v_1v_2v_3 = 0$$

(5.62) $$\left(2\frac{dh}{dt}X'+v_1v_2v_3\right)^2+\frac{dh}{dt}\left(-2v_4X'+2h-(2t-1)\frac{dh}{dt}\right)^2$$
$$= \left(\frac{dh}{dt}+v_1^2\right)\left(\frac{dh}{dt}+v_2^2\right)$$

が成り立つ．(5.61) により X' が，続いて (5.60) により Y が，したがって λ と μ が，それぞれ h とその 2 階までの導関数の有理関数で表される．さらに X' を消去することにより，次の補題が示される．

補題 5.3 h は，微分方程式

$$(5.63)\quad \frac{dh}{dt}\left(t(t-1)\frac{d^2h}{dt^2}\right)^2+\left[\frac{dh}{dt}\left(2h-(2t-1)\frac{dh}{dt}\right)+v_1v_2v_3v_4\right]^2$$
$$=\left(\frac{dh}{dt}+v_1^2\right)\left(\frac{dh}{dt}+v_2^2\right)\left(\frac{dh}{dt}+v_3^2\right)\left(\frac{dh}{dt}+v_4^2\right)$$

を満たす. □

微分方程式(5.63)は，パラメータ (v_1, v_2, v_3, v_4) について，成分の入れ替え $v_i \leftrightarrow v_j$ と，2つずつの符号の交換 $(v_i, v_j) \leftrightarrow (-v_i, -v_j)$ について不変である．アフィン空間 $\boldsymbol{V}$ に作用するこの群 $\boldsymbol{G}_0$ は，D_4 型のワイル群 $W(\mathrm{D}_4)$ である．任意の $g \in \boldsymbol{G}_0$ に対して，$\mathcal{H}_{\mathrm{VI}}$ の双有理正準変換 g_* が構成できることは，$\mathcal{H}_{\mathrm{II}}$ の場合と同様である．その具体形は必要に応じて求めればよいから，ここでは一切省略する．大切なのは，補題5.3により，有限群 $W(\mathrm{D}_4)$ に関する，$\mathcal{H}_{\mathrm{VI}}$ の隠された対称性が明示されたことである．

命題5.9に対応する，パラメータの平行移動を表す双有理正準変換を構成することもできる．そのために，予備的な正準変換

$$(5.64)\qquad \bar{\lambda}=\frac{t(\lambda-1)}{\lambda-t},\quad \bar{\mu}=\frac{1}{t(t-1)}\left[(v_1+v_3)(\lambda-t)-(\lambda-t)^2\mu\right]$$

$$(5.65)\qquad \bar{h}=h+X'$$

を行う．直接(5.64)と(5.65)を使って計算すると，h と $\bar{h}$ はパラメータの置き換え

$$(v_1, v_2, v_3, v_4) :\Rightarrow (v_1, -v_2, v_3, -v_4-1)$$

を除いて，まったく同じ多項式であることが確認できる．したがって，$\bar{h}$ の満たす微分方程式の計算も並行に進み，たとえば(5.60)に対応する式は

$$2\bar{h}-(2t-1)\frac{d\bar{h}}{dt}+\bar{Y}\left(\frac{d\bar{h}}{dt}+v_3^2\right)-2(v_3-v_4-1)\bar{X}'-v_1v_2=0$$

となる．ただし $\bar{X}'=-\bar{\lambda}(\bar{\lambda}-1)\bar{\mu}+\frac{1}{2}(v_1+v_3)(2\bar{\lambda}-1)+\frac{1}{2}v_2$, $\bar{Y}=2\bar{\lambda}-1$ とした．なお，(5.64)によれば

$$\bar{X}'=-X'$$

である．結局，$\bar{h}$ の満たす微分方程式は

$$\frac{d\bar{h}}{dt}\left(t(t-1)\frac{d^2\bar{h}}{dt^2}\right)^2+\left[\frac{d\bar{h}}{dt}\left(2\bar{h}-(2t-1)\frac{d\bar{h}}{dt}\right)+\upsilon_1\upsilon_2\upsilon_3(\upsilon_4+1)\right]^2$$
$$=\left(\frac{d\bar{h}}{dt}+\upsilon_1^2\right)\left(\frac{d\bar{h}}{dt}+\upsilon_2^2\right)\left(\frac{d\bar{h}}{dt}+\upsilon_3^2\right)\left(\frac{d\bar{h}}{dt}+(\upsilon_4+1)^2\right)$$

である．すなわち，$h=h(\upsilon_1,\upsilon_2,\upsilon_3,\upsilon_4)$ と書けば，$\bar{h}=h(\upsilon_1,\upsilon_2,\upsilon_3,\upsilon_4+1)$ となっている．この事実から，平行移動

$$g\ :\ (\upsilon_1,\upsilon_2,\upsilon_3,\upsilon_4)\to(\upsilon_1,\upsilon_2,\upsilon_3,\upsilon_4+1) \tag{5.66}$$

に対応する双有理正準変換 g_* が求まる．

以上のようにして定められる $\mathcal{H}_{\mathrm{VI}}$ の対称性は，D_4 型拡大ディンキン図形で特徴付けることができる．なお，第 5.1 節 223 ページ，命題 5.4 に挙げた対称性まで含めれば，$\mathcal{H}_{\mathrm{VI}}$ の対称性を表す群 $\boldsymbol{G}$ はもっと大きくなり，例外型アフィンワイル群 $W_a(F_4)$ を考える方がよい場合もある．ケースバイケースでいろいろな変換群を考えればよいが，現在主流となっているのは，$\mathcal{H}_{\mathrm{VI}}$ の対称性は D_4 型アフィンルート系で特徴付けられる，という見方である．第 5.2 節で述べた，リッカチ方程式

$$t(t-1)\frac{d\lambda}{dt}=-\kappa_0(\lambda-1)(\lambda-t)-\kappa_1\lambda(\lambda-t)-(\theta-1)\lambda(\lambda-1)$$

を満足する特殊解は，パラメータの値が例外的な場合，$\chi=0$，にのみ現れた．このパラメータに関する関係式は，ワイルの小部屋 V を適当にとれば，∂V を定める関係式となっている．$\mathcal{H}_{\mathrm{II}}$ と $\mathcal{H}_{\mathrm{VI}}$ だけではなく，他のパンルヴェ系 $\mathcal{H}_{\mathrm{J}}$ についても，V を適当にとれば，パラメータが壁にあるとき，$\mathcal{H}_{\mathrm{J}}$ はリッカチ方程式を満たす特殊解をもつ．

計算の細部には立ち入らず，ハミルトン関数が満たす微分方程式についての結果を紹介する．まず

H_{I}
$$H=\frac{1}{2}\mu^2-2\lambda^3-t\lambda$$

から始める．H は次の微分方程式を満たす．

$$\mathrm{E_I} \qquad \left(\frac{d^2H}{dt^2}\right)+6\left(\frac{dH}{dt}\right)^3-2\left(H-t\frac{dH}{dt}\right)=0$$

この微分方程式から，τ-関数を用いた双 1 次型式を導く．そのために $\mathrm{E_I}$ をさらに t で微分する．

$$\frac{d}{dt}\left(H-t\frac{dH}{dt}\right)=-t\frac{d^2H}{dt^2}$$

に注意して計算すると

$$\frac{d^3H}{dt^3}+6\left(\frac{dH}{dt}\right)^2+t=0$$

となる．ここで，τ-関数の定義

$$H=\frac{d}{dt}\log\tau$$

によりハミルトン関数の微分方程式を τ-関数の微分方程式に書き直す．まず

$$\frac{d^3H}{dt^3}+6\left(\frac{dH}{dt}\right)^2=\frac{1}{\tau}\frac{d^4\tau}{dt^4}-\frac{4}{\tau^2}\frac{d\tau}{dt}\frac{d^3\tau}{dt^3}+\frac{3}{\tau^2}\left(\frac{d^2\tau}{dt^2}\right)^2=\frac{\mathcal{D}^4\tau\cdot\tau}{2\tau^2}$$

が常に成り立つことに注意する．広田微分 $\mathcal{D}^n$ は，第 1 章 1.5 節 32 ページ，(1.32) で定義した．このことから，$\mathrm{H_I}$ の τ-関数の満たす双 1 次型式

$$\mathcal{D}^4\tau\cdot\tau+2t\tau^2=0$$

が得られる．これは 32 ページに与えた式 (1.33) と同じである．なお，ハミルトン関数の満たす微分方程式を微分して τ-関数の双 1 次型式を導く過程では

$$\frac{d^2H}{dt^2}\neq 0$$

が常に仮定されている．これは，以下の議論でも共通の注意である．

$\mathcal{H}_{\mathrm{II}}$ の場合，すなわちハミルトニアン

$$H(v)=\frac{1}{2}\mu^2-\left(\lambda^2+\frac{t}{2}\right)\mu-v\lambda$$

については，$H=H(v)$ が (5.46) を満たすことは既に見た．この微分方程式を $\mathrm{E_{II}}$ で表す．これから

$$\frac{d^3H}{dt^3}+6\left(\frac{dH}{dt}\right)^2+2t\frac{dH}{dt}-H=0$$

となり，τ-関数の微分方程式に書き直して双1次型式

$$\mathcal{D}^4\tau\cdot\tau+2t\mathcal{D}^2\tau\cdot\tau=2\tau\cdot\frac{d\tau}{dt}$$

が得られる．これも結果だけ(1.34)に与えた．

$\mathrm{P_{III}}$ は，退化した場合を含めて，3種類のハミルトニアンがあった．ここでは，$H_{\mathrm{III}'}(\mathrm{D}_6), H_{\mathrm{III}'}(\mathrm{D}_7), H_{\mathrm{III}'}(\mathrm{D}_8)$ を調べよう．まず，$H{=}H_{\mathrm{III}'}(\mathrm{D}_6)$ は次の式で与えられた．

$$tH=\lambda^2\mu^2-(\lambda^2+\theta_0\lambda-t)\mu+\frac{\theta_0+\theta_\infty}{2}$$

ここでは，$\eta_0{=}\eta_\infty{=}1$ と正規化している．$h{=}tH$ として h に関する微分方程式を書けば

$\mathrm{E_{III'}}(\mathrm{D}_6)$

$$\left(t\frac{d^2h}{dt^2}\right)^2-4\frac{dh}{dt}\left(\frac{dh}{dt}-1\right)\left(h-t\frac{dh}{dt}\right)-\left(\theta_0\frac{dh}{dt}-\frac{\theta_0+\theta_\infty}{2}\right)^2=0$$

となる．これを t で微分し整理すると

$$D^3h+6(Dh)^2-(4t+\theta_0^2-1)Dh+2th+\frac{\theta_0(\theta_0+\theta_\infty)}{2}-2(D^2h+2hDh)=0$$

が得られる．ただし，ここでは

$$D=t\frac{d}{dt}$$

とした．広田微分 $\mathcal{D}_D$ を

$$\mathcal{D}_D^n g\cdot f=\sum_{j=0}^{n}(-1)^j\begin{pmatrix}n\\ j\end{pmatrix}D^{n-j}g\,D^jf$$

と定めると，$h{=}D\log\tau$ より

$$D^2h+2hDh=\frac{\mathcal{D}_D^2(D\tau)\cdot\tau}{\tau^2}$$

に注意して，$E_{\mathrm{III'}}(D_6)$ は次の双 1 次型式で表される．

$$\mathcal{D}_D^4\tau\cdot\tau-(4t+\theta_0^2-1)\mathcal{D}_D^2\tau\cdot\tau+t\theta_0(\theta_0+\theta_\infty)\tau\cdot\tau+4t(D\tau)\cdot\tau-4\mathcal{D}_D^2(D\tau)\cdot\tau=0$$

$H_{\mathrm{III'}}(D_7)$ については，(4.33)のハミルトニアン，すなわち

$$H=\frac{1}{t}\left[\lambda^2\mu^2+\alpha_1\lambda\mu+t\mu+\lambda\right]$$

に対して，$h=tH$ の満たす微分方程式は

$$E_{\mathrm{III'}}(D_7)\qquad \left(t\frac{d^2h}{dt^2}\right)^2-4\left(\frac{dh}{dt}\right)^2\left(h-t\frac{dh}{dt}\right)-\left(\alpha_1\frac{dh}{dt}+1\right)^2=0$$

となり，これから，上と同じ記号を使って

$$D^3h+6(Dh)^2+(1-\alpha_1^2)Dh-\alpha_1 t-2(D^2h+2hDh)=0$$

$$\mathcal{D}_D^4\tau\cdot\tau+(1-\alpha_1^2)\mathcal{D}_D^2\tau\cdot\tau-2\alpha_1 t\tau\cdot\tau-4\mathcal{D}_D^2(D\tau)\cdot\tau=0$$

が得られる．また，$H_{\mathrm{III'}}(D_8)$ は(4.34)から

$$h=tH=\lambda^2\mu^2+\lambda\mu-\frac{1}{2}\left(\lambda+\frac{t}{\lambda}\right)$$

とおくとき，h は

$$E_{\mathrm{III'}}(D_8)\qquad \left(t\frac{d^2h}{dt^2}\right)^2-\left(\frac{dh}{dt}\right)^2\left(4h-4t\frac{dh}{dt}+1\right)+\frac{dh}{dt}=0$$

$$D^3h+6(DH)^2+\frac{t}{2}-2(D^2h+2hDh)=0$$

を満たし，この微分方程式から，次の双 1 次型式を得る．

$$\mathcal{D}_D^2\tau\cdot\tau+t\tau\cdot\tau-4\mathcal{D}_D^2(D\tau)\cdot\tau=0$$

$\mathcal{H}_{\mathrm{IV}}$ については，ハミルトニアン

$$H_{\mathrm{IV}}\qquad H=2\lambda\mu^2-(\lambda^2+2t\lambda+2\kappa_0)\mu+\theta_\infty\lambda$$

の微分方程式と，これから得られる 3 階の微分方程式は，それぞれ

$$E_{\mathrm{IV}}\quad \left(\frac{d^2H}{dt^2}\right)^2-4\left(H-t\frac{dH}{dt}\right)^2+4\frac{dH}{dt}\left(\frac{dH}{dt}+2\kappa_0\right)\left(\frac{dH}{dt}+2\theta_\infty\right)=0$$

$$\frac{d^3H}{dt^3}+6\left(\frac{dH}{dt}\right)^2+8(\kappa_0+\theta_\infty)\frac{dH}{dt}+4t\left(H-t\frac{dH}{dt}\right)+8\kappa_0\theta_\infty=0$$

であり，したがって，双 1 次型式は次の通りである．

$$\mathcal{D}^4\tau\cdot\tau+\left(8(\kappa_0+\theta_\infty)-4t^2\right)\mathcal{D}^2\tau\cdot\tau+16\kappa_0\theta_\infty\tau\cdot\tau+8t\tau\cdot\frac{d\tau}{dt}=0$$

$\mathcal{H}_{\mathrm{V}}$ の場合は計算がかなり複雑になる．ハミルトニアンとして

$$H=\frac{1}{t}\left[\lambda(\lambda-1)^2\mu^2-\left\{\kappa_0(\lambda-1)^2+\theta\lambda(\lambda-1)-t\lambda\right\}\mu+\kappa(\lambda-1)\right]$$

をとる．ここでは，H_{V} において $\eta=1$ と正規化している．$H_{\mathrm{III}'}$ について考えたものと同じ微分 D についての広田微分を $\mathcal{D}_D$ とし，これらを用いて微分方程式と双 1 次型式を書く．$\mathrm{H}_{\mathrm{VI}'}$ と同様，新しいパラメータ υ_j $(j=1,2,3,4)$ と補助関数を導入する．まず

(5.67)
$$\upsilon_1=-\frac{1}{4}(2\kappa_0+\theta),\quad \upsilon_2=\frac{1}{4}(2\kappa_0-\theta),\quad \upsilon_3=\frac{1}{4}(2\kappa_\infty+\theta)$$
$$\upsilon_4=-\frac{1}{4}(\kappa_\infty-\theta),\qquad \upsilon_1+\upsilon_2+\upsilon_3+\upsilon_4=0$$

とする．このとき補助関数

(5.68)
$$h=tH+\upsilon_1t+\upsilon_1\upsilon_2+\upsilon_3\upsilon_4$$

の満たす微分方程式は次の通りである．

E_{V}
$$\left(t\frac{d^2h}{dt^2}\right)^2-\left[h-t\frac{dh}{dt}+2\left(\frac{dh}{dt}\right)^2\right]^2+4\prod_{j=1}^{4}\left(\frac{dh}{dt}-\upsilon_j\right)=0$$

この微分方程式はパラメータ υ_j $(j=1,2,3,4)$ の置換について対称であり，これが H_{V} の A_3 型ワイル群 $W(\mathrm{A}_3)$ に関する対称性である．これを t で微分して整理すれば

$$D^3h+6(Dh)^2+(4\sigma_2+1-t^2)Dh-2\sigma_3t-2(D^2h+2hDh)+t^2h=0$$

となる．ここで，σ_2 と σ_3 は，υ_j $(j=1,2,3,4)$ のそれぞれ 2 次と 3 次の基本対称式を表す．

$$\mathcal{D}_D^4 f\cdot f+(4\sigma_2+1-t^2)\mathcal{D}_D^2 f\cdot f-4\sigma_3 tf\cdot f-2(2\mathcal{D}_D^2(Df)\cdot f$$
$$h=D\log f=D\log\left(e^{-v_1 t}t^{v_1v_2+v_3v_4}\tau\right)$$

が，$\mathrm{H_V}$ の双 1 次型式である．

$\mathcal{H}_{\mathrm{VI}}$ については，この節のはじめに，(5.55)により補助関数 h を導入し，微分方程式(5.63)を求めた．この微分方程式を $\mathrm{E_{VI}}$ とする．ここでは

$$\bar{D}=t(t-1)\frac{d}{dt}$$

とすると，$\mathrm{E_{VI}}$ から

$$\bar{D}^3h+6(\bar{D}h)^2+(2t(t-1)+1-e_1)\bar{D}h-t(t-1)\left(\sigma_4(2t-1)+\frac{e_2}{2}\right)$$
$$-2(2t-1)(\bar{D}^2h+2h\bar{D}h)+2t(t-1)h^2=0$$

が得られる．ただし，e_1 と e_2 は，$v_j^2\ (j{=}1,2,3,4)$ のそれぞれ 1 次と 2 次の基本対称式を表し，$\sigma_4{=}v_1v_2v_3v_4$ である．さらに

$$h=\bar{D}\log f$$

として f について書き直せば，双 1 次型式

$$\mathcal{D}_{\bar{D}}^4 f\cdot f+(2t(t-1)+1-e_1)\mathcal{D}_{\bar{D}}^2 f\cdot f-t(t-1)(2\sigma_4(2t-1)+e_2)f\cdot f$$
$$-4(2t-1)\mathcal{D}_{\bar{D}}^2(\bar{D}f)\cdot f+4t(t-1)(\bar{D}f)\cdot(\bar{D}f)=0$$

が求まる．広田微分 $\mathcal{D}_{\bar{D}}$ の意味は明らかであろう．

微分方程式 $\mathrm{E_J}$ の対称性は有限群であるが，$\mathcal{H}_{\mathrm{II}}$ と $\mathcal{H}_{\mathrm{VI}}$ について述べたように，適当な正準変換を経由して，パラメータの平行移動を表す $\mathcal{H}_{\mathrm{J}}$ の双有理正準変換を構成することができる．ここで $\mathcal{H}_{\mathrm{IV}}$ をもう少し詳しく調べてみよう．正準変換(4.67), (4.68)により，$\mathrm{P_{IV}}$ のハミルトニアン

$$\bar{H}=2\lambda\bar{\mu}^2+\{\lambda^2+2t\lambda-2\kappa_0\}\bar{\mu}+(\theta_\infty-\kappa_0+1)\lambda$$

が得られることを，第 4.7 節 213 ページでみた．計算すればわかるように，$\bar{H}$ の満たす微分方程式は

$$\left(\frac{d^2\bar{H}}{dt^2}\right)^2-4\left(\bar{H}-t\frac{d\bar{H}}{dt}\right)^2+4\frac{d\bar{H}}{dt}\left(\frac{d\bar{H}}{dt}-2\kappa_0\right)\left(\frac{d\bar{H}}{dt}+2(\theta_\infty-\kappa_0+1)\right)=0$$

であり，これから新たな対称性が現れる．すなわち，$\bar{H}+2\kappa_0 t$ は $\mathrm{E_{IV}}$ において，θ_∞ を $\theta_\infty+1$ に置き換えた微分方程式を満たす．これを見やすい形で表すために，パラメータ $\upsilon=(\upsilon_1,\upsilon_2,\upsilon_3)$ を

$$\upsilon_1=\frac{1}{3}(2\kappa_0-\theta_\infty),\quad \upsilon_2=-\frac{1}{3}(\kappa_0+\theta_\infty),\quad \upsilon_3=\frac{1}{3}(-\kappa_0+2\theta_\infty)$$

と定義する．このとき

$$\upsilon_1+\upsilon_2+\upsilon_3=0 \tag{5.69}$$

であり，この条件の下で

$$\kappa_0=\upsilon_1-\upsilon_2,\quad \theta_\infty=\upsilon_3-\upsilon_2,\quad \theta_\infty-\kappa_0=\upsilon_3-\upsilon_1$$

となっている．パラメータの平行移動

$$\bar{\upsilon}=(\bar{\upsilon}_1,\bar{\upsilon}_2,\bar{\upsilon}_3)=\upsilon+\frac{1}{3}(-1,-1,2) \tag{5.70}$$

を双有理正準変換で表すために，2 つの補助関数

$$h=H-2\upsilon_2 t,\qquad \bar{h}=\bar{H}-2\bar{\upsilon}_1 t \tag{5.71}$$

を導入する．このとき，h と $\bar{h}$ が満たす微分方程式はそれぞれ

$$\left(\frac{d^2h}{dt^2}\right)^2-4\left(h-t\frac{dh}{dt}\right)^2+4\prod_{j=1}^{3}A_j=0,\qquad A_j=\frac{dh}{dt}+2\upsilon_j$$
$$\left(\frac{d^2\bar{h}}{dt^2}\right)^2-4\left(\bar{h}-t\frac{d\bar{h}}{dt}\right)^2+4\prod_{j=1}^{3}\bar{A}_j=0,\qquad \bar{A}_j=\frac{d\bar{h}}{dt}+2\bar{\upsilon}_j$$

と表される．そこで，あらためて

$$\bar{h}+2\bar{\upsilon}_2 t=H_1$$

によりハミルトニアン H_1 を定めれば，$H=H(\upsilon)$, $H_1=H(\bar{\upsilon})$ である．そうすると，(4.68) から

$$H_1 - H = \lambda \tag{5.72}$$

である．これから，(5.70)の平行移動 g に対して，命題 5.9 と同様に次の命題を示すことができる．

命題 5.10 双有理正準変換

$$g_* : \mathcal{H}_{\mathrm{IV}}(\upsilon) \to \mathcal{H}_{\mathrm{IV}}(\bar{\upsilon})$$

は次式で与えられる．

$$\lambda(\bar{\upsilon}) = 2\bar{\mu}(\upsilon)\,\frac{\bar{A}(\upsilon) - \upsilon_2 + \upsilon_1}{\bar{A}(\upsilon) - \upsilon_2 + \upsilon_3 + 1}, \quad \bar{A}(\upsilon) + A(\bar{\upsilon}) = \upsilon_2 - \upsilon_1$$

$$\bar{\mu}(\upsilon) = \mu(\upsilon) - \frac{1}{2}\lambda(\upsilon) - t, \quad A(\upsilon) = \lambda(\upsilon)\mu(\upsilon), \quad \bar{A}(\upsilon) = \lambda(\upsilon)\bar{\mu}(\upsilon)$$

□

$\boldsymbol{V}$ を 3 次元空間 $(\upsilon_1, \upsilon_2, \upsilon_3)$ 内の方程式(5.69)で定義される平面とし，$\boldsymbol{V}$ のアフィン変換

$$S^{(1)} : \upsilon \to (\upsilon_2, \upsilon_1, \upsilon_3)$$

$$S^{(2)} : \upsilon \to (\upsilon_1, \upsilon_3, \upsilon_2)$$

$$S^{(0)} : \upsilon \to (\upsilon_3, \upsilon_2, \upsilon_1) + (1, 0, -1)$$

を考える．これらは，A_2 型アフィンワイル群 $W_a(\mathrm{A}_2)$ を生成する．g は，A_2 型ルート系のウェイトに関する平行移動であり，$S^{(1)}, S^{(2)}, g$ の生成する群を $\boldsymbol{G}$ とすれば，$\boldsymbol{G}$ は $W_a(\mathrm{A}_2)$ を正規部分群として含む．任意の $g \in \boldsymbol{G}$ に対して，$\mathcal{H}_{\mathrm{IV}}$ の双有理正準変換 g_* が具体的に構成できる．

さて，$\boldsymbol{V}$ において方程式

$$\upsilon_1 - \upsilon_2 = 0, \quad \upsilon_2 - \upsilon_3 = 0, \quad \upsilon_1 - \upsilon_3 - 1 = 0 \tag{5.73}$$

で定められる 3 直線を考える．これらはそれぞれアフィン変換 $S^{(1)}, S^{(2)}, S^{(0)}$ について不変であり，この 3 直線が囲む $\boldsymbol{V}$ 内の正三角形を V と書くと，V はアフィンワイル群 $W_a(\mathrm{A}_2)$ の基本領域である．すなわち，$W_a(\mathrm{A}_2)$ の元を V に次々と作用させることによって全平面 $\boldsymbol{V}$ が覆われる．ワイルの小部屋 V の壁 ∂V 上にパラメータ υ があるとき，何が起こるか確認しよう．

$$\upsilon_2 - \upsilon_3 = \theta_\infty = 0$$

のときは，パンルヴェ系 $\mathrm{H_{IV}}$ においてリッカチ方程式を満足する特殊解

$$\mu = 0, \qquad \frac{d\lambda}{dt} = -\lambda^2 - 2t\lambda - 2\kappa_0$$

が現れる．これは第 5.2 節で調べたことである．また

$$\upsilon_1 - \upsilon_2 = \kappa_0 = 0$$

のときは，ハミルトニアン H_{IV} の形から

$$\lambda = 0, \qquad \frac{d\mu}{dt} = -2\mu^2 + 2t\mu - \theta_\infty = 0$$

が同様な特殊解となることがすぐわかる．また

$$\upsilon_1 - \upsilon_3 - 1 = \kappa_0 - \theta_\infty - 1 = 0$$

とすると，ハミルトニアン $\bar{H}_{\mathrm{IV}}$ の形から，特殊解

$$\bar{\mu} = 0, \qquad \frac{d\lambda}{dt} = \lambda^2 + 2t\lambda - 2\kappa_0$$

が得られる．ここで

$$F_0 = -\lambda, \quad F_1 = 2\mu, \quad F_2 = -2\bar{\mu} = -2\mu + \lambda + 2t$$

とおく．ハミルトンベクトル場

$$\mathcal{X} = \left(4\lambda\mu - \lambda^2 - 2t\lambda - 2\kappa_0\right)\frac{\partial}{\partial\lambda} + \left(-2\mu^2 + 2(\lambda+t) - \theta_\infty\right)\frac{\partial}{\partial\mu} + \frac{\partial}{\partial t}$$

について，たとえば

$$\mathcal{X}F_1 = F_1(-2\mu + 2\lambda + 2t) - 2\theta_\infty$$

より，$\theta_\infty = 0$ のとき F_1 は不変因子である．F_0, F_1, F_2 はワイルの小部屋 V に関する不変因子のすべてであることが証明されている．このことから，アフィンワイル群 $W_a(\mathrm{A}_2)$ を作用させることにより，すべての不変因子がこれら 3 つのものの有理関数として表されることもわかる．さらにこれらを未知関数と

して，$\mathrm{H_{IV}}$ を書き直すことにより，次の定理を得る．定理にでている対称性の見事な微分方程式系(5.74)を**野海-山田系**という．詳しいことは，前節に挙げた野海氏の著書を参照して頂きたい．

定理 5.3 $\mathrm{H_{IV}}$ は，連立微分方程式系

$$
\begin{cases}
\dfrac{dF_0}{dt} = F_0(F_1-F_2)+2\kappa_0 \\
\dfrac{dF_1}{dt} = F_1(F_2-F_0)-2\theta_\infty \\
\dfrac{dF_2}{dt} = F_2(F_0-F_1)+2(\theta_\infty-\kappa_0+1)
\end{cases}
\tag{5.74}
$$

と同等である． □

5.6 パンルヴェ方程式と双1次型式

一般に2つのハミルトニアン $H, \bar{H}$ が与えられたとき

$$H = \frac{d}{dt}\tau, \qquad \bar{H} = \frac{d}{dt}\log\bar{\tau}$$

により，τ-関数 $\tau, \bar{\tau}$ をそれぞれ定める．$\bar{H}-H=X$ とおくと，広田微分の定義から

$$X = \frac{\mathcal{D}\bar{\tau}\cdot\tau}{\bar{\tau}\cdot\tau}$$

である．さらに，$\bar{H}$ と H の導関数と X について次の公式が成り立つ．

$$\frac{d\bar{H}}{dt}+\frac{dH}{dt}+X^2 = \frac{\mathcal{D}^2\bar{\tau}\cdot\tau}{\bar{\tau}\cdot\tau}$$

$$\frac{d^2\bar{H}}{dt^2}-\frac{d^2H}{dt^2}-2X^3+3X\left(\frac{d\bar{H}}{dt}+\frac{dH}{dt}+X^2\right) = \frac{\mathcal{D}^3\bar{\tau}\cdot\tau}{\bar{\tau}\cdot\tau}$$

たとえば，$\mathcal{H}_{\mathrm{II}}$ に対して

$$H = \frac{1}{2}\mu^2-\left(\lambda^2+\frac{t}{2}\right)\mu-\upsilon\lambda, \quad \upsilon = \alpha+\frac{1}{2}$$

$$\bar{H} = \frac{1}{2}\bar{\mu}^2+\left(\lambda^2+\frac{1}{2}t\right)\bar{\mu}-(\upsilon-1)\lambda$$

とすれば，(5.48)より $X=\lambda$ であり，$\bar{\mu}=\mu-2\lambda^2-t$ を使ってもう少し計算すると

$$\frac{d\bar{H}}{dt}+\frac{dH}{dt}=-\lambda^2-\frac{t}{2}, \qquad \frac{d^2\bar{H}}{dt^2}-\frac{d^2H}{dt^2}=2\lambda^3t\lambda+\alpha$$

となる．したがって上に与えた公式から，次の双1次型式が得られる．

$$\mathcal{D}^2\bar{\tau}\cdot\tau+\frac{t}{2}\bar{\tau}\cdot\tau=0$$

$$\mathcal{D}^3\bar{\tau}\cdot\tau+\frac{t}{2}\mathcal{D}\bar{\tau}\cdot\tau=\alpha\bar{\tau}\cdot\tau$$

これは第1.5節に与えた式である．いま，前節で導入したエアリーの微分方程式(5.53)の微分作用素をあらためて

$$L\left(\frac{d}{dt}\right)=\left(\frac{d}{dt}\right)^2+\frac{t}{2}$$

と書けば，上の双1次型式は

$$L(\mathcal{D})\,\bar{\tau}\cdot\tau=0, \qquad [L(\mathcal{D})\,\mathcal{D}]\,\bar{\tau}\cdot\tau=\alpha\bar{\tau}\cdot\tau \tag{5.75}$$

とも表すことができる．(5.75)で，$\tau=1$ とおくと $\bar{\tau}$ は微分方程式系

$$L\left(\frac{d}{dt}\right)\bar{\tau}=0, \qquad \left[L\left(\frac{d}{dt}\right)\frac{d}{dt}\right]\bar{\tau}=\alpha\bar{\tau}$$

を満たす．第1式はエアリーの微分方程式であり，第2式からパラメータの条件 $\alpha=-\dfrac{1}{2}$ が得られる．これは，第5.2節で述べた特殊解に関する結果を，双1次型式を用いて述べ直したものである．

このような形の双1次型式は，$\mathrm{H_I}$ と $\mathrm{H_{III'}}(\mathrm{D_8})$ を除く，他のパンルヴェ系 $\mathcal{H}_\mathrm{J}$ にもある．順次結果を紹介しよう．

$\mathcal{H}_\mathrm{IV}$ から始める．ハミルトニアンとして，(5.72)で定めたものを使う．すなわち，$X=\lambda$ であり，ハミルトン関数の導関数を計算すると次の結果を得る．

$$H_1-H=X, \qquad \frac{dH_1}{dt}+\frac{dH}{dt}+X^2+2tX+2\kappa_0=0$$

$$\frac{d^2H_1}{dt^2}-\frac{d^2H}{dt^2}+2X\left(\frac{dH_1}{dt}+\frac{dH}{dt}+a\right)=2\left(H_1-t\frac{dH_1}{dt}+H-\frac{dH}{dt}\right)$$

ここでは，$a=4\theta_\infty+2$ とおいた．公式から

$$H_1=\frac{d}{dt}\log\tau_1\,,\qquad H=\frac{d}{dt}\log\tau$$

で定められる τ-関数についての双 1 次型式が得られるが，第 4.7 節(4.70)の微分作用素

$$L\left(\frac{d}{dt}\right)=\left(\frac{d}{dt}\right)^2+2t\frac{d}{dt}+2\kappa_0$$

を使って書くと見やすい形になる．すなわち結論は次の通りである．

$$L(\mathcal{D})\,\tau_1\cdot\tau=0\,,\qquad [L(\mathcal{D})\,\mathcal{D}]\,\tau_1\cdot\tau=2\frac{d}{dt}(\tau_1\cdot\tau)-2a\tau_1\cdot\tau$$

次に $\mathcal{H}_{\mathrm{III}'}(\mathrm{D}_6)$ については，前節に導入した補助関数 h を使う．h は $\mathrm{E}_{\mathrm{III}'}(\mathrm{D}_6)$ を満たすが，ここで

$$\bar{h}=h+X\,,\qquad X=-\lambda(\mu-1)$$

とすると，$\bar{h}$ の微分方程式は

$$\left(t\frac{d^2\bar{h}}{dt^2}\right)^2-4\frac{d\bar{h}}{dt}\left(\frac{d\bar{h}}{dt}-1\right)\left(\bar{h}-t\frac{d\bar{h}}{dt}\right)-\left((\theta_0+1)\frac{d\bar{h}}{dt}-\frac{\theta_0+\theta_\infty}{2}-1\right)^2=0$$

である．この h と $\bar{h}$ について，導関数を計算すると

$$D\bar{h}+Dh+X^2+\theta_0X-t=X$$

$$D^2\bar{h}-D^2h+2X(D\bar{h}+Dh)=-Dh+at-\theta_0(D\bar{h}+Dh)\,,\quad a=\theta_0+\theta_\infty+1$$

となる．ここで $D=t\dfrac{d}{dt}$ である．τ-関数を

$$h=D\log\tau\,,\qquad \bar{h}=D\log\bar{\tau}$$

により定めて双 1 次型式を書くと

$$L(\mathcal{D}_D)\bar{\tau}\cdot\tau=\bar{\tau}\cdot(D\tau)\,,\qquad [L(\mathcal{D}_D)\mathcal{D}_D]\,\bar{\tau}\cdot\tau=\mathcal{D}\bar{\tau}\cdot(D\tau)+at\bar{\tau}\cdot\tau$$

$\mathcal{D}_D$ は D についての広田微分で，微分作用素 L は次のものである．

$$L(D)=D^2+\theta_0D-t$$

$\mathcal{H}_{\mathrm{III}'}(\mathrm{D}_7)$ は，$\mathcal{H}_{\mathrm{III}'}(\mathrm{D}_6)$ と同様なので結果のみ紹介する．

$$\bar{h} = h - X\,, \qquad X = -\lambda\mu$$

とすると，双1次型式は次の通りである．

$$\mathcal{D}_D^2\bar{\tau}\cdot\tau - \alpha_1\mathcal{D}_D\bar{\tau}\cdot\tau - \bar{\tau}\cdot(D\tau) = 0\,, \quad \mathcal{D}_D^3\bar{\tau}\cdot\tau - \alpha_1\mathcal{D}_D^2\bar{\tau}\cdot\tau - \mathcal{D}_D\bar{\tau}\cdot(D\tau) = 2t\bar{\tau}\cdot\tau$$

なお，$\mathrm{H}_{\mathrm{III}'}(\mathrm{D}_7)$ については，リッカチの微分方程式で定義されるような特殊解は存在しない．

$\mathcal{H}_{\mathrm{V}}$ についても前節(5.67)で導入した補助関数 h を利用する．まず

$$X = -\lambda(\lambda-1)\mu + (\upsilon_3 - \upsilon_1)(\lambda-1)$$

とおく．(5.68)で定めたパラメータ $\upsilon = (\upsilon_1, \upsilon_2, \upsilon_3, \upsilon_4)$ に対して

$$g : \upsilon \to \bar{\upsilon} = \upsilon + \frac{1}{4}(-1,-1,-1,3) = (\bar{\upsilon}_1, \bar{\upsilon}_2, \bar{\upsilon}_3, \bar{\upsilon}_4) \tag{5.76}$$

とし，補助関数 $\bar{h}$ を

$$\bar{h} = h + X - \frac{t}{4} + \upsilon_3 - \frac{1}{8}$$

と定義すると，$\bar{h}$ の微分方程式は

$$\left(t\frac{d^2\bar{h}}{dt^2}\right)^2 - \left[\bar{h} - t\frac{d\bar{h}}{dt} + 2\left(\frac{d\bar{h}}{dt}\right)^2\right]^2 + 4\prod_{j=1}^{4}\left(\frac{d\bar{h}}{dt} - \bar{\upsilon}_j\right) = 0$$

という，E_{V} と同じ形になる．この微分方程式は，$\mathcal{H}_{\mathrm{VI}}$ の場合と同様，適当な正準変換を利用して検証することになるが，ここでは深入りしない．このことから，平行移動(5.76)に関して隣接する2つのハミルトニアン $H, \bar{H}$ について

$$t\bar{H} - tH = X\,, \qquad D(tH) + D(t\bar{H}) + X^2 + (c-1-t)X - at = H$$

$$a = \upsilon_3 - \upsilon_1, \quad c = 2(\upsilon_3 + \upsilon_4) + 1$$

$$D^2(t\bar{H}) - D^2(tH) - 2X^3 + 3X(D(tH) + D(t\bar{H}) + X^2)$$
$$+ (c-1-t)(D(tH) + D(t\bar{H}) + X^2) - atX = tHX - D(tH) - tU$$

$$U = tH+t\bar{H}+c'(2X+a) \qquad (\, c' = 2(\bar{\upsilon}_1-\bar{\upsilon}_4)+1\,)$$

となる．そこで線型微分作用素

$$L(D) = D^2+(c-1-t)D-a$$

をとると，双 1 次型式は

$$L\,(\mathcal{D}_D)\,\bar{\tau}\cdot\tau = \bar{\tau}\cdot(D\tau)\,, \quad L\,(\mathcal{D}_D)\,\mathcal{D}_D\bar{\tau}\cdot\tau = \mathcal{D}_D\bar{\tau}\cdot(D\tau)+t\,\mathcal{U}$$
$$\mathcal{U} = (D\bar{\tau})\cdot\tau+\bar{\tau}\cdot(D\tau)\bar{\tau}\cdot\tau+c'(2\mathcal{D}_D\bar{\tau}\cdot\tau+a\bar{\tau}\cdot\tau)$$

となる．ここでも

$$D = t\frac{d}{dt}\,, \qquad H = \frac{d}{dt}\log\tau\,, \qquad \bar{H} = \frac{d}{dt}\log\bar{\tau}$$

とした．微分方程式 $L(D)f{=}0$ は，合流型超幾何微分方程式である．

ここで第 4.2 節 180 ページで考察した $\mathrm{P}_{\mathrm{V}'}$ について付け加える．そのハミルトニアン H は

$$tH = \lambda(\lambda-1)\mu^2-\{t\lambda(\lambda-1)+2(\upsilon_2+\upsilon_3)\lambda-\upsilon_2+\upsilon_1\}\mu-(\upsilon_3-\upsilon_1)t\lambda$$

であった．ここでは，$\eta{=}1$ と正規化し，$\mathcal{H}_{\mathrm{V}}$ と同じパラメータを使って書き直した．補助関数を

$$h = tH+\upsilon_1 t+\upsilon_1\upsilon_4+\upsilon_2\upsilon_3$$

と定めれば，h の微分方程式は

$$\mathrm{E}_{\mathrm{V}'} \qquad \left(t\frac{d^2h}{dt^2}\right)^2-\left[h-t\frac{dh}{dt}+2\left(\frac{dh}{dt}\right)^2\right]^2+4\prod_{j=1}^{4}\left(\frac{dh}{dt}-\upsilon_j\right) = 0$$

となる．ここで，正準変換

$$\lambda = \frac{\bar{\lambda}}{t}\,, \qquad \mu = t\bar{\mu}\,, \qquad \bar{H} = H+\frac{\bar{\lambda}\bar{\mu}}{t}$$

を施すと，新しいハミルトニアン $\bar{H}$ は

$$t\bar{H}=\bar{\lambda}(\bar{\lambda}-t)\bar{\mu}^2-\{\bar{\lambda}(\bar{\lambda}-1)+2(\bar{v}_2+\bar{v}_3)\bar{\lambda}-(\bar{v}_2-\bar{v}_1)t\}\bar{\mu}+(\bar{v}_3-\bar{v}_1)\bar{\lambda}$$

となる．ここで $\bar{\lambda}$ と $\bar{\mu}$ の役割を交換すれば

$$t\bar{H}=\bar{\mu}(\bar{\mu}-1)\bar{\lambda}^2-\{t\bar{\mu}(\bar{\mu}-1)+2(\bar{v}_2+\bar{v}_3)\bar{\mu}-\bar{v}_3+\bar{v}_1\}\bar{\lambda}+(\bar{v}_2-\bar{v}_1)\bar{\mu}$$

とも表され，h と並行して

$$\bar{h}=t\bar{H}+\bar{v}_1t+\bar{v}_1\bar{v}_4+\bar{v}_2\bar{v}_3$$

とすると，微分方程式

$$\left(t\frac{d^2\bar{h}}{dt^2}\right)^2-\left[\bar{h}-t\frac{d\bar{h}}{dt}+2\left(\frac{d\bar{h}}{dt}\right)^2\right]^2+4\prod_{j=1}^{4}\left(\frac{d\bar{h}}{dt}-\bar{v}_j\right)=0$$

が得られる．これを使うと $\mathcal{H}_{\mathrm{V}'}$ の τ-関数に関して双 1 次型式が得られるが，これは $\mathcal{H}_{\mathrm{V}}$ の双次型式ほどきれいな形にはならない．

最後に $\mathcal{H}_{\mathrm{VI}}$ であるが，前節の結果によると，(5.55)の定める補助関数 h に対して補助関数 $\bar{h}$ を(5.65)で定義すれば，h と $\bar{h}$ は平行移動(5.66)に関して近接している．そこで，(5.55)と並行に，改めてハミルトニアン H_1 を

$$\bar{h}=h_1=t(t-1)H_1+\bar{\sigma}_2't-\frac{1}{2}\bar{\sigma}_2$$

$$\bar{\sigma}_2'=v_1v_3+v_3(v_4+1)+(v_4+1)v_1$$

$$\bar{\sigma}_2=v_1v_2+v_1v_3+v_1(v_4+1)+v_2v_3+v_2(v_4+1)+v_3(v_4+1)$$

により定める．このとき

$$t(t-1)H_1-t(t-1)H=X, \qquad X=-\lambda(\lambda-1)\mu+(v_1+v_3)(\lambda-t)$$

が成り立っている．このハミルトン関数について

$$\bar{D}=t(t-1)\frac{d}{dt}, \qquad H=\frac{d}{dt}\log\tau_0, \qquad H_1=\frac{d}{dt}\log\tau_1$$

とし，τ-関数に関する双 1 次型式を書く．丁寧に計算すると

$$\bar{D}(t(t-1)H_1)+\bar{D}(t(t-1)H)+X^2-[c-1-(a+b-1)t]X+t(t-1)ab$$
$$= (2t-1)(t(t-1)H)$$
$$a = v_1+v_3\,,\quad b = v_1+v_3+2v_4+1\,,\quad c = v_1+v_2+v_3+v_4+1$$
$$\bar{D}^2(t(t-1)H_1)-\bar{D}^2(t(t-1)H)$$
$$-2X^3+3X(\bar{D}(t(t-1)H_1)+\bar{D}(t(t-1)H)+X^2)$$
$$-[c-1-(a+b-1)t](\bar{D}(t(t-1)H_1)+\bar{D}(t(t-1)H)+X^2)+t(t-1)abX$$
$$= (2t-1)(X(t(t-1)H)-\bar{D}(t(t-1)H))+t(t-1)U$$
$$U = 2(v_4+1)(t(t-1)H_1)+2v_4(t(t-1)H)-c'[2X+a(2t-1)]$$
$$c' = (v_1+v_4)(v_3+v_4)+(v_1+v_4+1)(v_3+v_4+1)$$

が得られて，求めるものは

$$L(\mathcal{D}_{\bar{D}})\tau_1\cdot\tau_0 = (2t-1)\tau_1\cdot(\bar{D}\tau_0) \tag{5.77}$$

$$L(\mathcal{D}_{\bar{D}})\mathcal{D}_{\bar{D}}\tau_1\cdot\tau_0 = (2t-1)\mathcal{D}_{\bar{D}}\tau_1\cdot(\bar{D}\tau_0)+t(t-1)\mathcal{U} \tag{5.78}$$

$$\mathcal{U} = 2(v_4+1)(\bar{D}\tau_1)\cdot\tau_0+2v_4\tau_1\cdot(\bar{D}\tau_0)-c'(2\mathcal{D}_{\bar{D}}\tau_1\cdot\tau_0+a(2t-1)\tau_1\cdot\tau_0)$$

となる．ここで，$L(\bar{D})$ は微分作用素

$$L(\bar{D}) = \bar{D}^2-[c-1-(a+b-1)t]\bar{D}+t(t-1)ab$$

であり，線型微分方程式 $L(\bar{D})f=0$ はガウスの超幾何微分方程式に他ならない．

各パンルヴェ系についていちいち注意はしなかったが，リッカチ方程式を満足するような特殊解について，$\mathcal{H}_{\mathrm{II}}$ の場合と同様に，双1次型式からもわかる．たとえば，(5.77)において $\tau_0=1$ とすると，τ_1 はガウスの超幾何関数となる．このとき，(5.78)から，そのためのパラメータ (v_1, v_2, v_3, v_4) に関する条件がでる．

5.7　パンルヴェ方程式と戸田方程式

パンルヴェ方程式の双1次型式に続いて，本書の最後に τ-関数の列について補足する．パンルヴェ系 $\mathcal{H}_{\mathrm{I}}$ のパラメータ全体を表すアフィン空間 $\boldsymbol{V}$ の1点 υ と，$\boldsymbol{V}$ の平行移動

$$g : \upsilon \to \upsilon + e$$

を1つ固定する．g に対応する双有理正準変換

$$g_* : \mathcal{H}_{\mathrm{J}}(\upsilon) \to \mathcal{H}_{\mathrm{J}}(\upsilon^g)$$

が構成されているとして，$\mathcal{H}_0 = \mathcal{H}_{\mathrm{J}}(\upsilon)$, $\mathcal{H}_1 = \mathcal{H}_{\mathrm{J}}(\upsilon)^g$ と書く．g_*, g_*^{-1} を繰り返し作用させることにより，パンルヴェ系の列 $\{\mathcal{H}_n \,|\, n \in \mathbf{Z}\}$ が得られる．具体例からわかるように，一般に g_* は独立変数 t を変えないので

$$\mathcal{H}_n = (\lambda_n,\, \mu_n,\, H_n,\, t)$$

とおく．$\mathcal{H}_n$ のハミルトン系も H_n と書く．ハミルトニアン H_n に対して，τ-関数が定数倍の不定性を除いて定まるが，これも

$$H_n = \frac{d}{dt} \log \tau_n$$

のように表す．なお，$a_n(t)$ を t の関数として

$$H_n :\Rightarrow H_n + a_n(t)$$

と置き換えると，H_n は変わらないが，τ-関数は

$$\tau_n :\Rightarrow b_n(t) \tau_n$$

と変換されることを注意しておく．

$\mathcal{H}_{\mathrm{VI}}$ を例に採る．υ を任意に1つとって固定し，258ページの平行移動 (5.66)，すなわち

$$g\ :\ (v_1, v_2, v_3, v_4) \to (v_1, v_2, v_3, v_4+1)$$

に関して，上のような列を考える．第 5.5 節で補助関数 h を導入したが，g_* の作用により得られるものを h_n と書く．さて，256 ページの計算によると

$$X'_n = -\lambda_n(\lambda_n-1)\mu_n+\frac{1}{2}(v_1+v_3)(2\lambda_n-1)-\frac{1}{2}v_2\,, \quad Y_n = 2\lambda_n-1$$

は，h_n とその導関数によって表される．その計算を少し補充しておく．結果を見やすく表すために，改めて

$$A_n = X'_n-\frac{1}{2}v_3Y_n\,, \quad B_n = \frac{dh_n}{dt}Y_n+v_1v_2$$

$$U_n = \frac{dh_n}{dt}\left(2h_n-(2t-1)\frac{dh_n}{dt}\right)+v_1v_2v_3(v_4+n)\,, \quad V_n = t(t-1)\frac{d^2h_n}{dt^2}$$

とおく．この記法を使って(5.59)，(5.60)を書き直すことにより

$$2(v_3+v_4+n)\frac{dh_n}{dt}A_n-\left(\frac{dh_n}{dt}-v_3(v_4+n)\right)B_n = U_n$$

$$2\left(\frac{dh_n}{dt}-v_3(v_4+n)\right)A_n+(v_3+v_4+n)B_n = V_n$$

が得られる．また，関係式(5.58)は

$$4\frac{dh_n}{dt}A_n^2+B_n^2 = \left(\frac{dh_n}{dt}+v_1^2\right)\left(\frac{dh_n}{dt}+v_2^2\right)$$

となり，この 3 式から A_n と B_n を消去することにより，h_n の満たす微分方程式 E_n が得られる．以上が補題 5.3 についての補足である．

一方，257 ページで導入した予備的な正準変換

$$\bar{\lambda}_n = \frac{t(\lambda_n-1)}{\lambda_n-t}\,, \qquad \bar{\mu}_n = \frac{1}{t(t-1)}\left[(v_1+v_3)(\lambda_n-t)-(\lambda_n-t)^2\mu_n\right]$$

$$\bar{h}_n = h_n+X'_n$$

をすると，h_n と $\bar{h}_n$ はパラメータの置き換え

$$v_2 :\Rightarrow -v_2\,, \quad v_4+n :\Rightarrow -v_4-n-1$$

を除いて，まったく同じ多項式であり，上と同様に計算して

$$2(v_3-v_4-n-1)\frac{d\bar{h}_n}{dt}\bar{A}_n-\left(\frac{d\bar{h}_n}{dt}+v_3(v_4+n+1)\right)\bar{B}_n=\bar{U}_n$$
$$2\left(\frac{d\bar{h}_n}{dt}+v_3(v_4+n+1)\right)\bar{A}_n+(v_3-v_4-n-1)\bar{B}_n=\bar{V}_n$$
$$4\frac{d\bar{h}_n}{dt}\bar{A}_n^2+\bar{B}_n^2=\left(\frac{d\bar{h}_n}{dt}+v_1^2\right)\left(\frac{d\bar{h}_n}{dt}+v_2^2\right)$$

が得られる．ただし，次のようにおいた．

$$\bar{A}_n=-\bar{\lambda}_n(\bar{\lambda}_n-1)\bar{\mu}_n+\frac{1}{2}v_1(2\bar{\lambda}_n-1)+\frac{1}{2}v_2\,,\quad \bar{B}_n=(2\bar{\lambda}_n-1)\frac{d\bar{h}_n}{dt}-v_1v_2$$
$$\bar{U}_n=\left(2\bar{h}_n-(2t-1)\frac{d\bar{h}_n}{dt}\right)+v_1v_2v_3(v_4+n+1)\,,\quad \bar{V}_n=t(t-1)\frac{d^2\bar{h}_n}{dt^2}$$

上の 3 つの関係式から，$\bar{h}_n$ の微分方程式 $\bar{\mathrm{E}}_n$ は E_{n+1} と同じであり，258 ページに示したとおり，$\bar{h}_n=h_{n+1}$ となる．

これから双有理正準変換

$$g_*:\mathcal{H}_n\to\mathcal{H}_{n+1}$$

が得られる．実際，$\bar{U}_n=U_{n+1}$，$\bar{V}_n=Y_{n+1}$ であるから，A_{n+1} と B_{n+1} が，$\bar{A}_n$，$\bar{B}_n$ と $\dfrac{d\bar{h}_n}{dt}$ によって，したがって，$\bar{\lambda}_n$ と $\bar{\mu}_n$ によって表される．逆に解けば，$\bar{A}_n$ と $\bar{B}_n$ が，λ_{n+1} と μ_{n+1} によって表される．なお，予備的正準変換によれば

$$\bar{X}'_n=-X_n\,,\qquad \bar{Y}_n=2t-1+\frac{2t(t-1)}{\lambda_n-t}$$
$$\bar{X}'_n=-\bar{\lambda}_n(\bar{\lambda}_n-1)\bar{\mu}_n+\frac{1}{2}(v_1+v_3)(2\bar{\lambda}_n-1)+\frac{1}{2}v_2\,,\quad \bar{Y}_n=2\bar{\lambda}_n-1$$

であることを注意しておく．

さて，(5.61)から

$$2X'_{n+1}\left(\frac{dh_{n+1}}{dt}+(v_4+n+1)^2\right)$$

$$= t(t-1)\frac{d^2h_{n+1}}{dt^2}+(v_4+n+1)\left[2h_{n+1}-(2t-1)\frac{dh_{n+1}}{dt}\right]-v_1v_2v_3$$
$$-2X_n'\left(\frac{dh_{n+1}}{dt}+(v_4+n+1)^2\right)$$
$$= 2\bar{X}_n'\left(\frac{dh_{n+1}}{dt}+(v_4+n+1)^2\right)$$
$$= t(t-1)\frac{d^2h_{n+1}}{dt^2}-(v_4+n+1)\left[2h_{n+1}-(2t-1)\frac{dh_{n+1}}{dt}\right]+v_1v_2v_3$$

が成り立つことがわかる．ここでは，$\bar{h}_n=h_{n+1}$ としている．この 2 式から

$$X_{n+1}'-X_n' = \frac{t(t-1)\dfrac{d^2h_{n+1}}{dt^2}}{\dfrac{dh_{n+1}}{dt}+(v_4+n+1)^2} = t(t-1)\frac{d}{dt}\log\left(\frac{dh_{n+1}}{dt}+(v_4+n+1)^2\right)$$

が得られる．この関係式を，τ-関数を使って表すことを考える．そこで，E_n の一般解 h_n に対し

$$\bar{D} = t(t-1)\frac{d}{dt}, \qquad h_n = \frac{d}{dt}\log f_n$$

とおく．τ_n と f_n の関係は，n の 1 次式 a_n, b_n について

$$f_n = t^{a_n}(t-1)^{b_n}\tau_n$$

と書かれるから，τ_n と f_n に本質的な違いはない．ところが，$X_n'=h_{n+1}-h_n$ であったから

$$X_{n+1}'-X_n' = h_{n+2}-2h_{n+1}+h_n = \bar{D}\log\frac{f_nf_{n+2}}{f_{n+1}^2}$$

となり，上の関係式から

$$c_n\frac{f_nf_{n+2}}{f_{n+1}^2} = \frac{d}{dt}\bar{D}\log f_{n+1}+(v_4+n+1)^2, \quad c_n\neq 0 \qquad (n\in\mathbf{Z})$$

を得る．c_n は定数である．この形の方程式を**戸田方程式**という．ここで

$$f_n = [t(t-1)]^{\alpha_n}F_n, \qquad \alpha_n = -\frac{1}{2}(v_4+n)^2$$

とし，定数倍の不定性を使って $c_n=1$ とすると，戸田方程式は

$$\frac{F_nF_{n+2}}{F_{n+1}^2} = \bar{D}^2 \log F_{n+1} \qquad (n \in \mathbf{Z})$$

となる．これが戸田方程式の標準形である．2 つの τ-関数 F_0, F_1 が与えられれば，すべての F_n は順次決まっていく．$\mathrm{E_{VI}}$ の対称性から，すべての j=1, 2, 3, 4 に対して，v_j 方向の平行移動 g' に関しても，同様のことが成り立つ．H_{VI} は v_3 と v_4 について対称であることを注意しておく．

$\mathcal{H}_0$ において，$v_1+v_4=0$ のとき H_0 は特殊解

$$t(t-1)\frac{d\lambda_0}{dt} = -(v_1+v_3)\lambda_0^2+(2v_1t+v_2+v_3)\lambda_0-(v_1+v_2)t, \quad \mu_0 = 0$$

をもつ．この解については，$H_0=0$ であり，h_0 は，t の 1 次式，したがって E_0 の特異解である．さらに，$h_1-h_0=X_0'$ より

$$\bar{D}\log\left(\frac{f_1}{f_0}t^{\beta}(t-1)^{\beta'}\right) = (v_1+v_3)(\lambda_0-t)+(v_2+v_3) = \bar{D}\log f$$

$$\beta = \frac{v_1-v_2+v_3}{2}, \qquad \beta' = \frac{v_1-v_2-v_3}{2}$$

となる．第 5.2 節で示したように，f はガウスの超幾何関数であり，h_1 に対しては正準変換 g_* が適用できる．このとき戸田方程式の標準形は

$$\frac{F_nF_{n+2}}{F_{n+1}^2} = \bar{D}^2 \log F_{n+1}, \quad F_0 = 1 \qquad (n = 0, 1, \cdots)$$

という形になり，これを戸田分子方程式という．この漸化式を解くことで，F_2, F_3 と順次決まっていくが，第 4.7 節の定理 4.1 により，τ-関数は正則であるから，F_n は本質的にガウスの超幾何関数とその導関数の多項式になる．実際，戸田分子方程式は可解で，F_n を行列式で表すこともできる．

ここで述べたことは，$\mathcal{H}_{\mathrm{I}}$ と $\mathcal{H}_{\mathrm{III'}}(\mathrm{D}_8)$ を除く，他のパンルヴェ系 $\mathcal{H}_{\mathrm{J}}$ についても成り立つ．たとえば $\mathcal{H}_{\mathrm{IV}}$ について，ハミルトニアン

$$H_0 = 2\lambda_0\mu_0^2-(\lambda_0^2+2t\lambda_0+2\kappa_0)\mu_0+\theta_\infty\lambda_0$$

を基準にして，平行移動(5.70)，すなわち

$$g:\ \theta_\infty \to \theta_\infty+1$$

をとる．このとき，τ-関数の列

$$H_n = \frac{d}{dt}\log\tau_n \qquad (n \in \mathbf{Z})$$

に対して，戸田方程式

$$\frac{d^2}{dt^2}\log\tau_n + 2(\theta_\infty + n) = c_n\frac{\tau_{n-1}\tau_{n+1}}{\tau_n^2} \qquad (c_n \neq 0)$$

が成り立つことがわかる．さらに

$$\kappa_0 = -\frac{1}{3}, \qquad \theta_\infty = -\frac{2}{3}$$

とすると，パンルヴェ系 $\mathrm{H_{IV}}$ は有理関数解

$$\lambda_0 = -\frac{2}{3}t, \qquad \mu_0 = \frac{1}{3}t + \frac{1}{2t}$$

をもつことが簡単な計算で確かめることができる．これは，(5.73)で定められる正三角形 V の重心にパラメータの値がある場合にあたる．このとき，$H_1 - H_0 = \lambda_0$ であるから

$$H_0 = \frac{4}{27}t^3 + \frac{2}{3}t^2, \qquad H_1 = \frac{4}{27}t^3$$
$$\tau_0 = \exp\left(\frac{1}{27}t^4 + \frac{1}{3}t^2\right), \qquad \tau_1 = \exp\left(\frac{1}{27}t^4\right)$$

となる．これから，戸田方程式により

$$\tau_n = T_n(t)\exp\left(\frac{1}{27}t^4 - \frac{1}{3}(n-1)t^2\right)$$

という形の解が得られる．$T_n(t)$ は必然的に t の多項式で，その次数は $n(n-1)$ となる．なお，正三角形 V の頂点から出発すれば，エルミート多項式で定められる τ-関数の列が得られる．ヤコビ多項式などの古典直交多項式が，超幾何関数の特別な場合としてパンルヴェ系の特殊解として現れるが，これとは別にこのような例外的な多項式の系もパンルヴェ系の戸田方程式により定義される．このような例外型多項式列はすべてのパンルヴェ系について決定されている．

あとがき

パンルヴェ方程式研究始末書き

P.Painlevé 自身は数学者としても十分若いうちに，政治畑の方へ「転向」してしまった．彼が，第一次世界大戦中に挙国一致内閣の首班を務め，その後大統領候補になったことは，フランスでは数学の業績以上の功績である．彼の墓はパリのパンテオンにある．Sorbonne の正面入り口の広場は Place de P.Painlevé であり，そこに Square de P.Painlevé という小公園がある．また，フランス東部のナンシー市にも Place de P.Painlevé がある．このナンシー市は H.Poincaré の生地であり，私が訪れたときには，彼の生家は薬局になっていた．もちろん，フランス各地にある Boulevard de Poincaré という大通りは，大統領 R.Poincaré にちなむ．

* P.Painlevé(1863-1933) 世界で最初に飛行機に乗った数学者．

20 世紀の前半，すでに P.Painlevé の数学的な仕事は，数学の主流ではなくなっていた．彼の後継者達のうち，B.Gambier，J.Chazy は別の数学に移っていったし，大秀才 P. Boutroux は夭逝した．フランスでは，R.Garnier 一人孤塁を守る．P.Painlevé の数学的な仕事は，ベルギーの F.Bureau を別格として，ヨーロッパ中心から辺境に広がっていった．スウェーデンの J. Malmquist，旧ソ連邦白ロシアの N.P.Erugin，N.A.Lukashevich，そして遠い国の M.Hukuhara.

パンルヴェ方程式は，現在ではよく語られる話題にはなったし，上に挙げた数学者の名前も少なからず引用されるようにはなった．その理由の 1 つは，パンルヴェ方程式が数理物理学でたびたび現れる普通の対象になったことである．もう 1 つの重要なことは，パンルヴェ方程式の数学的な構造が豊富であることが理解されるようになったということである．パンルヴェ方程式の解であるパンルヴェ超越関数が特殊関数の 1 つであることは出生から明らかではあるが，それが世間的にも認知されたというわけである．

動く分岐点をもたない微分方程式の研究は P. Painlevé の弟子の一人である R.Garnier に引き継がれた．モノドロミー保存変形，すなわちフックスの問題についても，彼は L.Schlesinger と並ぶ大きな貢献をした．

* L.Schlesinger (1864-1933)　L.Fuchs の女婿，したがって R.Fuchs の義兄弟．

本文で紹介した計算を見てもわかる通り，R.Garnier は，きわめて難解な計算をやり遂げてしまうところがとにかく偉い．しかし一方では，それ故に現代数学では敬遠されることもある．残念ながら，現在でも彼の業績が正当に理解されているとは言いがたい．それが少しでもわかり易くなったとすれば，本書の目的の 1 つは達成されたことになる．

R.Garnier の最後の大きな仕事は，1968 年のパンルヴェ V 型方程式に関する漸近解析である．この長い論文のなかで彼は，このような問題を自分よりもっと若い人が研究すればよいのに，と言っている．彼は現代の数学について何を思っていたのだろうか．

本書では，パンルヴェ超越関数の動かない特異点のまわりでの振る舞いなどの局所解析には触れなかった．この話題については本文の中でも引用した，K.Iwasaki, H.Kimura, S.Shimomura and M.Yoshida "From Gauss to Painlevé", Vieweg, 1991，の第 4 章を参照して頂きたい．この本には，モノドロミー保存変形とガルニエ系，シュレージンガー系等も紹介されている．

また，パンルヴェ超越関数の大域的な解析，たとえば有理型関数としての位数，などについては，下村俊著「Nevanlinna 理論の微分方程式への応用」，Rokko Lectures in Mathematics 14，神戸大学数学教室，2003，および，V.I. Gromak, I.Laine and S.Shimomura "Painlevé differential equations in the complex domain", Walter de Gruyter, 2002，で詳しく調べられている．

関連する話題として，河合隆裕，竹井義次「特異摂動の代数解析学」岩波講座・現代数学の展開 2，1998，では新しい解析的手法による研究が行われている．

* R.Garnier (1887-1984)　1984 年 10 月 8 日没．

1970年前後には，スペクトル保存変形の方法によりKdV方程式が解かれた．そして三十数年，当時よりもずっと多くの数学者，数理物理学者がP. Painlevé，R.Garnierの名前と業績を知るようにはなった．

数理物理学関係では多くの仕事があるが，パンルヴェ方程式と深く関係し，20世紀末のパンルヴェ方程式研究と切り離せない，神保道夫「ホロノミック量子場」岩波講座・現代数学の展開4，1998，のみを挙げておく．

序文で述べた，パンルヴェ方程式の古典論についての3つの要綱，このいずれも著者のストラスブール滞在と深く関係している．本書を書き終わって，このことが改めて印象に残る．パンルヴェ方程式研究は日本で大きく発展したが，アルザスも大切な場所であった．

本書を書き上げたことで，今は亡き恩師，木村俊房教授，古屋茂教授，Raymond Gérard教授に，少しはお返しができた，と思う．

10年ほど前に，第1章を中心に書き直しを始めたが，その原稿を岡野浩行氏が克明に読み，彼から有益な批判を頂いた．このときの検討が本書の構成のもととなっている．さらに，日本国内はもちろんフランスなど海外の友人達からも適切な意見と励ましを頂いた．岩波書店の吉田宇一氏は，長い間の忍耐を強いた著者に激励と協力を惜しまなかった．

本書の出版に当たり，多くの方々と，個人的なことを許していただけるならば家族に，深甚の感謝を表したい．

索　引

マ　行

ヤ　行

ラ　行

ワ　行

■岩波オンデマンドブックス■

パンルヴェ方程式

2009年 2月25日　第1刷発行
2019年 4月10日　オンデマンド版発行

著　者　岡本和夫《おかもとかずお》

発行者　岡本　厚

発行所　株式会社　岩波書店
〒101-8002 東京都千代田区一ツ橋 2-5-5
電話案内 03-5210-4000
http://www.iwanami.co.jp/

印刷/製本・法令印刷

ISBN 978-4-00-730868-0　　Printed in Japan